AF325969

PROBLÈMES

DE LA

CLIMATOLOGIE

DU CAUCASE

PAR

B. STATKOWSKI

Ingénieur à Tiflis

OUVRAGE TRADUIT DU RUSSE

PARIS

GAUTHIER-VILLARS, IMPRIMEUR-LIBRAIRE

DE L'ÉCOLE POLYTECHNIQUE, DU BUREAU DES LONGITUDES

SUCCESSEUR DE MALLET-BACHELIER

Quai des Grands-Augustins, 55

1879

22369 — PARIS, TYPOGRAPHIE A. LAHURE
Rue de Fleurus, 9

PROBLÈMES

DE LA

CLIMATOLOGIE

DU CAUCASE

PAR

B. STATKOWSKI

Ingénieur à Tiflis

PARIS

GAUTHIER-VILLARS, IMPRIMEUR-LIBRAIRE

DE L'ÉCOLE POLYTECHNIQUE, DU BUREAU DES LONGITUDES.

SUCCESSEUR DE MALLET-BACHELIER,

Quai des Grands-Augustins, 55.

1879

AVANT-PROPOS

Occupé de l'élaboration du projet d'une voie ferrée devant traverser la chaîne principale du Caucase pour relier Tiflis à la ligne Rostow-Vladikavkaz, je dus avant tout étudier la question de savoir jusqu'à quelle altitude la voie projetée pourra s'élever sans danger, par rapport aux tourmentes de neige. Or ce problème ne peut être résolu qu'en comparant les conditions climatologiques du Caucase avec celles où se trouvent placés les chemins de fer de montagnes déjà existants dans d'autres pays. Les recherches que j'entrepris à ce sujet m'amenèrent sur le terrain, encore fort peu exploré, de la climatologie en général. Le cadre de mon travail se trouva dès lors élargi : il s'agissait, sinon de résoudre, du moins de poser les principaux problèmes d'une science dont le perfectionnement exigera les efforts persévérants de bien des travailleurs. Ce n'est qu'à ce prix que nous arriverons à une connaissance exacte du climat du Caucase, contrée qui présente tant de variétés et de contrastes.

Ces quelques mots m'ont paru nécessaires pour motiver l'ordre, que j'ai adopté dans mes rapides esquisses et les titres que celles-ci portent.

B. STATKOWSKI.

Tiflis. 14 mars 1878.

I

CONSIDÉRATIONS GÉNÉRALES.
CLIMAT DU CAUCASE ET DE LA SUISSE.

**Dans les montagnes jusqu'à une certaine hauteur
au-dessus du niveau de la mer, les tourmentes de neige sont moins
dangereuses pour les voies ferrées que dans les steppes
de la Russie méridionale.**

Bien des gens craignent qu'une voie ferrée, traversant une
chaine de montagnes élevées, ne soit sujette à des interruptions de communications encore plus fréquentes que pour
nos lignes des steppes, d'autant plus que, dans les montagnes, aux tourmentes de neige viennent s'ajouter des
avalanches. Pour élucider cette question, nous ferons une
revue rapide des voies ferrées actuellement existantes et
traversant des faîtes de montagnes.

La chaîne principale des Alpes est coupée par deux lignes
dont les communications n'éprouvent pas la moindre interruption : celles du mont Cenis et du Brenner. La première
traverse la chaîne des Alpes à l'aide d'un tunnel placé au-
dessous du niveau des tourmentes de neige, tandis que la
ligne du Brenner est tracée à ciel ouvert par-dessus le faîte,
sans tunnel. Aux endroits exposés à des chutes d'avalanches,
ces voies sont protégées soit par des galeries en pierre, soit

par des tunnels. Dans les défilés des montagnes que suivent ces lignes ferrées, les tourmentes de neige n'ont pas, pour se déployer, autant de facilité que dans les steppes, et sont, du moins jusqu'à une certaine hauteur au-dessus du niveau de la mer, à peine sensibles. Il est donc permis, en s'appuyant sur l'expérience fournie par les voies de montagne déjà existantes, d'affirmer positivement que dans les montagnes une ligne ferrée, pourvu qu'elle n'atteigne pas des points trop élevés, est plus à l'abri des tourmentes de neige que celles qui traversent les steppes.

Ici se présente une question : jusqu'à quel point y a-t-il analogie entre les conditions climatologiques des chemins de fer de montagne existant en Europe et celles de la région comprise entre les bassins de la Liakhva et de l'Ardon, en passant par le col de Djomaga, — direction projetée pour la future ligne ferrée? Examinons cette question autant que nous le permettent les notions exactes recueillies à ce sujet

Le point culminant de la voie du mont Cenis se trouve à 1330 mètres au-dessus du niveau de la mer, celui de la voie du Brenner à 1336 mètres, et celui de la voie du Saint-Gothard — encore en construction — à 1145 mètres. Or, le point culminant de la voie projetée, qui doit traverser le col de Djomaga pour relier la station Gori de la ligne Poti-Tiflis à la station Darg-Kokh de la ligne Rostow-Vladikawkaz, se trouve à la hauteur absolue de 1845 mètres. En atteignant cette hauteur, la ligne projetée s'engagera dans un tunnel et en débouchera sur le versant sud de la chaîne à la hauteur de 1720 mètres. Il s'ensuit que le point culminant de la ligne projetée sera de 700 mètres plus élevé que le point culminant de la ligne du Saint-Gothard, la moins élevée des trois lignes susmentionnées. Pour déterminer dans quelle mesure une élévation si considérable de la voie projetée est exempte du danger de se trouver trop souvent sous les neiges, nous aurons à étudier les conditions de climat des régions où se trouvent ces deux lignes.

Aperçu comparatif des Alpes et du Caucase.

Nul n'ignore que le climat des Alpes est plus rigoureux
que celui du Caucase, mais de dire au juste de combien il
l'est à tel niveau des Alpes comparativement au même
niveau du Caucase, c'est là une tâche difficile à résoudre.
Ce qui peut, dans une certaine mesure, nous servir de point
de départ, c'est l'élévation respective dans les montagnes
de la limite des neiges persistantes, c'est-à-dire du niveau
à partir duquel commence l'espace constamment couvert de
neige; il est présumable, en effet, qu'à ce niveau de la montagne la température moyenne annuelle doit être la même
pour tous les pays[1].

L'élévation, au-dessus du niveau de la mer, de la ligne des
neiges, oscille, dans les Alpes, entre 2200 et 2800 m. Pour
les environs du Saint-Gothard le professeur Hügi (Naturhistorische Alpenreise, p. 324-337) estime le niveau de la ligne
des neiges persistantes à 2470 m. Outre cette évaluation
nous avons, pour le tunnel du Saint-Gothard, le résultat de
dix années d'observations météorologiques faites de 1864 à
1874[2]) dans les villages de Göschenen et d'Aïrolo, près des
extrémités nord et sud du tunnel. Pour Göschenen, la température annuelle moyenne est de + 5°,45 C., et pour Aïrolo
de + 5°,75 C.

Cen'est que par l'analogie avec d'autres hauteurs, pour
lesquelles ce travail est déjà fait, que nous pouvons déterminer, même approximativement, l'élévation de la ligne des
neiges correspondantes au col de Djomaga, et en déduire la
température moyenne régnant au niveau de la voie projetée.

Si nous connaissions l'élévation de la limite des neiges

---

1. Cette thèse n'est pas admise jusqu'à présent par les savants, mais je
tâcherai, dans la suite de cet ouvrage, de prouver la justesse de mon hypothèse.

2. *Studien über die Wärmevertheilung im Gothard*, von F. M. Stapff. Bern
1877.

sur le mont Adaï-Khokh [1], situé au nord-ouest du col de Djomaga, cela nous fournirait d'une manière suffisamment approximative, vu le voisinage des deux montagnes, l'évaluation demandée. Malheureusement, bien que les glaciers de cette montagne aient été visités par plusieurs savants, entre autres par les académiciens Abich et Ruprecht et par le géologue suisse Ernest Favre, ceux-ci ne donnent pas le niveau de la limite des neiges sur le mond Adaï-Khokh.

En comparant les Alpes avec le Caucase, nous ferons remarquer tout d'abord que, tandis que dans les Alpes la limite des neiges varie entre 2200 et 2800 mètres, au Caucase elle commence à 2540 m. (sur le mont Goribolo, selon l'évaluation de M. G. Radde [2]) pour atteindre jusqu'à 4370 m. (sur le mont Ararat, d'après l'évaluation du professeur Parrot [3]): c'est-à-dire qu'au lieu d'un écart de 600 mètres, comme dans les Alpes, nous avons ici un écart trois fois plus grand, allant jusqu'à 1830 mètres. Cela provient de ce que, dans le Caucase occidental, la mer Noire exerce une énorme influence sur l'abaissement de la limite des neiges, et, sous ce rapport, la Suisse a quelque analogie avec cette partie du Caucase. « Dans le Caucase occidental, dit M. J. Stebnitzky [4], grâce à la mer Noire, il tombe, sous forme de pluie et de neige, une quantité d'eau près de trois fois plus considérable que dans la partie centrale de cette contrée. Toutefois cette influence de la mer Noire ne s'étend pas au delà de la chaîne de Souram, laquelle, se détachant, au mont Zékari, de la chaîne principale, traverse la Trans-

---

1. L'élévation de l'Adaï-Khokh au-dessus du niveau de la mer est de 4647 m.

2. Article de M. J. Stebnitzky : *De l'élévation de la limite des neiges dans les montagnes du Caucase.* Communic. de la soc. impér. russe de géog., t. IX, n. 5.

3. *Reise zum Ararat*, von D^r Fr. Parrot. — Les 18 et 27 septembre 1829, le professeur Parrot trouva la limite des neiges, sur le versant nord-ouest de l'Ararat, à une hauteur de 13 448 pieds de Paris, soit 4370 mètres.

4. Article de J. Stebnitzky, intitulé : *Mémoire sur la répartition des glaciers au Caucase.* Communications de la section du Caucase de la société impér. russe de géographie, t. V, n° 1.

caucasie dans la direction N.-E. à S.-O. » Ajoutons que le
Caucase occupe un bien plus grand espace que la Suisse
dans le sens de la latitude, qui joue un rôle considérable
dans l'élévation de la limite des neiges.

Pour donner une idée de l'étonnante variété des climats
au Caucase, je citerai un fait intéressant qui m'a été communiqué par deux officiers appartenant à deux bataillons
du régiment tchernomorski, lesquels, au commencement de
janvier, se rendirent à la frontière turque par le chemin de
fer Poti-Tiflis. Ces deux bataillons eurent à franchir, au
commencement du mois d'août, le col du Maroukh, pour se
rendre du Kouban à Soukhoum ; plus tard ils furent dirigés
vers la ligne lesghienne et durent franchir, dans les premiers jours de novembre, le col du Salavat[1], allant à Akhti.
Or, bien que le col du Maroukh soit de 600 mètres moins
élevé que celui de Salavat, les neiges du premier offrirent
aux deux bataillons en question des difficultés presque in-
surmontables, tandis que le passage du Salavat s'effectua
sans difficultés. La cause en est simplement dans le fait que
le Salavat est situé de 24 min. plus à l'est et de 2 degrés
plus au sud que le Maroukh.

Quantité de pluie et de neige dans les Alpes et au Caucase.

Voyons maintenant dans quelle mesure la quantité d'eau
qui tombe dans différentes parties du Caucase s'écarte, en
plus ou en moins, de la quantité normale.

La répartition géographique de la quantité moyenne de
pluie sous diverses latitudes est exprimée par Arago dans
le petit tableau suivant[2] :

Depuis	0°	jusqu'à	25°	lat. N.	2000	mm.
—	25°	—	40°	—	1000	—
—	40°	—	50°	—	750	—
—	50°	—	60°	—	500	—

1. Caucase oriental.

2. Ce tableau n'est assurément ni neuf ni parfaitement exact : aussi ne nous
en servons-nous que comme d'unité comparative de mesure ; pour se former une
notion claire des phénomènes à comparer, il est indispensable de leur appliquer
une mesure identique.

D'après ce tableau nous aurions approximativement, pour la Suisse aussi bien que pour le Caucase, une moyenne annuelle de 750 millim. d'eau; toutefois le Caucase, étant situé de 4 degrés plus au sud que la Suisse, pourrait recevoir une quantité d'eau plus considérable que celle-ci.

En réalité, nous trouverons les chiffres suivants :

a) Caucase occidental :

A Poti	1760[1] mm. d'eau.	Excéd. de	1010 mm.
Redoute-Kalé	1608	— —	858 —
Soukhoum	1380	— —	630 —
Sotchi	2098	— —	1348 —
Ghelendjik	762	— —	12 —
Novorossijsk	762	— —	12 —
Koutaïs	2398	— —	1648 —

b) Caucase central :

A Souram	558 mm. d'eau.	Déficit de	165 mm.
Tiflis	471,3[2]	— —	278,7 —
Bétani	538	— —	212 —
Biely-kloutch	649	— —	101 —
Bakou	248	— —	502 —
Élisabethpol	209	— —	541 —
Youdaour·	153	— —	597 —
Aralikh (au pied du mont Ararat)	152	— —	598 —
Chemakha	380	— —	370 —
Derbent	370	— —	380 —
Choucha	528	— —	222 —
Alexandropol	316	— —	434 —
Stavropol	677	— —	73 —
Piatigorsk	548	— —	202 —
Groznaïa	497	— —	253 —
La Stanitza Mikhaïlovska	570	— —	180 —
Wladikawkaz	920	— Excédant	170 —
Wédéno	778	— —	28 —
Alaghir	972	— —	222 —

---

1. Ces chiffres sont empruntés à l'article de M. J. Stebnitzky sur l'*Élévation de la limite des neiges éternelles dans les montagnes du Caucase*. Communications de la société imp. russe de géographie, t. IX, nº 5, et également aux calendriers du Caucase des dernières onze années.

2. Moyenne pour les dernières 25 années.

D'après les chiffres ci-dessus, on comprend facilement la richesse de la végétation dans le Caucase occidental et la nécessité de l'irrigation artificielle des champs dans les régions de la Transcaucasie. La quantité d'eau qui tombe à Koutaïs et dans l'Iméréthie est si considérable, la végétation y est si luxuriante, que le célèbre voyageur Henri Stanley, allant à la recherche de Livingstone dans l'Afrique centrale et frappé un jour à la vue de la riche| végétation d'une des vallées de ces contrées, se demanda : « Où ai-je bien pu voir une végétation pareille? ça ne peut être qu'en Iméréthie ! » Toutefois, à l'exception du versant sud de la partie occidentale de la chaîne du Caucase, qui a de l'eau en surabondance, et d'une bande étroite de terre située au pied du versant nord de la chaîne principale, partout au Caucase il y a manque très-sensible de pluies [1].

Tout autre est le spectacle que nous offre la Suisse. A l'exception de l'extrémité nord (canton de Schaffhouse) et canton de Grison, situé au sud-est, où la quantité de pluies ne dépasse guère le chiffre normal, tout le reste a de l'eau en abondance. Voici d'ailleurs les chiffres :

Schaffhouse [2].	686 mm. d'eau.	Déficit	64 mm.
Grison : Coire.	817	—	Excédant	67	—
Tessin : Bellinzona.	2100	—	—	1350	—
— Lugano.	1553	—	—	800	—
Vaud : Montreux.	1631	—	—	881	—

1. Aussi le gouvernement russe a-t-il porté une attention toute spéciale sur l'irrigation des plaines de la Transcaucasie actuellement arides et jadis florissantes. Dans toute l'étendue des plaines des gouvernements d'Érivan, d'Élisabethpol et de Bakou, on voit encore les traces d'anciens canaux d'irrigation, détruits pendant les invasions turques et persanes. Toutes les rivières de la Transcaucasie ont été étudiées en détail, et l'on a déterminé la quantité d'eau que chacune d'elles peut fournir à l'irrigation des champs. On a creusé un canal pour l'irrigation de la steppe de Karazïa ; des franchises de plusieurs impôts ont été accordées à différents particuliers pour les encourager à l'installation des canaux d'irrigation. Il existe un projet de canal pour arroser les environs de Tiflis et amener l'eau dans la ville même. Jusqu'à présent, on aperçoit les traces de l'ancien canal de la reine Tamara, lequel transformait jadis en jardins les environs, aujourd'hui arides, de Tiflis.

2. Gautier : *Résultats des observations météorologiques.* Dollfus-Ausset : *Matériaux pour l'étude des glaciers*, t. I, p. III, p. 552.

Vaud : Sainte-Croix. . . .	1696 mm. d'eau.	Excédant de 946	mm.
Fribourg : Vuadens. . . .	1921	—	—	1171	—
Neufchâtel : Chaux-de-Fonds	1775	—	—	1025	—
Berne : Interlaken.	1332	—	—	582	—
Bâle.	952	—	—	202	—
Argovie : Bezberg.	1075	—	—	325	—
Soleure.	1278	—	—	528	—
Lucerne, Rathousen. . . .	1215	—	—	465	—
Zurich.	1201	—	—	451	—
Zug.	1247	—	—	497	—
Schwitz.	1731	—	—	981	—
Turgovie, Frauenfeld. . . .	916	—	—	166	—
Untervalden, Stantz. . . .	1303	—	—	553	—
Uri, Altorf.	1455	—	—	705	—
Glaris	1672	—	—	922	—
Appenzell, Trogen.	1498	—	—	748	—
Saint-Gall.	1286	—	—	536	—
Valais, Sion.	1067	—	—	317	—

En vue des chiffres ci-dessus, il n'y a pas à s'étonner que
la culture du sol prospère dans toute la Suisse, que toutes
les vallées soient vertes, que toutes les villes soient pourvues en abondance de fontaines d'eau de source, dont le
manque se fait partout sentir au Caucase. Cette masse
énorme de pluie et de neige qui tombe dans les montagnes
de la Suisse produit annuellement, sous forme de neiges
persistantes et d'immenses glaciers, des provisions d'eau
inépuisables.

L'académicien Abich [1] évalue la superficie occupée par les
champs de glace, de nevé et de neige, du mont Elbrouz, à
2,5 milles géographiques carrés, ce qui fait à peu près
60 kilom. carrés, et celle du Kasbek à 1/8 du chiffre précédent. Or, les frères Schlagintweit estiment la superficie de
ces champs dans les Alpes à 3050 kilom. carr., et E. Reclus
(*La Terre*, t. I, p. 263) trouve cette évaluation au-dessous de
la réalité, puisque dans la seule Suisse ces champs occupent une superficie de 2096 kilom. carr. (38 milles géogr.

---

1. *Bulletin de l'Académie impériale des sciences de Saint-Pétersbourg,*
le XXIV, n° 2. H. Abich: Sur la limite des neiges et les glaciers actuels dans
Caucase.

carr.) et que les seuls glaciers du Mont-Blanc, moins grands que ceux du Mont-Rose, couvrent un espace de 282 kilom. carr. (5,1 milles géogr. carr.).

D'après M. Huber, ces glaciers forment ensemble au moins 14 milliards de mètres cubes et représentent une masse d'eau égale au débit d'étiage de la Seine pendant neuf ans.

C'est pour ces causes que la limite des neiges est beaucoup plus abaissée en Suisse que dans le Caucase, même abstraction faite de la situation plus méridionale de ce dernier. Les monts Elbrouz et Goribolo nous offrent d'ailleurs un exemple frappant de la justesse de ce qui vient d'être dit : sur le versant septentrional du premier, l'élévation de la limite des neiges est, d'après l'académicien Abich, de 3424 m. [1], tandis qu'un peu plus loin, à l'ouest et au sud de l'Elbrouz, sur le versant méridional de la chaîne principale, au mont Goribolo, l'élévation de cette limite n'est que de 2540 m., c'est-à-dire de 884 m. plus bas, et cela malgré son exposition plus avantageuse.

Travaux des savants pour déterminer la dépression
de la température
proportionnellement à l'élévation au-dessus du niveau de la mer.

Revenant à la question de la hauteur de la limite des neiges dans la chaîne du Caucase et de la température annuelle moyenne au niveau du tunnel projeté, je crois nécessaire d'entrer dans quelques détails relativement aux recherches météorologiques faites par différents savants dans cette branche des connaissances, afin d'être à même de présenter un tableau comparé des climats de la Suisse et du Caucase.

La recherche de la loi de dépression de la température avec l'élévation au-dessus du niveau de la mer a préoccupé bien des savants.

---

1. *Ibid.*

Gay-Lussac, Biot, Glaisher, Zürcher et Dollfus-Ausset.

Gay-Lussac et Biot à Paris s'élevèrent en ballon; vingt observations du thermomètre pendant un beau temps donnèrent pour résultat un abaissement de 1° C. pour 173 mètres d'élévation.

M. Glaisher, directeur du département météorologique de l'observatoire de Greenvich, s'éleva en ballon à une hauteur de plus de 10 000 mètres et présenta à la Société royale de Londres un mémoire sur les résultats très-remarquables de ses observations.

Dans son ouvrage : *Les Hautes régions de l'atmosphère,* M. Zürcher donne sur les hauteurs correspondant à une décroissance de température de 1° C. les chiffres suivants pour les différentes couches de l'atmosphère :

```
A proximité du sol..  . . . . .  . . . .  . . .     76 mètres.
Jusqu'à une hauteur de 1000 m.. . . . . . .  160   —
       —                2000  « . . . . . . .  196   —
       —                3000  « . . . . . . .  210   —
       —                4000  « . . . . . . .  240   —
       —                5000  « . . . . . . .  290   —
```

Dans le tome VII de l'ouvrage de M. Dollfus-Ausset nous trouvons le relevé de dix-sept années d'observations faites à Genève, à une hauteur de 407 m., ainsi que sur le Saint-Bernard, à une hauteur de 2477 m.; l'examen comparatif des résultats obtenus donne pour 1° C. une moyenne de 237 m. pour l'hiver, de 174 m. pour le printemps, de 171 m. pour l'été, de 200 m. pour l'automne, et de 194 m. pour l'année. Le docteur Lombard (dans son ouvrage : *Climats des montagnes, Archiv. des Sciences natur. de Genève,* t. XXXII et XXXIII) conteste l'exactitude de ce dernier chiffre, se fondant sur ce que la température de Genève est considérablement abaissée par l'influence du lac Léman, et qu'il faut par conséquent réduire jusqu'à 170 m. le chiffre précédent.

Les résultats moyens des observations faites pendant l'année 1864 dans 70 stations météorologiques de la Suisse ont donné les chiffres suivants sur les hauteurs correspondantes à un abaissement de température de 1°C. :

Pour l'hiver.. . . . . . 310 mètres.
  «   le printemps. . . 153   —
  «   l'été.. 160   —
  «   l'automne. . . . 195   —
Moyenne annuelle. . . 197   —

Il résulte de ces données que généralement la température baisse moins rapidement en hiver et en automne qu'au printemps et en été.

Dollfus-Ausset distribue les susdites stations météorologiques en groupes :

A) à une hauteur depuis 2477 jusqu'à 2008 mctr., où l'élévation moyenne des stations est de 2179 m. au-dessus du niveau de la mer;

B) à une hauteur depuis 1881 jusqu'à 1448 m., où l'élévation moyenne des stations est de 1680 m., et

E) stations les plus basses, à une hauteur depuis 480 jusqu'à 275 m., où l'élévation moyenne des stations est de 404 m.

Voici maintenant, selon cette distribution, les chiffres correspondant à un abaissement de température de 1° C :

	Hiver.	Printemps.	Été.	Automne.	Moyenne annuelle.
Entre B et A. .	404ᵐ	145ᵐ	141ᵐ	145ᵐ	172ᵐ
« E et A. .	202ᵐ	167ᵐ	180ᵐ	207ᵐ	202ᵐ

Quant aux comparaisons entre les autres groupes des stations météorologiques, elles ont donné des résultats peu satisfaisants et parfois contradictoires, parce que, grâce à la différence peu considérable de leurs hauteurs respectives, les particularités locales de chaque station exercent trop d'influence sur le résultat de l'observation; c'est pourquoi les moyennes obtenues ne peuvent servir ni à formuler la loi générale de la dépression de la température, ni à donner une notion juste du climat de la localité. Nombre de ces stations se trouvent dans des villes situées au bord de lacs: or, pour neutraliser dans une certaine mesure l'influence de ces derniers, influence produisant des déviations de la loi générale, il est indispensable de comparer ces stations non pas entre elles, mais avec des stations situées à des hauteurs beaucoup plus considérables. Pour ces raisons, je crois devoir exprimer ici mon regret de ce que la station météorologique de Goudaour ait été supprimée et qu'il n'existe pas une seule station dans toute la chaîne du Caucase.

Formule de l'académicien Savitch.

Dans le remarquable travail de l'académicien Wéssélowski : *Du climat de la Russie*, p. 6, nous trouvons que la proportion la plus généralement admise de la dépression de la température avec l'élévation est de 195,2 m. pour 1° C. En même temps l'auteur appelle toute l'attention des savants sur la formule proposée par l'académicien A. Savitch pour calculer la différence des températures entre deux points situés à des hauteurs différentes (voir l'article intitulé : *De la distribution de la chaleur dans les diverses couches de l'atmosphère à mesure de leur éloignement de la surface de la terre*, dans le Moniteur de la société Impér. russe de géographie, 1853, v. VIII, p. 32).

Voici cette formule :

$$[1] \qquad t_1 - t = S(0,35 + 0,01.t_1) + S(1 + 0,02.t_1)\,3,85\,e^{-0,08\,S}$$

et une autre formule simplifiée pour les hauteurs peu considérables pouvant toutefois s'étendre jusqu'à 4 kilomètres :

$$[2] \qquad t_1 - t = S(4,20 + 0,08\,t_1 - 0,11\,S),$$

où t_1 et t sont les températures des stations comparées, S — la différence de leurs hauteurs respectives, exprimée en kilomètres, et e — la base des logarithmes hyperboliques.

Malheureusement cette formule, établie pour un espace trop étendu, ne peut donner pour le champ restreint de nos explorations que des indications approximatives. D'ailleurs l'estimable académicien publia sa formule en 1853, à une époque où la météorologie était encore loin d'avoir atteint son niveau actuel : aussi a-t-il forcément dû s'appuyer sur des données qui ont été considérablement amendées depuis. Ainsi, entre autres, comme moyenne de la température annuelle de Genève il prend $+9°7$ C. et pour le Saint-Bernard $—1°t$, tandis que 22 années d'observations (de 1841 à

1862) ont donné comme résultat $+9°,01$ pour Genève, et $-1°,95$ pour le Saint-Bernard.

Pour donner un exemple concret, procédons d'après la formule de M. Savitch, afin de déterminer la différence de températures entre les stations de Genève, du Saint-Bernard et celle établie par Dollfus-Ausset sur le col du Saint-Théodule, d'après des observations simultanées faites du 1ᵉʳ août 1865 au 1ᵉʳ août 1866, t. III.

Altitude de la station Dollfus-Ausset. . . 3350 m.
    —   —   du Saint-Bernard. . 2477 «
    —   —   de Genève. . . . . 407 «

Les observations ont fourni les moyennes de température annuelle suivantes :

Station Dollfus-Ausset. . . . . $-5°,38$
    —   du Saint-Bernard.. . . . . . . $-1°,77$
    —   de Genève. . . . . $+10°,31$

De là une différence de température :

Entre Genève et la station Dollfus-Ausset.. . . . . 15°,89
    —   —   du Saint-Bernard.. . . . 12°,08

Or en procédant d'après les formules ci-dessus nous trouvons :

D'après la formule [1], entre Genève et station Dollfus-Ausset. 15°,16
   —   —   —   Saint-Bernard.. 10°,27
D'après la formule [2], entre Genève et station Dollfus-Ausset. 13°,83
   —   —   —   Saint-Bernard.. 9°,93

Sartorius von Walterhausen.
**La loi de la décroissance de température est subordonnée
à la latitude géographique du lieu donné.**

M. Sartorius von Walterhausen, professeur de géologie à l'université de Göttingue, dans son ouvrage : *Recherches sur les climats de l'époque actuelle et des époques anciennes particulièrement au point de vue des phénomènes glaciaires de la période diluvienne* (*Untersuchungen über die Klimate der Gegenwart und der Vorwelt, mit besonderer Berücksichtigung der Gletscher-Erscheinungen und der Diluvialzeit*, 1865), a déduit la formule pour la valeur de $\dfrac{S}{t_1 - t}$, c'est-à-dire pour la hauteur correspondante à un décroisse-ment de température de 1° C., avec égard à la latitude du lieu donné.

Voici cette formule :

$$\varepsilon = a + b \cos \varphi, \quad \text{dans laquelle}$$

ε est la hauteur cherchée,
φ la latitude du lieu,
a et b les coefficients.

Ces coëfficients ont été déduits des données suivantes :

	φ	Altitude [1].	ι	
Chimboraço.	—1°,28′	5957^m	204^m,7.	D'après les calculs
Pichincha.	—0°.14′	4793^m	202^m,4	de Humboldt.
Guadeloupe.	4°,36′	2047^m	194^m,5	—
Nevada de Toluca. . .	10°,6′	4625^m	199^m,3	—
Fuente de la Cuchilla. .	10°,33′	1574^m	185^m,1	—
Silla de Caracas. . . .	10°,37′	2633^m	192,1^m	—
Coffré de Perotté. . .	19°,29′	4091^m	185^m,1	—
Pic de Ténériffe. . . .	28°,17′	3642^m	185^m,8	—
Etna.	37°,30′	3347^m,5	177^m,4	d'après div. observ.
Saint-Gothard.	46°,32′	2145	174^m,8	Dové.
Atmosphère au-dessus				
de Paris.	48°,50′	6987^m,5	173^m,4	Gay-Lussac en aéro-stat.
de l'Angleterre. . .	53°	2031^m	152^m,1	Glaisher.
Hécla.	63°,59′	1612^m	115^m,3	d'après div. observ.

En substituant successivement dans l'équation ces don-nées, d'après le procédé des moindres carrés, il obtint l'équation : $159,9 + 450,7 . \cos \varphi = E$, d'où il déduisit le tableau suivant :

	φ	ι
Pour. . .	0°	198,4
«	10	196,2
«	20	189,6
«	30	178,8
«	40	164,2
«	50	146,1
«	60	115,1
«	70	102
«	80	74,4
«	90	51,9

---

1. Tous les chiffres dans l'ouvrage de Sartorius sont exprimés en pieds de Paris, que nous avons, pour plus de clarté, réduits en mètres, en multipliant par 0,325.

Erreur de la loi déduite par M. Sartorius.

Ce tableau nous montre que les valeurs pour E décroissent rapidement à mesure qu'on avance de l'équateur vers les pôles; mais, en examinant de plus près le procédé employé, l'on ne peut s'empêcher de faire les remarques suivantes :

1° Les évaluations de Humboldt, tout en donnant des chiffres assez approchants, sont en réalité basées sur des données fort douteuses, à cause de l'absence complète d'observations prolongées sur les points indiqués.

2° Le chiffre donné jadis pour le Saint-Gothard, d'après les observations faites à l'asile par un gardien, méritent peu de confiance, d'autant plus que la hauteur de l'asile lui-même au-dessus du niveau de la mer n'était pas exactement déterminée et a même été reconnue erronée. Or, si nous remplaçons la définition qu'a adoptée Sartorius, de la hauteur correspondant à 1° C. pour le Saint-Gothard comparativement à Lausanne, par les observations plus exactes dues à des moines du Saint-Bernard, situé à peu près sous la même latitude, et que nous le comparions à Genève, nous devrons remplacer le chiffre 174^m,8 par celui de 194 mètres, comme l'ont suffisamment démontré dix-sept années d'observations (de 1847 à 1864).

3° Pour l'Angleterre, Sartorius, se fondant sur les observations faites en ballon par Glaisher, donne 174^m,8 pour 1° C. à une hauteur de 2031 mètres, alors que Glaisher lui-même[1] avait trouvé le chiffre de 196 mètres pour une hauteur de 2030 mètres. Et enfin

4° Les indications relatives à l'Etna et au mont Hécla méritent peu de confiance, comme se rapportant à des volcans et comme n'étant pas le résultat d'observations prolongées.

En modifiant le tableau de Sartorius dans le sens que je viens d'indiquer, nous verrons que la valeur de E, suivant ces indications, ne diminue nullement dans la direction de l'équateur vers le pôle, puisqu'il résulte de ces données

---

1. Dollfus-Ausset, t. IV, p. 269.

plus précises que sous des latitudes de 46° et de 53° la hauteur correspondant à 1° C. est plus considérable que sous la latitude de 10°,5.

**Dépendance de la hauteur
de la limite des neiges de la latitude géographique.**

Pour déterminer la hauteur de la ligne des neiges persistantes, l'honorable professeur s'appuie sur les données suivantes : il suppose que la température moyenne au niveau de la limite des neiges est — 0°,40 C. sous l'équateur et — 3°,5 C. sous la latitude de 40°. De là il déduit la hauteur de la limite des neiges sous toutes les latitudes, alors qu'en réalité le premier de ces chiffres est tout hypothétique et n'a encore été mesuré par personne, et que le second est inexact, puisque le chiffre véritable a été déterminé sur le Faulhorn (46°,43′ lat. nord) et qu'il est de — 2°,26 C.

**Tableaux de M. Sartorius donnant
les températures moyennes pour les différentes latitudes.**

En parlant de l'ouvrage de M. Sartorius, je n'ai pu m'abstenir des observations présentées ci-dessus : car les calculs ultérieurs de ce savant sont fort remarquables et offrent des tableaux très-intéressants sur les climats maritime et continental, sur les climats des époques anciennes et de l'époque actuelle au niveau de la mer, selon les latitudes. Ces déductions sont basées sur des données solides et dignes de foi, résultant d'observations multiples faites dans les lieux habités, à savoir : pour le climat maritime, dans des villes situées sur les côtes, en dehors de l'influence des continents, et pour le climat continental dans l'intérieur des continents [1].

---

1. Nous donnons ici trois tableaux des températures moyennes selon les latitudes, déduites par le professeur Sartorius de Walterhausen. Sous φ sont indiqués les degrés de latitude nord, sous T la température moyenne annuelle. sous t — la différence des températures du mois le plus froid et du mois le plus chaud de l'année.

Nous emprunterons à ces tableaux les températures moyennes de l'époque actuelle, déduites par M. Sartorius, pour les latitudes qui nous intéressent en ce moment.

Pour 30° latitude Nord. . . . . . . 19°,82 C.
  — 40°   —   . . . . . . 15°,47
  — 50°   —   . . . . . . 11°,12

I. — *Pour le climat maritime.*

φ	T	t	$T+\frac{t}{2}$	$T-\frac{t}{2}$
90	1,05	10,91	6,50	4,40
80	1,86	10,77	7,24	3,52
70	4,20	10,34	9,34	0,97
60	7,75	9,64	12,57	2,93
50	12,10	8,69	16,44	7,76
40	16,66	7,51	20,41	12,91
30	20,87	6,17	23,95	17,79
20	24,17	4,65	26,49	21,85
10	26,11	3,05	27,62	24,60
0	26,42	1,40	27,12	25,72

II. — *Pour le climat continental.*

φ	T	t	$T+\frac{t}{2}$	$T-\frac{t}{2}$
90	18,84	50,00	6,16	43,84
80	17,17	49,24	7,45	41,79
70	12,49	46,99	11,00	35,98
60	8,74	43,30	12,91	30,39
50	3,95	38,30	23,10	15,20
40	13,52	32,15	29,60	2,55
30	22,52	25,00	35,02	10,02
20	29,85	17,05	38,37	21,33
10	34,65	8,71	39,00	30,30
0	36,31	0,00	36,31	36,31

III. — *Pour la dernière époque géologique.*

φ	T	$T+\frac{t}{2}$	$T-\frac{t}{2}$
90	0,45	5,91	5,01
80	1,22	6,61	4,16
70	3,47	8,67	1,70
60	6,91	11,74	2,09
50	11,12	17,47	6,77
40	15,47	19,24	11,71
30	19,82	22,91	16,74
20	23,25	25,57	20,92
10	25,50	27,02	23,97
0	26,27	26,95	25,57

Tableau de Dové sur le même sujet.

Avant de faire usage de ce tableau, nous devons dire quelques mots des tableaux de Dové qui, par ses travaux, a posé pour ainsi dire la pierre angulaire de la science météorologique. Dové donne aussi le tableau des températures moyennes selon les latitudes[1] :

Pour 30° latitude Nord . . . . . .   21° C.
—   40°   —   . . . . . .   13°,63
—   50°   —   . . . . . .   5°,38

Pour s'expliquer les causes d'une divergence si considérable entre le tableau de Dové et celui de M. Sartorius[2], il convient de remarquer que le premier nous donne la température moyenne du relief de la surface du globe, tandis que le tableau de M. Sartorius donne la température au niveau de la mer, c'est-à-dire augmentée d'un nombre de degrés correspondant à l'altitude d'un lieu donné. La température moyenne du relief pour la latitude de 40° se déduit en prenant dans le tableau de Dové la moyenne, parmi les indications se rapportant aux points les plus rapprochés de cette latitude : or, dans ces tableaux j'ai trouvé jusqu'à soixante-cinq endroits, mais dans ce nombre, s'il y a des points situés au bord de la mer, il y en a d'autres, comme, par exemple, Erzéroum (lat. 39°,57′) qui se trouvent à la hauteur absolue de 1593 m. Comme exemple nous prendrons Tiflis et nous en rechercherons la température moyenne d'après l'un et l'autre de ces tableaux.

La température moyenne de Tiflis
d'après les tableaux de Dové et de Sartorius.

La ville de Tiflis est située à 41°,43′,1 ou, pour plus de simplicité, à 41°,72 de lat. nord. Selon le tableau de Dové la température moyenne annuelle pour la latitude de 41°,72 est égale à 13°,63 C. — 1°,72 × 0°,78 = 12°,29 C. En réalité

---

1. Dr. Ernst Erhard Schmid. *Lehrbuch der Météorologie*, p. 403.

2. Trois des tableaux de M. Sartorius se trouvent parmi les annexes de ce volume.

la température moyenne de Tiflis, d'après les observations faites d'heure en heure pendant ces dernières vingt-cinq années, est de 12°,677, ce qui constitue un écart insignifiant de 0°,337 C.

Selon le tableau de Sartorius la température de Tiflis serait égale à $15°,47 - 1°,72 \times 0°,43 - \dfrac{S}{E}$, S étant la hauteur de Tiflis et au-dessus du niveau de la mer, soit 403^m,4, et E la hauteur correspondant à la dépression de température de 1° C. soit 197 m. selon le résultat moyen des observations faites dans soixante-douze stations météorologiques de la Suisse. De cette manière nous aurions :

$$15°,47 - 0°,73 - 2°,078 = 12°,662,$$

ce qui donne un écart minime de 0°,005 de la température réelle.

**Possibilité d'adopter
le tableau de Sartorius au Caucase.**

Une concordance aussi frappante entre la température moyenne réelle de Tiflis et le résultat obtenu par le calcul exige la vérification du tableau de M. Sartorius, aussi bien que de la valeur E = 197 m. adoptée pour Tiflis, car une pareille similitude des résultats pourrait faire supposer qu'il s'agit là d'une simple coïncidence due au hasard et par suite que les deux valeurs sont inexactes.

Nous allons appliquer ces calculs à la ville de Bakou, située à peu près au niveau de la mer, afin de savoir jusqu'à quel point le tableau de M. Sartorius mérite confiance par rapport au climat du Caucase.

Bakou.

Latitude.	40°,36
Altitude.	17°,6 mètres.
Température moyenne	15°,29 [1] (pour les dernières 10 années, de 1868 à 1878).

---

1. Si nous prenons la température moyenne pour les dernières neuf années, nous obtenons 15°,38 C. Mais, si nous introduisons la correction de ces moyennes conformément aux observations faites à Tiflis pendant 25 ann., nous n'aurons plus que 14°,86. L'avenir montrera lequel de ces chiffres est le plus exact.

D'après le tableau de Sartorius :

Pour la latitude 40° . . . . 15°,47,
et pour la latitude 40°,36 . . . . 15°,31,

soit un écart minime de 0°,02 Cels., ce qui démontre suffisamment que les déductions de Sartorius sont applicables à nos latitudes.

Cherchons maintenant à déterminer la hauteur correspondant à la dépression de température de 1° C., pour les stations situées dans les environs de Tiflis.

Goudaour (station de poste dans la chaîne principale).

Latitude. . . . . . . 42°,47
Altitude. . . . . . 2233^m,8

La température au niveau de la mer, pour la latitude 42°,47, est de 14°,40.

La température moyenne annuelle de Goudaour, corrigée conformément aux observations faites pendant vingt-cinq ans à Tiflis, est de 4°,02. Ainsi donc la différence de température au niveau de la mer et à Goudaour est de 10°,37.

Hauteur corespondant à 1° C. $= \dfrac{2233,8}{10,37} = 208$ m.

Bétanie (villa du baron Nicolaï).

Latitude. . . . . . 41°,68
Altitude. . . . . . 1196 mètres.

Température moyenne d'après les observations faites
pendant deux ans à la nouvelle station, avec rectification
pour vingt-cinq ans . . . . 8°,88
Température au niveau de la mer . . . . 14°,75
Différence des températures. . . . . 5°,87

Hauteur pour 1° C. $= \dfrac{1196}{5,87} = 203^m,5$

Biély-Kloutch.

Latitude . . . . 41,55°
Altitude.. . . . . 1154^m,3
Température moyenne corrigée pour une période de vingt-

deux ans . . . . $8^0,9$ [1]
Différence des températures. . . . . $5^0,91$
Hauteur pour 1^0 C.. . . . . $195^m,3$

Si nous prenons la température moyenne, corrigée pour une
période de vingt-cinq années d'observations, nous aurons. $9^0,35$
Différence de température . . . . $5^0,46$

Hauteur pour 1^0 C. $\dfrac{1154,3}{5^0,46} = 211,4$ m.

La moyenne de ces deux résultats donne $203^m,1$

Aralikh (au pied du mont Ararat).

Latitude. . . . . $39^0,88$
Altitude. . . . . $832^m,9$ [2]
Température moyenne. . . . $11^0,4$
Différence des températures . $4^0,12$

Hauteur pour 1^0 C . . . . . $\dfrac{832,9}{4^0,12} = 202^m,1$

Élisabethpol.

Latitude. . . . . $40^0,68$
Altitude . . . . $457^m,9$
Température moyenne . . . . . $12^0,89$ (pour une période de
25 ans).
Différence des températures . . $2^0,29$

Hauteur pour 1^0 C.. . . . . . $\dfrac{457,9}{2^0,29} = 200$ mètres.

Le tableau de Sartorius appliqué à la Suisse.
Incertitude de la loi de la dépression de température avec la hauteur
d'après les déductions de Dollfus-Ausset.

Maintenant nous allons appliquer ce mode de calcul aux
stations météorologiques de la Suisse.

M. Dollfus-Ausset, pour déterminer la hauteur correspondante à une dépression de température de 1^0 C., a établi
toutes les comparaisons possibles entre les stations de la

---

1. Voyéykoff: *Température moyenne dans la Russie d'Europe, la Sibérie
et le Caucase.*
2. Définition géodésique.

Suisse, mais ces comparaisons ne nous expliquent rien. Ainsi, par exemple, aux pages 414, 416 et 417 du tome VI, nous trouvons le relevé comparé des observations faites en 1864, lesquelles ont fourni les résultats suivants :

De Genève au Saint-Bernard. . . . . . . 205 mètres
« Berne   —   . . . . 200 —
« Simplon   —   . . . . 142 —
« Genève à Berne. . . . . 43 —
« Grimsel à Andermatt. . . . . 507 —
« Weissenstein à Chaux-de-Fonds . . . 117 —
« Coire à Bâle . . . . 576 —
« Bâle au Saint-Bernard. . . . . . . 203 —

Ensuite M. Dollfus-Ausset répartit les stations par groupes, prit les moyennes des chiffres fournis par ces groupes et fit les comparaisons que voici :

Groupe A des 5 stations les plus élevées, altitude 2179 mètres.
— B « 6 —   —   —   1652 —
— C « 4 —   —   —   1107 —
— D « 8 —   —   —   477 —

La comparaison entre les groupes A et B donna. . . . 211 mètres.
—   —   B C — . . . 145 —
—   —   C D — . . . 154 —
—   —   A C — . . . 206 —
—   —   A D — . . . 162 —

À ces vingt-trois stations il en ajouta encore quarante-sept qu'il répartit par nouveaux groupes d'après leur altitude; mais les déductions résultant de ces nouvelles comparaisons ne nous en apprennent pas plus que les précédentes.

Voici ces résultats : entre les groupes A et B. . . . . 172 mètres.
—   —   B C. . . . . 282 —
—   —   C D. . . . . 134 —
—   —   D E. . . . . 531 —
—   —   A C. . . . . 215 —
—   —   A D. . . . . 182 —
—   —   A E. . . . . 202 —

Pour démêler ce chaos, il faudrait d'abord considérer chaque station à part, sans compliquer le résultat obtenu par des erreurs d'observations et des particularités locales d'une autre station, prise comme point de comparaison.

Chaque station a des particularités de climat qui lui sont propres, et d'ailleurs les observations elles-mêmes ne sont pas toujours exactes : par conséquent il est beaucoup plus facile de découvrir la vérité en considérant chaque station à part et en tenant compte des causes pouvant influer sur le résultat obtenu dans le sens d'une déviation de la loi générale.

M. Dollfus-Ausset donne aussi la comparaison des observations faites pendant une année (du 1er août 1865 au 1er août 1866) à Genève, sur le Saint-Bernard et sur le col de Saint-Théodule [1]. De ces observations on a déduit les hauteurs pour 1° C. suivantes :

1°   Entre Genève et le col de Saint-Théodule.... $186^m,7$
2"   «   le Saint-Bernard............ $189^m,1$
3°   «   Genève et le Saint-Bernard........ $193^m,7$

De ces chiffres il résulte avec évidence que ces sortes de comparaisons ne peuvent avoir lieu que lorsque les stations à comparer se trouvent dans des conditions à peu près identiques. Le chiffre fourni par la comparaison 3, au lieu d'être moindre que les deux premiers, s'est trouvé être plus grand. La cause en est dans les particularités de climat propres à Genève et résultant du voisinage du vaste bassin d'eau qui modère la température de cette ville. Le lac Léman produit pour Genève une température plus égale et fort agréable, mais la moyenne annuelle devient moins élevée qu'elle ne le serait sans le voisinage du lac. Si nous prenons un chiffre plus élevé pour la température de Genève, la différence entre elle et la température du Saint-Bernard deviendra plus grande, et par conséquent la valeur de $\dfrac{S}{t_1 - t}$ (S étant la différence des altitudes, t_1 la température de Genève et t celle du Saint-Bernard) deviendra plus petite. Outre cela, les comparaisons d'observations d'une année pour des stations situées à des distances considérables l'une de l'autre peuvent donner des résultats erronés,

---

1. T. VIII de l'ouvrage de Dollfus-Ausset.

vu que les écarts qui se produisent telle année dans les températures des stations peuvent très-bien avoir lieu en sens inverse.

Élucidation de la loi par l'application du tableau de Sartorius.

Essayons maintenant de déduire ces valeurs nous-mêmes. Mais établissons au préalable les trois points suivants : 1° Pour Genève et le Saint-Bernard nous prendrons les grandeurs moyennes d'après les observations faites simultanément et pendant vingt-deux années ; 2° Pour le Saint-Théodule nous introduirons la correction de la température conformément aux observations de vingt-deux années, faites sur le Saint-Bernard, station la plus voisine de Saint-Théodule ; 3° Nous ramènerons à une latitude commune les trois stations à comparer.

Genève et Saint-Bernard.

Température de Genève. . . . . 9°,01
Rectification due à la différence des lat. $(46°,20 - 45°,87) \times 0,43 = +0°,14$ [1]
$$9°,15$$
En soustrayant la température du Saint-Bernard. . . . . $(-1°,95)$
Nous aurons une différence des températures . . . . . . 11°,10
Différence des altitudes. . . . . 2070^m

Hauteur correspondante à. . . . . $1° C = \dfrac{2070^m}{11°,1} = 186^m,4$

Genève et col de Saint-Théodule.

Température de Genève. . . . . $+9°,01$
Rectification due à la différence des lat. $(46°,20 - 45°,97) \times 0°,43 = +0°,10$
En soustrayant la température du Saint-Théodule, ramenée aux observations de 22 ans, faites sur le Saint-Bernard. . . . . $-(-6°,14$ [2]$)$
Nous obtenons une différence de température. . . . . 15°,25

---

1. Comme nous recherchons la loi de la dépression de température de la station inférieure à la station supérieure, l'amendement dû à la différence des latitudes doit être additionné à la température de la station inférieure ou en être soustrait, selon que cette dernière est située au nord ou au sud de la station supérieure. Dans le cas actuel il y a addition, puisque Genève est située plus au nord que le Saint-Bernard.

2. D'après les observations faites pendant une année, du 1ᵉʳ août 1865 au

Différence des altitudes. . . . . $2^m,943$

Hauteur pour. . . . . 1^0 C. $= \dfrac{2943^m}{15^0,25} = 192^m,9$

Saint-Bernard et Saint-Théodule.

Température du Saint-Bernard. . . . . $-1^0,95$

    —   du Saint-Théodule. . . . . $-(-6^0,14)$

Différence des températures. . . . . $4^0,19$

En soustrayant la rectification due à la différence des lati-

    tudes. . . . . $- 0^0,04$
$$\overline{4^0,15}$$

Différence des altitudes. . . . . 873^m

Hauteur pour . . . . 1^0 C. $= \dfrac{873^m}{4^0,15} = 210^m,3$

Les chiffres obtenus par ce procédé ont leur éloquence.

La régularité des procédés employés produit des résultats exacts et nous fait comprendre la loi. Les déductions de M. Dollfus-Ausset, au contraire, loin de nous expliquer la loi de la dépression de température, semblent dire : Ne cherchez rien, car il n'y a ici aucune régularité.

Nous avons donc :

	Selon Dollfus-Ausset.	Selon le tableau de M. Sartorius.
De Genève au Saint-Bernard pour 1^0 C. . .	$193^m,7$	$186^m,4$
— au Saint-Théodule pour 1^0C. . .	$186^m,7$	$192^m,9$
Du Saint-Bernard au Saint-Théodule 1^0 C..	$189^m,1$	$210^m,3$

Remarquons ici que, si nous comparons la température du Saint-Théodule résultant d'observations faites pendant une année seulement avec les températures normales de Genève et du Saint-Bernard, nous obtiendrons :

    Entre Genève et Saint-Théodule . . . . $200^m,3$

    Et entre le Saint-Bernard et le Saint-Théodule. . . $243^m,2$

Cet exemple démontre la nécessité de la correction des écarts que présentent les observations d'une seule année,

---

1er août 1866, la température moyenne de Saint-Théodule était de $- 5^0,38$ C., et sur le Saint-Bernard de $- 1^0,77$ C. Mais, d'après les observations faites pendant vingt-deux ans sur le Saint-Bernard, la moyenne de la température de ce dernier est de $-1,95$, et par analogie nous obtiendrons pour le Saint-Théodule le chiffre de $-6^0,14$.

d'après les observations d'une autre station voisine, dont la température normale est déterminée.

Tableau des Stations météorologiques de la Suisse.

Appliquons maintenant le tableau de M. Sartorius aux observations faites en 1864 dans vingt-trois stations de la Suisse (énumérées à la page 414 du tome VI de l'ouvrage de M. Dollfus-Ausset). Nous déterminerons ainsi les hauteurs correspondant à la dépression de température de 1° C. pour les différents niveaux où sont situées ces stations.

Groupes des stations	NOM DES STATIONS	Longitude	Latitude	Température observée	Rectification	Température au niveau de la mer	Différence des températures	Altitude	Hauteur pour 1° C.
		h. m.						mètres.	mètres.
A	1. Saint-Bernard (Valais).........	0,19'	54,87°	—1°,67	2°,52	12°,95	14°,62	2477	169,4
	2. Julier (Grison).	0,30	46,45	0 ,94	2 ,77	12 ,70	13 ,64	2244	164,6
	3. Saint-Gothard (Hospice)	0,25	46,55	0 ,62	2 ,82	12 ,65	13 ,27	2093	157,7
	4. Bernardin (Grisons)...........	0,27	46,50	0 ,36	2 ,79	12 ,68	12 ,32	2070	168
	5. Simplon (Valais)...........	0,23	46,25	0 ,79	2 .69	12 ,78	11 ,99	2008	167,5
	MOYENNE	—	—	0°,42	—	12°,75	13°,17	2178,5	165,4
B	6. Grimsel (Berne).	0,31	46,57	1 ,51	2 ,83	12, 64	11 ,13	1874	168,2
	7. Righi-Kulm (Schwitz)	0,25	46,45	1 ,86	2 ,77	12 ,70	10 ,84	1784	160,1
	8. Bevers (Grisons)...........	0,30	46,55	1 ,12	2 ,82	12 ,65	11 ,53	1715	148,7
	9. Zermatt (Valais)...........	0,22	46,13	3 ,61	2 ,64	12 ,83	9 ,22	1613	174,9
	10. Zernetz (Grisons)...........	0,31	46,70	3 ,40	2 ,88	12 ,59	9 ,19	1476	160,6
	11. Andermatt (Uri).	0,25	46,63	2 ,35	2 ,85	12 ,62	10 ,27	1448	140,9
	MOYENNE	—	—	2°,31	—	12°,67	10°,36	1651,6	158,8

1. Longitude en heures d'après le méridien de Paris, soit en degrés de Paris — 4°,75; de Greenwich — 7°,09 et de Ferro — 24,75°.

Groupe des Stations	NOM DES STATIONS	Longitude	Latitude	Température observée	Rectification	Température au niveau de la mer	Différence des températures	Altitude	Hauteur pour 1° C.
		h. m.						mètres.	mètres
C	12. Weissenstein (Soleure)	0,21	47,25	3 ,13	3 ,12	12 ,35	9 ,22	1281	138,9
	13. Chaumont (Neu-(châtel).........	0,18	47,01	5 ,22	3 ,01	12 ,46	7 ,24	1152	159,1
	14. Eugelberg (Un-terwald).........	0,24	46,81	·5 ,10	2 ,93	12 ,54	7 ,44	1014	136,2
	15. Chaux-de-Fonds (Neuchâtel)	0,18	47,10	5 ,70	3 ,05	12 ,42	6 ,72	980	145,8
	Moyenne	—	—	4°,79	—	12°,44	7°,65	1106,7	145,0
D	16. Coire (Grisons).	0,29	46,85	8 ,63	2 ,94	12 ,53	3 ,90	603	153.5
	17. Berne..........	0,21	46,95	7 ,28	2 ,99	12 ,48	5 ,20	574	110,3
	18. Schwitz	0,25	47,01	7 ,98	3 ,01	12 ,46	4 ,48	547	122
	19. Neufchâtel.....	0,18	47,00	8 ,67	3 ,01	12 ,46	3 ,79	488	128,7
	20. Zürich.........	0,25	47,38	8 ,07	3 ,17	12 ,30	4 ,23	480	113
	21. Soleure	0,21	47,21	7 ,80	3 ,10	12 ,37	4 ,57	441	96,5
	22. Genève........	0,15	46,20	9 ,05	2 ,66	12 ,81	3 ,76	407	108,2
	23. Bâle	0,21	47,55	9 ,20	3 ,25	12 ,22	3 ,02	275	91
	Moyenne	—	—	8°,33	—	12°,45	4°,12	476,9	115,4

D'après ce tableau nous remarquons une diminution gra-duelle de la hauteur correspondant à 1°C., à mesure que diminue l'altitude des stations. Si l'on y constate quelques écarts de la loi générale, cela est dû soit à des particularités de climat de telle station, soit à des erreurs d'observation, soit enfin — et c'est là le plus probable — à une inexacti-tude dans l'élévation de l'altitude des lieux, ce qui — soit dit par parenthèse — est le cas pour quelques-unes de nos stations du Caucase.

En examinant le groupe de stations A, nous voyons que les cols du Bernardin et du Simplon s'écartent légèrement de la loi générale. Pour le Bernardin cette déviation s'expli-que par la quantité relativement moindre de pluies dans le canton des Grisons, et pour le Simplon par la situation dans une chaîne abritée des vents du sud-ouest apportant les pluies.

Dans le second groupe B, c'est Zermatt qui présente une disparate très-prononcée. Nous laissons le soin d'expliquer cette irrégularité à des personnes plus que nous au courant des particularités de climat de la localité, ainsi que de la valeur des observations qui y ont été faites. Je me bornerai à la remarque que Zermatt, comparativement à Bevers, qui offre un écart en sens inverse, tout en ayant la même altitude, paraît avoir une température trois fois et demie plus élevée que Bevers. Or, il faut qu'il y ait des particularités locales bien singulières pour élever tellement la température de Zermatt, il faut qu'il se trouve dans un endroit bien abrité contre les courants d'air, ou qu'il y ait d'autres influences pour lui donner la température de $0°,96$ C. plus élevée, ce qui produit cet écart de la loi générale.

Dans le troisième groupe C, bien que la diminution des hauteurs pour $1°$ C. ne soit pas rigoureusement graduelle, les écarts ne sont pas considérables.

Dans le quatrième groupe D, nous remarquons pour Coire un écart considérable, hors de proportion avec la situation de cette localité, qui n'est guère plus élevée que les autres points du même groupe ; de même nous constatons pour Soleure un écart en sens inverse de celui qui existe pour Coire. L'examen comparé des particularités du climat de ces deux endroits donne les résultats suivants : La quantité de pluie et de neige est moindre et le nombre des journées sereines plus grand à Coire qu'à Soleure ; l'humidité relative de l'air à Coire est de 58 pour 100, moindre même qu'à Tiflis. et à Soleure — de 73 pour 100 ; Coire a, comparativement à Soleure, un excédant annuel de soixante-trois journées sans vent. L'ensemble des conditions favorables où se trouve Coire comparativement à Soleure lui procure une température plus grande, malgré sa situation plus élevée au-dessus du niveau de la mer ; en supposant les deux localités au même niveau, la température de Coire se trouverait être de

50 pour 100 plus élevée que celle de Soleure. La température
plus élevée donne une valeur de la hauteur pour 1°C. de
59 pour 100 plus grande qu'à Soleure.

Il résulte des considérations ci-dessus que la dépression
de la température avec augmentation de l'altitude est la
fonction ou pour mieux dire la résultante de l'ensemble de
toutes les conditions climatologiques. C'est pourquoi nous
nous arrêtons si longtemps à la recherche de cette loi si
importante.

Si du nombre de ces vingt-trois stations nous en omettons
trois qui offrent des écarts trop prononcés, à savoir : Zermatt,
Coire et Soleure, nous arriverons au résultat suivant :

Groupes.	Altitude moyenne.	Température moyenne.	Temp. moy. au niv. de la mer.	Diff. moyenne des températ.	Hauteur pour 1° C.
A	2178^m,5	—0°,42	12°,75	13°,17	165^m,4
B	1659^m,4	+2°,05	12°,64	10°,59	156^m,2
C	1106^m,6	+4°,79	12°,44	7°,65	145^m
D	461^m,8	+0°,37	12°,45	4°,08	112^m,7

La comparaison des différents groupes nous donne :

	Différence des altitudes.	Différence moyenne des températures.	Hauteur pour 1° C.
De A à B.	519^m,1	2°,58	201^m,2
« A « C.	1171^m,8	5°,51	194^m,5
« A « D.	1716^m,7	9°,01	188^m,1
« B « C.	552^m,7	2°,94	188^m
« B « D.	1197^m,6	6°,51	183^m,9
« C « D.	644^m,9	3°,58	180^m,1

Par ce procédé, nous avons obtenu les valeurs exprimant
la dépression de la température correspondant aux altitudes
des groupes, valeurs complétement différentes de celles des
tableaux de Dollfus-Ausset et ne présentant aucune anomalie.

De cette manière, nous avons obtenu les hauteurs pour
1°C. pour quelques points de la Suisse, que nous mettons
en regard des évaluations de M. Dollfus-Ausset[1] :

---

1. Je crois devoir rappeler au lecteur que ces déductions sont basées sur les
observations faites en 1864, à l'exception de celles marquées d'un (*), lesquelles
résultent d'observations de 22 années.

De	0ᵐ	à	407ᵐ	(Genève)	106ᵐ,8	
«	«	«	461ᵐ,8	(Groupe D)	112ᵐ,7	
«	«	«	1106ᵐ,7	(Groupe C)	145ᵐ	
«	«	«	1659ᵐ,4	(Groupe B)	156ᵐ,2	
«	«	«	2178ᵐ,5	(Groupe A)	165ᵐ,4	
«	«	«	2477ᵐ	(Saint-Bernard) *	166ᵐ,2	
«	«	«	3350	(Saint-Théodule)*	176	
«	461ᵐ,8	«	1106ᵐ,7	(de D à C).	180ᵐ,1	
«	477ᵐ	«	1107ᵐ	(de D à C)		178ᵐ
«	461ᵐ,8	«	1659ᵐ,4	(de D à B)	183ᵐ,9	
«	477ᵐ	«	1652ᵐ	(de D à B)		195ᵐ,5
«	407ᵐ	«	2477ᵐ	(de Genève au St-Bernard).	186ᵐ,4	193ᵐ,7
«	1106ᵐ,7	«	1659ᵐ,4	(de C à B)	188ᵐ	
«	1107ᵐ	«	1652ᵐ	(de C à B)		220ᵐ
«	461ᵐ,8	«	2178ᵐ,5	(de D à A).	188ᵐ,8	
«	477ᵐ	«	2179ᵐ	(de D à A)		195ᵐ
«	407ᵐ	«	3350ᵐ	(de Genève au St-Théodule)*	192ᵐ,9	186ᵐ,7
«	1106ᵐ	«	2178ᵐ,5	(de C à A)	194ᵐ,5	206ᵐ
«	1659ᵐ,4	«	2178ᵐ,5	(de B à A).	201ᵐ,2	
«	1652ᵐ	«	2179ᵐ	(de B à A).		193ᵐ
«	2477ᵐ	«	3350ᵐ	(du Saint-Bernard au Saint-Théodule) *.	210ᵐ,3	189ᵐ

Les annotations de droite : « Selon Dollfus-Ausset. » (pour les lignes de 0ᵐ à 407ᵐ jusqu'à 461ᵐ,8 à 1106ᵐ,7), et « Selon Dollfus-Ausset. » (pour la ligne de D à A).

Nous parlerons plus loin de la question de savoir dans quelle
mesure les tableaux de M. Sartorius sont applicables à la
Suisse. En attendant, il est impossible de ne pas remarquer,
d'après ces chiffres, cette loi fondamentale que *dans les couches
supérieures de l'atmosphère la dépression de la température
marche moins rapidement que dans les couches inférieures.*

Comparaison de la loi de dépression de la température
pour la Suisse et pour le Caucase.

Pour établir la comparaison de la dépression de la température avec l'altitude dans la Suisse et dans la Transcaucasie, nous mettrons en regard les chiffres exprimant ces
valeurs pour les deux contrées. Mais, comme il n'existe au
Caucase que fort peu de stations météorologiques, nous
choisirons dans le tableau Dollfus-Ausset de soixante-dix
stations météorologiques suisses les points qui par leurs
altitudes se rapprochent le plus des points à déterminer dans
la Transcaucasie ; nous les prendrons dans l'ordre où ils
sont rangés dans le tableau.

Pour *Tiflis*, situé à 409^m,4 au-dessus du niveau de la mer, nous avons :

NOM DES STATIONS	CANTONS	Longitude	Latitude	Température	Rectification	Température au niveau de la mer	Différence des températures	Altitude	Hauteur pour 1° C.
		h. m.						mètr.	mètr.
61. Kreuzlinger..	Thurgovie..	0,25	47,17°	7°,03	3°,08	12°,39	5°,36	430	80,2
62. Zug.........	Zug.......	0,25	41,17	8 ,61	3 ,08	12 ,39	3 ,78	419	110,8
63. Genève......	Genève	0,15	46,20	9 ,05	2 ,66	12 ,81	3 ,76	407	108,2
64. Schaffhouse .	Schaffhouse	0,25	47,70	8 ,01	3 ,31	12 ,16	4 ,15	398	95,2
65. Olten........	Soleure....	0,22	47,35	8 ,22	3 ,16	12 ,31	4 ,09	393	96
66. Aarau.......	Argovie....	0,23	47,38	8 ,01	3 ,17	12 ,30	4 ,29	389	90,6
Moyennes...		—	47,16°	8°,16	—	12°,39	4°,23	406	96,9

Pour *Elisabethpol*, situé à 457^m,9, nous avons les stations suivantes :

NOM DES STATIONS	CANTONS	Longitude	Latitude	Température	Rectification	Température au niveau de la mer	Différence des températures	Altitude	Hauteur pour 1° C.
52. Claris	Claris	0,27	47,05°	7°,60	3°,03	12°,44	4°,84	488	100,8
53. Zürich......	Zurich.....	0,25	47,38	8 ,07	3 ,17	12 .30	4 ,25	480	113
54. Altenstein...	Saint-Gall..	0,29	47,38	8 ,05	3 ,17	12 ,30	4 ,25	474	111,5
55. Stanz.......	Unterwald .	0,24	46,95	7 ,48	2 ,99	12 ,48	5 ,00	456	91,2
56. Altorf.......	Uri........	0,25	46,88	8 ,85	2 ,96	12 ,51	3 ,66	454	124,3
57. Winterthur..	Zurich.....	0,26	47,22	7 ,61	3 ,10	12 ,37	4 ,76	449	94,3
58. Soleure	Soleure....	0,21	47.21	7 ,80	3 ,10	12 ,37	4 ,57	441	96,5
59. Rathausen ..	Lucerne....	0,24	47,08	8 ,13	3 ,04	4 ,30	4 ,30	440	102,3
Moyennes...		—	47,14°	7°,95	—	12°,45	4°,45	460,2	104,2

Pour *Aralikh*, de 832^m,9 , nous avons :

NOM DES STATIONS	CANTONS	Longitude	Latitude	Température	Rectification	Température au niveau de la mer	Différence des températures	Altitude	Hauteur pour 1° C.
31. Utliberg.....	Zurich.....	0,25	47,35°	6°,22	3°,16	12°,31	6°,09	874	143,5
32. Saint–Imier..	Berne	0,19	47,15	6 ,84	3 ,07	12 ,40	5 ,56	833	149,8
33. Vouadin.....	Fribourg...	0,19	41,62	6 ,29	2 ,85	12 ,62	6 ,33	825	103.3
34. Auen........	Claris	0,27	46,90	6 ,65	2 ,97	12 ,50	5 ,85	821	140,3
Moyennes...		—	47°,00	6°,50	—	12°,45	5°,95	838	141.2

Pour *Bétanie*, dont l'altitude est de 1196 m., et *Biély-Kloutch* (1154^m,3), soit à une altitude moyenne de 1175 m., nous avons :

NOM DES STATIONS	CANTONS	Longitude	Latitude	Température	Rectification	Température au niveau de la mer	Différence des températures	Altitude	Hauteur pour 1° C.
22. Kloster......	Grisons....	0,30	46,87°	4°,40	2°,95	12°,52	8°,12	1195	147,1
23. Caumont	Neufchâtel .	0,18	47,01	5 ,22	3 ,01	12 ,46	7 ,24	1152	159,1
Moyennes...		—	46,94°	4°,81	—	12°,49	7°,68	1173,5	153,1

Pour *Goudaour*, situé à l'altitude de 2156 m., nous avons les cinq stations n°ˢ 1, 2, 3, 4 et 5 du groupe A, nommées dans un des précédents tableaux (p. 26), dont l'altitude moyenne est de 2178ᵐ,5 et où la moyenne de la hauteur pour 1° C. est de 165ᵐ,5.

Ainsi donc nous avons pour points de comparaison les valeurs suivantes pour 1° C. :

En Suisse.		En Transcaucasie.		Différence.
De 0ᵐ à 406ᵐ ..	96ᵐ,9	de 0ᵐ à 409ᵐ,4..	198ᵐ,7	101ᵐ,8
— 460ᵐ,2..	104ᵐ,2	— 457ᵐ,9..	200ᵐ	95ᵐ,8
— 838ᵐ ...	141ᵐ,2	— 832ᵐ,9..	202ᵐ	60ᵐ,8
— 1173ᵐ,5..	153ᵐ,5	— 1175ᵐ ..	203ᵐ,3	49ᵐ,8
— 2178ᵐ,5..	165ᵐ,5	— 2156ᵐ ..	208	42ᵐ,5

Cette comparaison donne lieu aux observations suivantes : premièrement : que dans les localités de la Transcaucasie prises comme points de comparaison la dépression de la température est beaucoup moins rapide que dans la Suisse en général, et, secondement, que cette différence diminue avec l'altitude. Le premier de ces faits trouve son explication dans l'extrême sécheresse de l'air, particulière aux points de la Transcaucasie que nous avons choisis pour notre comparaison. L'humidité relative de l'atmosphère de Tiflis, qui est d'environ 65 0/0, correspond, selon les observations faites en ballon par Glaisher, à une altitude de 2130 m.[1]. Quant à l'autre fait remarqué, il est évident qu'à partir d'une certaine élévation au-dessus du sol il ne doit plus exister aucune différence entre les localités comparées.

La conclusion découlant forcément de tout ce qui vient d'être dit est celle-ci : étant donné à comparer deux points situés à une hauteur absolue à peu près égale et n'offrant pas une différence de latitudes trop considérable, la température sera plus élevée à celui des deux points pour lequel la valeur E est plus grande. Ainsi, par exemple, le groupe de six stations suisses dont l'altitude moyenne est celle de Tiflis a une température moyenne de 8°,16 C., c'est-à-dire moindre de 4°,51 C. que celle de Tiflis, alors que la différence

---

1. Dollfus-Ausset, t. IV, p. 572.

des latitudes, soit 5°,44, ne devrait produire en faveur de
Tiflis qu'un excédant de température égal à 2°,34 C. : par
conséquent, Tiflis est redevable de ce surplus de 2°,17 C. à
des circonstances toutes locales, indépendantes de sa latitude et de son altitude.

De cette comparaison entre la Suisse et la partie chaude
de la Transcaucasie, où pendant l'été tout est brûlé et où il
ne peut exister de végétation sans irrigation artificielle,
nous déduisons encore une autre loi générale très-importante, à savoir : *de deux localités ayant la même altitude,
celle où le coefficient de la dépression de température est moindre possède plus d'humidité et une végétation plus abondante*[1]
que celle où ce coefficient est plus grand. Je n'ai été ni à Coire,
ni à Soleure (voir p. 9 et 28), mais j'ai la conviction *qu'à
Soleure la végétation doit être incomparablement plus luxuriante et plus riche qu'à Coire,* bien que le climat de Coire
soit plus agréable.

Évaluation de M. Sonklar pour les Alpes orientales.

M. Sonklar[2], dans son ouvrage : *Sur les variations de la
température selon les altitudes* (*Ueber die Aenderungen der
Temperatur mit der Höhe*), — s'est livré à un travail considérable pour élucider cette question. Il prit d'abord soixante
et une stations, déduisit, d'après les observations faites pendant six années (1853-1858) pour chacune de ces stations, les
températures moyennes mensuelles et annuelles ; puis,
ayant réparti ces stations en cinq groupes, selon leurs localités, il leur appliqua deux formules, dont l'une, celle d'Eiler
et Schmidt, donne le rapport entre la température et l'alti-

---

1. S'il s'agissait d'une différence de latitude insignifiante, je remplacerais le
mot *abondant* par l'adjectif *riche*, mais, en thèse générale et pour des différences considérables de latitude, le moindre coefficient n'est qu'un indice de
l'abondance, c'est-à-dire de la quantité, et non pas de la qualité de la végétation.

2. Lieutenant-colonel, professeur de géographie à l'Académie militaire de
Wiener-Neustadt.

tude en progression arithmétique, et l'autre, celle de Biot
et de Zach, donne ce rapport en progression géométrique.

Au moyen de ce procédé appliqué à ses groupes de stations,
il arriva à la conclusion que, pour tous les cinq groupes, la
progression arithmétique donne des résultats plus rapprochés que la progression géométrique, ce qui s'accorde avec
l'opinion de Laplace et de Hauss. Ensuite, ayant divisé ces
groupes de stations en nouveaux groupes, selon leur altitude, il déduisit la formule qui convenait à chaque groupe
en particulier, et détermina les valeurs moyennes correspondant à une dépression de température de 1° R.

Conclusions de M. Sonklar.

De tous ces calculs M. Sonklar tira des conclusions dont
la teneur peut se résumer ainsi :

1° Impossibilité d'établir une formule commune pour plusieurs contrées; pour qu'une formule se rapproche de la
réalité, elle doit n'embrasser qu'un rayon restreint.

2° La moyenne de la dépression de température pour
toutes les stations des Alpes orientales est, selon lui, de
843 pieds de Paris pour 1° R., soit de 219 m. pour 1° C.

3° La dépression de la température est la plus rapide sur
le rameau sud des Alpes rhétiques de l'ouest, du côté de la
Lombardie, où elle est de 178 m. pour 1° C. ; elle est la plus
lente sur le rameau sud des Alpes noriques de l'ouest, où
le chiffre correspondant à 1° C. de dépression atteint de 228
jusqu'à 383 m. [1].

4° Selon les moyennes annuelles pour les Alpes de Carin-
thie et de Rhétie, la dépression de température est plus rapide
dans les couches inférieures que dans les supérieures, tan-

---

1. Hermann von Schlagintweit : *Untersuchungen über die Vertheilung der
mittleren Jahrestemperatur in den Alpen* (*Annalen der Physik und Chimie*,
Band. I, XXXII, n° 2 und n° 3). M. H. Schlagintweit, procédant avec plus de simplicité, à l'exemple de Dollfus-Ausset, a trouvé une moyenne de 166 m. pour 1° C.
dans les limites de 156 à 204 m.

dis que, dans la partie méridionale des Alpes noriques, c'est l'inverse.

5° On suppose généralement que la dépression de température est la plus rapide en été et la plus lente en hiver: or, d'après les calculs de M. Sonklar, le maximum de rapidité coïncide avec le printemps, le minimum avec l'automne.

6° Les investigations de M. Sonklar démontrent qu'en hiver, dans certaines couches de l'atmosphère, la température parfois, au lieu de subir une dépression, s'élève au contraire avec l'altitude croissante ; dans plusieurs rapprochements, il a obtenu des valeurs négatives pour la dépression de 1° R.

Et 7° Pour ce qui est des irrégularités formulées dans les §§ 4 et 6, dans la dépression de température proportionnelle à l'altitude, M. Sonklar essaye de les expliquer par différents courants atmosphériques et détermine dans ce but les altitudes de l'action de ces courants.

Toutes ces anomalies, constatées par M. Sonklar, reposent sur des erreurs, comme nous le verrons plus loin, et l'influence considérable qu'il attribue aux vents n'est nullement prouvée. Nous allons prendre les moyennes annuelles des statistiques, qui, selon ses calculs, donnent des chiffres anormaux, et nous appliquerons le tableau de Sartorius, en ramenant toutes les mesures au système métrique.

NOMS DES STATIONS.	Longitude.		Latitude Nord.	Température selon Sonklar.	Température par interpolation.	Rectification due à la latitude.	Température au niveau de la mer.	Différence des températures selon Sonklar.	Différence des températures selon l'auteur.	Altitude.	Hauteur pour 1° C. selon Sonklar.	Hauteur pour 1° C. selon l'auteur.	Divergence avec Sonklar.	Durée des observations.
RAMEAU SUD DES ALPES RHÉTIQUES DE L'OUEST.														
Milan.	0ʰ	2ᵐ	45°,47	11°,85	11°,85	2°,35	13°,12	1,27	1,27	147	116	116	0	5 ans.
Luino.	25		46,00	11°,36	11.32	2.58	12,89	1,53	1,57	189	123,5	120	—3.5	1'.
Sondrio.	30		46,17	—	—	—	—	—	—	318	—	—	—	10 mois.
Bormio.	32		46,17	6,40	3.31	2,65	12,82	6,42	9,51	1342	209	141	—168	10 mois.
San Cantoniera (caserne pour les ouvriers du Stilfserjoch).	32		46,C0	3,71	0,98	2,58	12,89	9,18	11,91	1821	198	152	—46	2 ans.
Santa-Maria (ibidem).	32		46,53	—2,37	—2,33	2,81	12,66	15,03	14,99	2474	164,6	165	+0.4	2
Ferdinandshöhe.	32		46,53	—4,95	—3,63	2,81	12,66	17,61	16,29	2803	159	172	+13	2
(Ibid.).	—		Diff. de latitudes					Diff. de tempér.	Diff. de tempér.	Différen. d'altitud.				
De Milan à Luino.	—		0°,53	—	—	0,23	—	0,49	0,27	42	85,7	140	+54,3	—
De Milan à Bormio.	—		0°,70	—	—	0.30	—	5,45	—	1195	219	145	—74	—
De Luino à Bormio.	—		0°,17	—	—	0,07	—	4,96	10,74	1153	232,4	145,2	—87,2	—
De Milan à la Cantonière.	—		0°,53	—	—	0,23	—	8,14	10,74	1674	206	155,9	—50.1	—
De Milan à Santa-Maria.	—		1°,06	—	—	0,45	—	14,22	13,73	2327	163,6	169,4	+5,8	—
De Milan à Ferdinandshöhe.	—		1°,06	—	—	0,46	—	16,80	16,34	2656	158	176,9	+18.9	—

RAMEAU SUD DES ALPES NORIQUES DE L'OUEST.

Klagenfurth.	0ʰ 48ᵐ	46⁰,62	7,30	—	2⁰,85	12⁰,62	5,32	4,92	441	82,9	101	+18,1	5 ans.
Saxenburg.	45	48,83	7,22	—	2,94	12,53	5,31	5,08	554	104,3	109	+ 4,7	1
Ober Wellach.	43	46,93	6,85	—	2,98	12,49	5,64	5,65	656	116,7	116	— 0,7	5
Lienz.	42	46,83	7,50	—	2,94	12,53	5,03	5,66	657	130,6	117	—13	5
Althofen.	49	46,87	7,14	—	2,95	12,52	5,38	6,08	742	137,9	122	—15,9	2
Malnitz..	43	47,00	4,73	—	3,01	12,46	7,73	7,06	988	127,9	140	+12,1	2
Steinpichel.	48	46,80	6,82	—	2,92	12,55	5,73	7,41	1074	187,4	145	—42,4	2
Pregraten.	40	47,02	5,32	—	3,02	12,45	7,13	7,26	1104	168,8	152	—16,8	2
Yañichen..	40	46,73	4,95	—	2,89	12,58	7,63	7.52	1166	152,8	155	+ 2,2	2
Saint-Peter..	45	47,03	5,00	—	3,02	12,45	7,45	7,65	1225	164,4	160	— 4,4	5
Kals.	41	47,00	4,81	—	3,01	—	—	—	1281	—	—	—	9 mois.
Heiligenblut.	42	47,03	4,27	—	3,02	12,45	8,18	8,00	1288	157,4	161	+ 3,6	2 ans.
Inner-Wilgraten	40	46,80	3,67	—	2,92	12,55	8,88	8,27	1381	155,5	167	+12,1	2
Kalksteien.	40	46,82	3,53	—	2,93	12,54	9,01	8,46	1463	162,3	173	+10,7	2
Alkuss.	42	46,87	4,35	—	2 95	12,52	8,17	8,53	1502	183,8	176	+ 6,8	2

1. M. Sonklar a pris deux années d'observations, dont une incomplète.

Cause de l'erreur des déductions de M. Sonklar.

L'erreur principale de M. Sonklar consiste en ce qu'il s'est trop fié à des observations météorologiques de peu de durée, ne les a pas soumises à une critique approfondie, et n'a pas corrigé les résultats obtenus en les ramenant à ceux fournis par des stations voisines, dont les données, grâce à des observations prolongées, méritent toute confiance. Dans le premier groupe, entre autres pour la station Bormio, où des observations n'ont eu lieu que pendant dix mois de l'année 1856 et trois mois de l'année 1857, il compléta les premières observations au moyen de celles de l'année suivante : aussi cette station a-t-elle donné l'écart le plus considérable de la loi de la décroissance de température. La détermination de l'abaissement de température entre le niveau de Milan et celui de Bormio, ainsi qu'entre Luino et Bormio, fait ressortir d'une manière encore plus prononcée le défaut d'une pareille méthode d'exploration. Puis, M. Sonklar, en groupant les stations sans tenir compte de la latitude des lieux, déduit pour chaque groupe de stations les plus hétérogènes des valeurs moyennes qui ne pouvaient évidemment produire que des résultats erronés. Les valeurs négatives, obtenues pour le décroissement de température, avec augmentation de l'altitude, aussi bien que l'extrême lenteur et, pour quelques stations, l'extrême rapidité de cette dépression de température, s'expliquent par la divergence des stations hétérogènes et par l'incertitude d'observations trop peu prolongées et faites en diverses années. La comparaison entre Malnitz et Stein-pichel, étant donné une différence de température de $2^0,9$ admise par M. Sonklar et une différence d'altitude de 86 mètres, offre, par exemple, un abaissement de température beaucoup trop rapide, soit de 41 mètres pour 1^u C. ; la comparaison entre ce même Malnitz et Alkus, étant donné une différence de température de $0^u,38$ et d'altitude de 514 mètres, offre un abaissement trop lent de température, soit 1326 mètres pour 1^u C. ; enfin la comparaison entre Malnitz et Saint-Peter, ainsi qu'entre Inner-Wilgraten et Alkus, présente même des valeurs négatives : —877 m. et 178 m., c'est-à-dire qu'au lieu de s'abaisser la température s'élèverait à mesure de l'altitude croissante. Les comparaisons de ce genre, confondues pêle-mêle, devaient fournir à M. Sonklar des résultats tellement surprenants, et, selon son aveu, si peu prévus par les autres savants, qu'elles lui imposèrent forcément la nécessité de chercher à ces anomalies une explication qu'il a trouvée dans les courants d'air. Il a dépensé bien du temps à dresser les tableaux sur la direction mensuelle des vents actifs, fixant les altitudes auxquelles ces vents exercent leur influence, pour chacun des quatre groupes : de 1300 à 1885 m. d'altitude, et la moyenne annuelle pour tous les groupes à une hauteur de 1527 m. Or, si, selon les différences que j'ai déterminées entre les valeurs approximativement interpolées et celles établies sur les données de M. Sonklar, nous considérons les altitudes correspondant à ces anomalies, l'explication de ces dernières exigerait, pour le seul groupe des Alpes rhétiques, quatre courants d'air à diverses altitudes, et pour les Alpes noriques, sept vents différents. Les valeurs que j'ai données par interpolation, pour la dépression de température, indiquent effectivement que, dans la partie méridionale des Alpes rhétiques, la température décroît plus rapidement que dans les Alpes noriques; mais les observations citées par M. Sonklar sont si peu prolongées et si peu simultanées, qu'on ne saurait guère s'y fier. M. Sonklar a pris une période de six années, de 1853 à 1858, mais il n'y a pas une seule station où les observations aient été suivies pendant six années entières; la plupart n'ont eu lieu que pendant un ou deux ans, et même pas simultanément, ce qui offre des inconvénients pour les comparaisons; à onze stations les observations n'ont même pas duré une année entière et ont néanmoins été mises en compte, non pas, il est vrai, des résultats annuels, mais des moyennes mensuelles.

Le Caucase.

Passons au Caucase. Le tableau ci-dessous a été dressé d'après les différentes données que j'ai pu recueillir.

STATIONS.	GOUVERNEMENTS.	Longitude de Paris.	Latitude.	Température.	Rectification.	Température au niveau de la mer.	Différences des températures.	Hauteur absolue.	Élévation correspondante à 1°C.	DURÉE des observations.
TRANSCAUCASIE.										
Tillis.	de Tiflis.	2ʰ,50ᵐ	41°,72	12°,67	0°,74	14,73	2°,06	409ᵐ,4	198ᵐ,7	25 ans.
Élisabethpol.	d'Élisabethpol.	2,56	40,68	12,89	0,29	15,18	2,29	457,9	200	25
Aralikh.	d'Érivan.	2,49	39,88	11,40	-–0,05	15,52	4,12	832,9	202,1	22 ᵗ
Biély-Kloutch	de Tiflis.	2,48	41,54	9,35	0,66	14,81	5,46	1154,3	211,4	25
Bétanie.	de Tiflis.	, 8	41,68	8,88	0,72	14,75	5,87	1196	203,5	25
Goudaour.	de Tiflis.	2,48	42,47	4,03	1,06	14,41	10,37	2233,8	208	25
Choucha.	d'Élisabethpol.	2,58	39,75	8,01	—0,11	15,58	7,48	1176,7	157,3	22 ᵃ
Chemakha.	de Bakou.	3,05	40,63	11,13	0,27	15,20	3,83	724,7	189,2	25
Souram.	de Tiflis.	2,45	42,01	9,61	0,86	14,61	5,00	734,2	148,5	25
Alexandropol.	d'Érivan.	2,44	40,79	5,35	0,34	15,13	9,78	1597,4	164,2	25
Erzéroum.	Anatolie.	2,34	39,97	8,25	0,01	15,48	7,23	1592,9	220,3	
CAUCASE SEPTENTRIONAL.										
Wladikawkaz.	Région du Térek.	2,49	43,03	9,03	1,30	14,17	5,14	678,2	132	5 ans.
Alaghir.	Région du Térek.	2,48	43,04	8,05	1,31	14,16	5,66	701,2	123,8	22 ᵗ

Piatigorsk.	Région du Térek.. . .	2ʰ,43ᵐ	44,04	9,37	1,74	13,73	4,36	516	118,3	5 ans.
Stavropol.	de Stavropol.	2,38	45,05	8,62	2,17	13,30	4,68	589,5	125,9	9 ans.
Védéno.	Région du Térek.. . .	2,55	42,98	8,38	1,28	14,19	5,81	740,1	127,3	2 ans.
Stanitza Mikhaïlovskaïa..	Région du Térek.. . .	2,51	43,31	10,74	1,42	14,05	3,31	254	76,7	3 ans.
Grosnaïa	Région du Térek.. . .	2,53	43,31	11,30	1,42	14,05	2,75	129,9	47,2	3 ans.
IMÉRÉTHIE.										
Koutaïs..	de Koutaïs.	2,42	42,28	14,85	0,98	14,49	—0,36	147,4	?	5 ans.
Poti.	de Koutaïs.	2,37	42,01	14,69	0,86	14,61	—0,08	5,6	—	4 ans.
Redout-Kalé.	de Koutaïs.	2,37	42,03	14,44	0,99	14,48	0,78	6,1	—	22 ans [1].
LITTORAL DE LA MER NOIRE.										
Gagri..	Arrond. de Soukoum..	2,33	43.02	14,01	1,37	14,10	0	?	—	3 ans.
Zotchi.	Rég. de la mer Noire..	2,29	43,57	14,33	1,54	13,93	—0,40	22,5	—	3 ans.
Novorossyjsk.	Rég. de la mer Noire..	2,22	44,72	13,04	2,03	13.44	0,40	4.3	—	2 ans.
LITTORAL DE LA CASPIENNE.										
Derbent..	Daghestan..	3,04	42,05	13,00	0,88	14,59	1,59	4,5	—	2 ans [2].
Bakou.	Gouvernem. de Bakou.	3,10	40,37	15,29	0,16	15,31	— 0,02	—17,6	—	10 ans.
Lenkoran..	Gouvernem. de Bakou.	3,06	38,76	14,02	—0,53	16,03	— 1,83	—22,9	—	22 ans.
Achour-Ade.	Perse.	3,26	36,09	17,03	—1,33	16,80	— 0,50	—22,9	—	7 ans [1].

1. Emprunté à l'ouvrage de M. A. Woïekoff.
2. Emprunté à l'ouvrage de M. J. Stebnitzky, sur la *limite des neiges*.

En jetant un coup d'œil sur ce tableau, on est tout d'abord frappé du contraste que présentent, sous le rapport des climats, le Caucase septentrional et la Transcaucasie. Alors qu'à Tiflis, à Élisabethpol et à Aralikh, il faut, pour produire une dépression de température de 1° C., une élévation de 200 m., dans le Caucase septentrional, aux mêmes altitudes, ce chiffre est à peine de 130 m., c'est-à-dire à peu près le même que pour les Alpes, situées à environ 4 degrés plus au nord que le Caucase. La différence des latitudes du Caucase septentrional et de la Suisse devrait produire, en faveur du premier, une température d'à peu près 2 degrés plus élevée que celle de la Suisse ; mais, en réalité, les vents froids du nord-est, non tempérés par l'action des vents chauds du sud-ouest, arrêtés par la haute chaîne du Caucase, réduisent la température du Caucase à celle de la Suisse. Cet abaissement de température, pour la moyenne annuelle, ne présenterait pas un grand inconvénient, s'il ne se traduisait pas par un contraste trop fort des températures extrêmes. Les vents continentaux du nord apportent un excès de chaleur en été, de froid en hiver. A Piatigorst, par exemple, qui est situé à une hauteur absolue de 516 m., la différence des températures, été et hiver, atteignit 27 degrés en 1876, tandis que dix stations suisses figurant dans le tableau de M. Dollfus-Ausset, depuis le n° 45 jusqu'au n° 54 inclusivement, situées à une altitude moyenne de 521 m., ont donné (en 1864) pour la différence des températures, été et hiver, une moyenne de 18°,46 seulement, c'est-à-dire de 8°,54 moindre que celle de Piatigorsk.

Formule pour la dépression de la température dans la Transcaucasie.

Pour plus ample explication du tableau ci-dessus, j'ai rédigé la formule empirique que voici :

$$t = 5,13 \, S - 0,23 \, S^2,$$

dans laquelle S représente l'altitude en kilomètres, et t la différence des températures au niveau de la mer et à la hauteur S, ou bien la dépression de la température à partir du niveau de la mer jusqu'à l'altitude S. Dans la détermination des coefficents de cette formule, je n'ai tenu compte que des points suivants : Tiflis, Élisabethpol, Aralikh, Biély-Kloutch, Bétanie et Goudaour, c'est-à-dire des stations homogènes : aussi la formule n'est-elle valable que pour la Transcaucasie centrale. Ayant obtenu, au moyen de cette formule, la valeur t pour l'altitude donnée d'un point quelconque, on divise S par t et on aura ainsi la valeur E, c'est-à-dire la hauteur correspondant à un abaissement de température de 1° C.

	E d'après le tableau	E d'après la formule	Différence
Pour Tiflis	198m,7	198m,5	—0m,2
« Élisabethpol...	200 m.	199m,1	—0m,9
« Aralikh	202m,1	202m,5	+0m,4
« Biély-Kloutch..	211m,4	205m,5	—5m,9
« Goudaour	208 m.	216m,7	+8m,7 [1]

Cette formule donnant des valeurs moyennes très-rapprochées des résultats fournis par les observations, nous pouvons donc l'appliquer à tous les points de la Transcaucasie qui se trouvent dans des conditions de climat analogues à celles des stations ci-dessus nommées.

Mais avant de le faire nous expliquerons en quelques mots pourquoi notre choix s'est arrêté sur les stations météorologiques ci-dessus indiquées, et pourquoi certaines autres ont été omises.

La raison en est que les stations choisies servent de base pour déterminer le climat des environs de Tiflis, des vallées de la Koura, de la Yora, de l'Alazane et particulièrement de l'Araxe, c'est-à-dire de la partie centrale et la plus riche de la Transcaucasie. Le Caucase étant baigné par deux mers, tant à l'ouest qu'à l'est, son climat en subit nécessairement l'influence : or, dans la partie centrale du Caucase, cette influence est moins sensible, le climat plus indépendant, et

---

1. La température moyenne de Goudaour, résultant d'observations de trois années, est diminuée par la correction d'après les observations de Tiflis; mais, si l'on prend la moyenne de ces observations sans correction, la valeur E. pour Goudaour, sera de 219 m., soit 2m,2 de plus que d'après la formule.

nos stations, bien que trop peu nombreuses, peuvent, à l'aide de la formule que j'ai déduite, servir à le déterminer jusqu'à un certain point.

Ensuite, en dépassant avec circonspection les limites de cette formule, il est possible de se faire une idée approximative de l'influence des mers et d'autres agents sur les variations du climat.

II

DÉTERMINATION
DE L'ALTITUDE DE LA LIMITE DES NEIGES

Dépendance du climat de l'altitude de la limite des neiges.

Il est incontestable que le climat et la hauteur de la limite des neiges se trouvent dans une dépendance mutuelle complète. L'altitude de la limite des neiges persistantes dépend de la quantité de neige tombée et de l'action plus ou moins efficace des rayons du soleil, et, par conséquent, en première ligne, de l'hiver et de l'été. Pour ces causes, la connaissance de la hauteur de la limite des neiges a une extrême importance pour la climatologie d'une contrée donnée; malheureusement, les mesures directes faites pour la déterminer sont partout fort peu nombreuses. Depuis 1786 jusqu'en 1863, il a été opéré deux cent soixante-cinq ascensions du Mont-Blanc; sur ce nombre cent soixante ont été faites par des Anglais (c'est-à-dire qu'il y a eu cent soixante expéditions distinctes), quatorze par des Allemands, sept par des Italiens, deux par des Polonais, une par un Russe et une par un Suédois, — et néanmoins il n'a pas été fait sur place une seule détermination de la hauteur de la limite des neiges[1].

---

1. Le tome IV de l'ouvrage de Dollfus-Ausset est consacré à la description de ces ascensions, et l'on n'y trouve pas une seule détermination des neiges du Mont-Blanc. Cette détermination a été faite par Saussure et les frères Schlagintweit; ce sont les seules dont j'aie connaissance.

Pour le Caucase, il existe quelques définitions, plus ou moins dignes de foi, de l'altitude de la limite des neiges pour les monts suivants : Goribolo, Elbrouz, Shah-dag, Kazbek et Ararat ; toutefois, abstraction faite de ce que ces définitions ont besoin d'être vérifiées, il y a là bien des questions à résoudre, entre autres celles-ci : pourquoi les monts Chavikldé (3584 m.), Lotzal (3576 m.) et Salavat (3643 m.), dans les chaînes kakhétienne et lesghienne, sont-ils dénués de neige en été, tandis que l'altitude de la limite des neiges persistantes pour le Kazbek est évaluée beaucoup plus bas? Pourquoi les monts Ghiamish (3740 m.), Mourov-dag (3420 m.), et surtout Alaghèze (4100 m.), sont-ils libres de neige en été alors que les monts Kapoudjikh (3920) et Kazan-ghel-dag (3856 m.), situés bien plus au sud, n'en sont dénués que fort rarement? etc., etc.

Travaux des savants pour déterminer la hauteur de la limite des neiges. Buger, Buch, Humboldt, Renou, Charles Martin.

Depuis longtemps les savants s'efforcent de déterminer le rapport qui existe entre la limite de la hauteur des neiges persistantes et le climat de la contrée. Buger admettait que cette limite correspond à l'altitude pour laquelle la température moyenne annuelle est égale à zéro. D'autres savants, tels que Léopold von Buch et Humboldt, estiment que la limite des neiges se rapproche de la hauteur où la température moyenne de l'été est égale à zéro. Renou, après avoir recueilli un grand nombre d'observations faites en différents pays, formula la loi suivante pour exprimer le rapport entre la hauteur de la limite des neiges et le climat local : « Dans toutes les contrées de la terre, la limite des neiges temporaires persistantes est l'altitude à laquelle la moitié la plus chaude de l'année a une température moyenne égale à zéro. » Ensuite, ayant déterminé, par des observations faites au niveau de la mer, cette température moyenne, et l'ayant multipliée par 180 m., il obtint l'altitude de la limite des neiges persistantes. Charles Martin, à l'hôtel situé sur le Faulhorn, détermina à —2°,26 C. la température moyenne annuelle du sommet du glacier, et, par conséquent, celle de l'altitude de la limite des neiges persistantes. Le point le plus élevé de ce glacier se trouve à 2603 m. de hauteur absolue; il est surmonté de champs de neiges persistantes hauts de 80 m., ce qui porte la hauteur de la montagne à 2683 m. Cette détermination de la température moyenne à l'altitude de la limite des neiges, la seule qui ait été faite d'après des observations directes, a une très-grande importance, vu que *rien n'empêche d'admettre que cette température correspondant à la limite des neiges du Faulhorn ne soit la même partout, dans toutes les contrées*. Telle est ma thèse, et je tâcherai de la démontrer dans la suite[1]; pour le moment, je me bornerai à réfuter une objection que je prévois ; la voici :

Dans les montagnes, les espaces constamment couverts de neige ont une température plus-élevée que dans les plaines.

Dans les plaines de l'extrême nord, me dira-t-on, malgré des températures plus basses, comme, par exemple, à Jakoutsk, où la température moyenne annuelle est égale à — $11°,38$ C., — durant les trois mois d'été, dont la température moyenne atteint $+14°,37$, le sol est dénué de neige et se couvre même d'une riche végétation. Ce fait ne saurait invalider ce qui a été dit plus haut, car il y a une distinction à faire entre la limite des neiges dans les montagnes et dans la plaine : la masse de neige qui s'amoncelle sur les montagnes pendant l'hiver suit un mouvement graduel et constant de descente, et à mesure qu'elle disparaît sous l'action des rayons du soleil, en commençant par son bord inférieur, elle est remplacée par de nouvelles masses venant des régions supérieures ; si bien que dans les montagnes la limite des neiges persistantes apparaît en quelque sorte comme le résultat de la lutte des rayons du soleil avec le mouvement constant, ininterrompu, des neiges, tandis que dans les plaines la neige, une fois fondue, n'est remplacée de nulle part.

---

1. Voir p. 62.

Il est donc clair que, pour faire disparaître les neiges dans la plaine, il suffit d'une température beaucoup moins élevée que dans les montagnes. Pour les mêmes raisons, sur nombre de montagnes très-élevées, dont la hauteur dépasse quelque peu l'altitude de la limite des neiges, toute la neige parvient à disparaître, et bien des personnes croient que pour ces montagnes, grâce à des circonstances particulières de climat, il convient d'admettre une altitude très-considérable pour la limite des neiges persistantes. Nous citerons plus bas des exemples de ce genre pour le Caucase, mais, au préalable, je crois indispensable de faire une définition précise ou, du moins, de convenir du sens de ce terme : *limite des neiges.*

Définition précise du terme : limite des neiges.

Cela est d'autant plus nécessaire que, comme nous le verrons plus loin, ce terme est jusqu'à présent fort diversement interprété. Nous citerons dans ce but un passage de l'ouvrage de M. Ch. Gras, intitulé : *Distribution des glaciers à la surface du Globe* (Dollfus-Ausset : *Matériaux*, t. I, part. III, p. 491) :

« La neige ne se maintient nulle part indéfiniment à l'état où elle est tombée, mais à une certaine hauteur la fonte et l'évaporation ne suffisent plus pour la faire disparaître; c'est la limite des neiges éternelles ou plutôt persistantes[1]. Cette limite, vue de loin, apparaît comme une ligne droite parfaitement tranchée, séparant dans les montagnes deux régions distinctes. Dans la zone inférieure règnent la vie et le mouvement, le sol change de parure à chaque saison et des organismes de toute espèce s'y épanouissent. Plus haut, vous voyez le contraste d'un hiver continu, d'uniformes champs de neige couvrent la terre; la nature, transie par le froid de la mort, est immobile au sein d'un silence interrompu seulement à de longs intervalles par les déchirements de l'atmo-

---

1. Comme il n'y a rien d'*éternel* dans la nature, les naturalistes remplacent aujourd'hui le mot *neiges éternelles* par celui de *neiges persistantes.*

sphère. La limite, qui sépare ainsi deux mondes différents, varie selon la latitude et le climat. Elle n'est plus aussi tranchée qu'elle semblait de loin, quand on s'élève dans les montagnes. En la touchant de près, on voit la neige descendre bien plus bas dans les vallées et les pâturages, ou se retirer plus haut selon l'exposition et les influences locales.

« Sous l'action continue des rayons solaires, des vents chauds, de la pluie, les amas de neige reculent vers les hauteurs depuis le printemps jusqu'au commencement de l'automne. Leur limite inférieure diffère d'une année à l'autre en raison de leur abondance et de la température de l'été; mais les observations faites pour la déterminer sont rares, même dans les Alpes. On a plutôt cherché à l'estimer approximativement, que de la déduire d'une série de mesures directes. Pour avoir un terme de comparaison identique pour la hauteur où s'arrête cette limite, *il faut l'observer sur les glaciers* où elle peut être reconnue sans peine.

Hugi le premier la détermina d'une manière précise pour les Alpes.

« Le naturaliste Hugi a pris le premier des mesures exactes pour la fixer dans les Alpes, par une limite qu'il appelle la ligne des névés. Or, les *névés*[1], constituent des amas de neige ancienne transformée en une substance grenue par la chaleur et les agents atmosphériques; ils ne passent pas, comme le pensait Agassiz, insensiblement à l'état de glace homogène[2], mais ils forment, à la surface des glaciers[3], des

---

1. Dollfus-Ausset fait l'annotation suivante : « On a donné le nom de névé à la neige qui, par suite de la chaleur et de l'état hygrométrique de l'air, s'est transformée en grains (neige grenue). A une certaine altitude, ce changement ne se fait plus (ou très-partiellement). La neige se tasse et prend l'aspect de sucre blanc. On peut la couper en cubes. »

2. *Note de l'auteur*. — Je crois devoir faire remarquer ici que, dans le recueil de Dollfus-Ausset des travaux des savants sur les glaciers, tous les passages qui ne sont pas d'accord avec les observations faites ou avec l'opinion établie, sont imprimés en petit texte. Ainsi donc en empruntant à l'ouvrage de Dollfus-Ausset, l'opinion de n'importe quel auteur, imprimée en caractères ordinaires, on peut être assuré d'avance qu'elle est conforme à l'opinion des autres naturalistes.

3. *Note de Dollfus-Ausset*. — *Ibid.* : « Les neiges qui couvrent les glaciers à

couches distinctes de la masse inférieure plus ou moins compacte. *Chacune de ces couches représente les neiges d'une année qui ont échappé à la fusion, et viennent successivement effleurer sa surface.* Il y a entre elles et le glacier une séparation complète et discordante; mais le point où on les rencontre, à la surface de la glace compacte, ne saurait être considéré comme la limite réelle des neiges persistantes, parce que le glacier entraînant les neiges dans sa marche, ils se trouvent bien plus bas. La limite exacte, sur un point donné, correspond au bord inférieur de la dernière couche en amont, tel qu'il a été circonscrit par la fonte pendant la saison chaude. Les contours de la dernière couche annuelle sont faciles à suivre. Tout ce qui se trouve au-dessus, appartient à la zone des neiges persistantes, vastes champs à pentes uniformes et continues, formés de neige poudreuse plus ou moins fixe, façonnée par la fonte superficielle et le tassement qui lui donnent un aspect cannelé, résultant du déplacement continuel de ses particules suivant la plus grande pente.

« Ainsi délimitées, les *neiges persistantes* enveloppent les parties supérieures de certaines montagnes d'une nappe continue qui ne disparaît en aucune saison. Çà et là surgissent des masses de rochers découpés en pyramides aiguës à parois verticales, en pics et en crêtes dentelées, qui laissent voir des parois à nu, dont les sombres teintes se détachent nettement sur les champs de neige et en font ressortir la blancheur éblouissante. Il y a dans cette région très-peu de crevasses, mais lorsqu'on en rencontre de profondes, on distingue nettement sur leurs tranches les bandes de stratification de leurs assises séparant les masses tombées chaque année. »

---

toutes les altitudes ne subissent pas la transformation en glace pour s'ajouter à leur surface. Très-exceptionnellement et partiellement le cas peut se produire. A une altitude de 2600 mètres dans les Alpes suisses le sol est gelé (à — 0°), dans toutes les saisons, au-dessous de la neige qui le couvre, et l'embryon glaciaire se forme sur le sol. »

La formation des glaciers d'après Tyndall.

Pour plus ample renseignement, je citerai un passage
emprunté à l'ouvrage de M. Tyndall sur la Chaleur. « Au-
dessous d'une certaine ligne domine la chaleur, et la neige,
tombée pendant l'hiver, fond entièrement; au-dessus de cette
ligne règne le froid, et par conséquent, il tombe plus de
neige qu'il n'en fond, et il reste un excédant annuel. En
hiver, la neige atteint les vallées, en été, elle recule jusqu'à
la limite des neiges, c'est-à-dire jusqu'à la ligne où la quantité de neige tombée annuellement est équilibrée par la
quantité de neige fondue. Au-dessus de cette ligne s'étend la
région des neiges éternelles. Mais comme au-dessus de la
limite des neiges, il s'accumule chaque année un excédant,
les montagnes doivent être chargées de plus en plus avec les
années. Supposons qu'à un point quelconque de la région
des neiges persistantes, à la masse des neiges vienne s'ajouter
chaque année une nouvelle couche de trois pieds; de cette
superposition, rien que pour la courte période de l'ère chrétienne, il se serait formé une couche de neige haute de
5 580 pieds, et si la neige avait continué à s'entasser pendant toute la durée des périodes géologiques, elle attein-
drait actuellement une hauteur inimaginable. Il est évident
qu'un pareil entassement n'a pas lieu en réalité; la masse
des neiges sur les montagnes ne s'augmente pas de cette
manière. Mais comment donc les montagnes s'allègent-elles
du fardeau annuellement croissant? Parfois des masses de
neige se détachent des hauteurs et, glissant sous forme
d'avalanche sur les pentes des montagnes, vont tomber
dans les vallées où, sous l'action de l'air chaud, elles fondent et se transforment en eau. Toutefois la chute rapide des
avalanches n'est pas le seul moyen de déplacement des
neiges vers les vallées, elles descendent aussi les pentes des
montagnes d'une façon presque imperceptible. En outre, une
couche se superposant sur l'autre, la partie inférieure de la
masse se comprime et durcit; l'air renfermé entre les particules de neige est chassé, et la masse compacte prend de
plus en plus l'aspect de la glace. Vous savez à quel point les

flocons de neige se condensent dans le névé; le névé est un
morceau de glace imparfaitement formé; augmentez la pression, et il se transformera en un morceau de véritable
glace. Mais alors même qu'il a acquis un degré de consis-
tance suffisant pour mériter le nom de glace, le névé est
encore susceptible, de même que la neige, de céder plus ou
moins sous la pression. C'est pourquoi, quand le sol est
couvert d'une couche assez épaisse de neige, les couches inférieures subissent la pression des couches supérieures et, si
la neige se trouve sur le versant d'une montagne, elle cède
à la pression dans le sens de la pente et glisse.en aval. Ce
mouvement s'opère d'une façon continue sur les versants de
toute montagne couverte de neige. La neige compacte descend de toute sa masse le long des flancs de la montagne,
nivelant les anfractuosités des rochers et polissant leur surface inégale; en arrivant à une zone chaude, elle fond en
abondance et disparaît parfois tout entière avant d'atteindre
le pied de la montagne. Mais d'autres fois, la masse glacée
descend dans de vastes et profondes vallées; ici la glace continue à devenir de plus en plus compacte et à avancer d'un
mouvement lent, mais uniforme, imitant dans sa progression le cours d'un fleuve. De cette manière, la glace est
entraînée bien loin au-dessous de la limite des neiges persistantes, jusqu'à ce que, enfin, sa fonte en bas n'équilibre
les arrivées d'en haut; ce point est la limite des glaciers.
Au-dessous de la limite des neiges, nous avons, en été, de la
glace; tandis qu'au-dessus de cette limite, le sol est constamment couvert de neige, été et hiver. La partie inférieure à la
limite des neiges s'appelle *glacier*; quant à la partie supérieure à cette limite, nous la désignerons sous le nom de
névé. C'est le névé, par conséquent, qui alimente le glacier[1]. »

1. Je citerai encore une communication très-intéressante de M. Tyndall sur
la formation de névé. (*Les glaciers des Alpes*, par Jhon Tyndall.)

« La neige qui tombe sur les hauts sommets des montagnes a souvent une
température bien au-dessus de zéro (du point de congélation). Cette neige est
sèche, et si elle restait toujours à cet état, la formation des glaciers serait impossible. La première action du soleil d'été est d'élever la température de la
neige superficielle à $32°$ F. ($0°$ C.), et ensuite de la faire fondre. L'eau formée

**L'alimentation des glaciers. — La limite des neiges
d'après la définition de divers savants; tableau de Humboldt.**

La manière dont le glacier s'alimente peut-être brièvement
formulée par la proposition suivante de Dollfus-Ausset
(t. VI, p. 204) : *J'engage tous les observateurs sérieux à vérifier
ce fait capital :*

« *A aucune altitude, la neige ou le nevé (neige grenue) ne
s'ajoute comme matière adhérente à la surface des glaciers.
Cette couverture protège le glacier sous-jacent contre l'ablation, et par la fusion fournit de l'eau que le glacier élabore, et
dont il profite.* »

De tout ce qui vient d'être dit, résulte clairement le sens
que nous devons attacher au terme « limite des neiges persistantes »; quant à l'interprétation qu'en ont donnée différents savants, elle est nettement formulée dans le beau
traité de météorologie de l'ex-professeur à l'Université de
Cracovie, M. Pietkiewicz. (V. p. 391 [1].)

« La limite des neiges éternelles — dit l'auteur — dépen-

de cette manière s'infiltre dans la masse inférieure plus froide, et c'est là, à
mon avis, la première cause active pour expulser l'air renfermé dans la neige.
Mais comme l'eau s'infiltre sur la surface de grains plus froids qu'elle-même,
elle vient adhérer en partie à l'état solide à ces surfaces, accroissant ainsi le
volume des grains de neige et les soudant entre eux. En examinant la masse
ainsi constituée, nous y trouvons de l'air sous forme de *bulles sphériques*. Il est
évident que l'air renfermé dans les intervalles irréguliers de la neige ne saurait avoir aucune tendance à prendre cette forme, tant que la neige reste dure ;
mais le procès que j'ai mentionné — la saturation des couches inférieures de la
neige par l'eau provenant de la fusion de la couche superficielle — permet à
l'air de se disposer en globules et de donner ainsi à la glace du *névé* son caractère distinctif. Ainsi nous voyons que le soleil, bien que les couches inférieures
lui soient inaccessibles, fait fondre la couche supérieure, la chargeant ainsi de
chaleur qu'il envoie à la masse froide inférieure.

« La gelée de l'hiver suivant peut, à ce que je crois, selon les circonstances,
pénétrer ou ne pas pénétrer cette couche, et solidifier l'eau encore contenue dans
ses pores. Si l'hiver commence par une gelée et un ciel sans nuages, la pénétra-
tion aura probablement lieu ; mais si, dès le commencement de l'hiver il tombe
une neige profonde abritant la névé d'un voile épais, la gelée a une grande profondeur peut être prévenue. L'idée de M. Huxley — que les globules d'eau peuvent passer de la naissance du glacier jusqu'à son extrémité inférieure, en conservant constamment leur contenu à l'état liquide — est tout à fait dans l'ordre
des choses possibles. »

1. *Meteorologia* przez Apolinarego Pietkiewicza. Kraków, 1872.

dant non seulement de la température de l'été, mais encore
de la quantité des neiges tombées pendant l'hiver, de la
situation géographique et de la configuration même des
montagnes, il est évident que la température moyenne de
cette limite doit différer selon les localités, et ne saurait
coïncider avec les isotermes sur les montagnes, et à plus
forte raison la température moyenne annuelle de 0° C.,
comme le supposait jadis Buger. A défaut d'observations
directes et prolongées sur les limites des neiges éternelles,
la température moyenne de cette ligne ne peut être établie
qu'à l'aide de calculs fondés sur la loi de dépression de la
température jusqu'à l'altitude correspondant à cette ligne.
Mais comme cette loi n'est pas encore complètement connue,
les résultats de ces calculs présentent certaines divergences.
Selon Humboldt[1], la température moyenne à la limite des
neiges est de — 1°,5 C. sous l'équateur, de — 3°,7 C. dans la
zone tempérée et de — 6° C. dans les régions polaires. Selon
Kaemy[2], elle serait de — 0°,2 C. sous l'équateur, de — 0°,5 C.
dans les Pyrénées, de — 2°,8 C. dans les Alpes, de — 4°,8 C. au
cap Nord. Pictet donne — 4° C. pour les Alpes, et Buch,
environ — 4,5 C.[3] pour la Norwége. Cette divergence peut
provenir également de ce que tous les savants ne conçoivent
pas la limite des neiges persistantes dans le même sens que
Hugi ; tandis que ce dernier la suppose constante, d'autres
font une distinction entre une limite *supérieure* et une limite
inférieure souvent distantes l'une de l'autre de 1000 pieds ;
pour eux, la première de ces lignes marque la limite où
commence la neige, de dessous laquelle apparaissent toutefois les rochers nus, tandis que la seconde marque le commencement de champs de neige proprement dits, où cette
nappe blanche n'offre plus aucune tache. Ces limites, surtout
la ligne inférieure, comme il résulte de ce qui a été dit plus
haut, n'ont pas les mêmes altitudes d'une année à l'autre
Voici l'altitude inférieure, telle que la donne Humboldt.

1. *Kleinere Schriften*, I, 303.
2. *Lehrbuch der Meteorologie*. II. 175.
3. Gilbert, *Ann.*. XXV. 321.

| NOMS DES LOCALITÉS | LATITUDE | ALTITUDE de la limite inférieure des neiges persistantes | TEMPÉRATURE MOYENNE | | | | Qui a fait l'estimation |
| | | | A LA LIMITE DES NEIGES | | AU NIVEAU DE LA MER | | |
			Annuelle	Pour l'été	Annuelle	Pour l'été	
Norwège (près des côtes	71º,25′ N.	720 m.	— 3º,9 C.	2º,3 C.	0º,2 C.	6º,4 C.	Buch.
Norwège (dans l'intérieur	61º,2′	1560	— 4º,5	7º,6	4º,2	16º,3	Buch.
Kamtchatka	56º,40′	1600	— 6º,9	3º,7	2º,0	12º,6	Erdmann.
Altaï	50º	2144	— 1º,4	8º,1	7º,3	16º,8	Ledebour.
Alpes	45º,45′	2708	— 4º,0	3º,2	11º,2	18º,4	Humboldt.
Caucase (Elbrouz)	43º,21′	3372 (11060 p.)	— 5º,0	2º,8	13º,8	21º,6	Kupfer.
Pyrénées	43º	2728	+ 0º,4	8º,7	15º,7	24º,0	Ramond.
Ararat	39º,42′	4433 (14540 p.)	— 7º,1	1º,1	17º,4	25º,6	Parrot.
Himalaya (versant septentrional	30º,45′ — 31º	5067	—	—		—	Koblrook.
Himalaya (versant méridional	30º,45′ — 31º	3956	+ 2º,0	7º,5	20º,2	25º,7	Koblrook.
Mexique	19º,15′	4500	— 0º,6	2º,2	25º,0	27º,8	Humboldt.
Abyssinie	13º,10′	4287	—	—	—	—	Rüppel.
Sierra-Nevada de Mérida	8º,5′	4550	+ 1º,4	2º,5	27º,2	28º,3	Cadazzi.
Cordillères du Quito	0º,0′	4824	+ 0º,3	1º,2	27º,7	28º,6	Humboldt.
Cordillères du Chili	15º sud	4853	—	—	—	—	Pentland.
Andes sur les côtes du Chili	41º — 44º	1832	—	—	—	—	Darwin.
Détroit de Magellan	53º — 54º	1130	— 0º,9	3º,7	5º,4	10º,0	King.

Détermination de l'altitude de la limite
des neiges sur le mont Ararat, d'après la formule déduite.

Ayant suffisamment établi ce que c'est que la limite des neiges, nous allons faire usage de notre formule pour déterminer l'altitude des neiges persistantes sur le mont Ararat.

$$\text{Latitude de l'Ararat} \dots \dots \dots 39°,70$$
$$\text{Longitude} \dots \dots \dots \dots \dots \dots 2^b,48$$
$$\text{Hauteur absolue du sommet} \dots \dots 5158 \text{ m.}$$

Température au niveau de la mer d'après M. Satorius. . .   15°,60
Température moyenne à la limite des neiges. . . . .   2°,26
Dépression de la température jusqu'au niveau de la limite
    des neiges. . . . . 17°,86

De là l'équation :

$$t = 5,13\ S - 0,23\ S^2$$

nous donne

$$17°,86 = 5,13\ S - 0,23\ S^2$$

soit

$$S = 4317 \text{ m.}$$

Pour démontrer que l'altitude obtenue ainsi se rapproche de la réalité plus que toutes les estimations faites jusqu'à présent, nous allons examiner ces dernières.

Estimation du professeur Parrot.

Le professeur Parrot[1] évalua, le 13 septembre 1829, l'altitude de la limite des neiges sur le versant est de l'Ararat à 13180 pieds de Paris; puis le 18 et le 27 septembre, d'après deux mesures faites sur le versant nord-ouest de la montagne, il détermina l'altitude de la limite des neiges à 13448 pieds de Paris (4368 m.), soit 51 mètres de plus que notre évaluation actuelle.

—Mais si nous considérons que sa détermination barométrique de l'altitude de la cime du mont Ararat, faite le même jour, donne un excédant de 123 mètres comparativement à la détermination géodésique, l'erreur, pour la limite des neiges, sera (proportionnellement à la hauteur) d'environ

---

1. *Reise zum Ararat*, von doctor Friedrich Parrot. p. 187.

100 m., et enfin la distance entre le bord inférieur des neiges,
mesurée par lui, et le niveau réel de la limite des neiges, a
pu donner la différence restante.

Estimation de l'académicien Abich.

L'académicien Abich, dans son mémoire sur l'altitude de
la limite des neiges et sur les glaciers actuels du Caucase,
(inséré en 1877 au *Bulletin de l'Académie impériale des sciences
de Saint-Pétersbourg*, t. XXIV, n° 2) dit que l'altitude de la
ligne des neiges, trouvée par lui, est de 12 806 pieds anglais
(3 900 m.) pour le versant nord de l'Ararat et de 12 136 pieds
pour le versant sud. Cette nouvelle déclaration de l'académicien Abich est fort étrange, car jusqu'à ce jour on con-
sidérait comme sienne l'estimation qui donne à la limite
des neiges sur le mont Ararat 13 712 pieds, c'est-à-dire
900 pieds de plus que ci-dessus. Citons les propres paroles
de ce savant sur son ascension de l'Ararat, opérée le 29 juillet 1845 (journal *Kawkaz*, 1846, n°ˢ 5, 6 et 7).

« A partir de cet endroit, la pente de la crête rocheuse
devient graduellement plus raide, et vers les trois heures
nous atteignîmes le bord du champ de la neige qui se pro-
longe à droite jusqu'au sommet en nappe continue n'offrant
aucune interruption. Ce point peut servir à déterminer avec
le plus de sûreté l'altitude de la limite des neiges sur cette
pente de la montagne; c'est pourquoi je m'empressai de
déterminer à l'aide du baromètre sa hauteur absolue, la
température de l'air étant de 10°,5 R. et l'humidité de 27 0/0.
L'altitude trouvée était de 12 866 pieds de Paris (soit 13 712
pieds anglais ou 4 180 mètres). L'air était parfaitement calme
et l'eau qui filtrait de dessous la neige avait une température égale à 0°,1 R. A partir de ce point, les rochers formant
la crête qui nous servait de route deviennent plus imposants
et leurs masses se détachent plus nettement les unes des
autres, s'élevant en forme de piliers; l'ascension parmi ces
rochers n'est pas trop difficile; le champ de neige que j'es-
sayais de gravir et qui a, en cet endroit, une pente de 33°,30,
34°, n'offrait également pas, grâce à la *friabilité* de la neige

de grandes difficultés à l'ascension ; toutefois, l'effort à faire dans ce cas est assurément bien plus fatigant que celui qu'exige l'ascension par une pente plus escarpée, mais où le pied s'appuie sur un sol rocheux et résistant. Aussi l'absence de cet avantage sur le petit Ararat en rend elle l'ascension extrêmement difficile. La température agréable et modérée de l'air aurait pu me faire illusion sur l'élévation où je me trouvais, mais les énormes glaçons qui pendaient en stalactites aux sommets des rochers et qui en ceignaient la base comme d'une muraille gigantesque, de même que la vaste nappe de neige éblouissante de blancheur qui assiégeait de plus en plus près l'étroit sentier rocheux me rappelaient que j'étais entré dans la région de l'hiver éternel ; malgré cela, au fond d'un ravin latéral et au pied des rochers, on entendait le murmure de l'eau qui prouvait à l'évidence que même les dépôts de neiges et glaces de ces hautes régions payaient leur tribut à la chaleur encore croissante de l'atmosphère. »

Erreur de l'estimation de l'académicien Abich.

De cette description authentique de l'ascension du mont Ararat, il est impossible de ne pas conclure que l'académicien Abich, en trouvant l'altitude de 4180 mètres, était loin d'avoir atteint la limite des neiges persistantes. La neige fondait encore sous les pieds de l'estimable académicien et, s'il était revenu sur les lieux deux mois plus tard, comme le fit Parrot, il aurait acquis la certitude que sa prétendue limite des neiges était remontée beaucoup plus haut. Qu'est-ce qui a pu porter l'académicien Abich à modifier son estimation première ? Cela ne tiendrait-il pas à ce que le général Chodzko, lors de son ascension de l'Ararat, en 1850, mesura géodésiquement le niveau de son campement météorologique qui était établi au bord inférieur des neiges, et, trouva une altitude de 3353 m ? Mais il faut remarquer que M. Chodzko descendit de l'Ararat le 12 août, c'est-à-dire environ 1 mois et 1/2 avant l'époque de l'ascension de Parrot ; que sur le versant oriental de la montagne la limite des neiges persistantes descend plus bas que sur les autres versants, et que d'ailleurs il y a des différences d'une année à l'autre pour la ligne inférieure des neiges qui ne contribuent pas à la formation des glaciers[1].

Le lecteur doit comprendre à présent pourquoi je me suis vu forcé de faire une digression, peut être trop longne, pour définir exactement ce qu'il convient d'entendre par limite des neiges. Chez nous (au Caucase) les paroles de l'académicien Abich sont d'un grand poids, et cependant il est évident maintenant que l'altitude indiquée de 4180 mètres ne correspond pas même à la ligne inférieure des neiges, qui d'ailleurs n'a aucune importance, qu'elle est trop inconstante. La ligne supérieure, au contraire, ou simplement la limite des neiges, pour laquelle M. Charles Martin, sur le Faulhorn, à une altitude de 2603 m., a trouvé de concert avec plusieurs autres savants une température moyenne annuelle de 2°,26, cette limite, disons-nous, est constante et ne varie pas avec les années, parce que c'est précisément l'altitude où, en un lieu donné, commence la formation de l'embryon glaciaire. Jusqu'à quel point ce niveau, est constant pour la même localité, c'est ce qui est incontestablement démontré par les explorations faites également sur le Faulhorn, par M. Dollfus-Ausset.

Constance de la limite des neiges.

« En aval de l'auberge du Faulhorn (chemin de Grindelwald) à la base du Simmelihorn (approximativement 2 600 m. alt.) localité où la neige est très-exposée au vent, où il tombe des avalanches des hauteurs, et où les rayons solaires ne pénètrent que quelques heures dans la journée,

---

1. L'explication du chiffre de 12 806 pieds, adoptée par l'académicien Abich, pour l'altitude moyenne de la limite des neiges sur le mont Ararat, se trouve, selon moi, dans le calcul suivant :

Moyenne de Parrot $\begin{cases} 14\,332 \text{ p.} - 404 \text{ p.} \\ 14\,003 \text{ p.} - 404 \text{ p.} \end{cases}$ 13 763 p.

Parrot... 13 763 p.
Abich.... 13 712 p. $\Big\}$ moyenne 12 825 pieds.
Chodzko . 10 996 p.

nous voyons, depuis un grand nombre d'années, en août, de grandes taches de neige qui sont persistantes et dont la surface, couverte de poussière et de menues roches, indique que ce névé est ancien et que les chutes de neige de l'année qui le couvraient se sont fondues. On a fait un trou à travers ces névés, où ils avaient 2 mètres de hauteur. Ce névé était humide et à gros grains, non soudés, depuis la surface jusqu'à 1^m,80 de profondeur; alors se rencontrait un névé soudé de 0^m,20 d'épaisseur et, passé cette glace, on arrivait au sol, et la partie qui touche le sol était gelée, soudée seulement au sol, qui était lui-même fortement gelé, absolument comme un petit glacier du Faulhorn. Cette épaisseur de glace était l'embryon glaciaire, qui peut encore se développer et prospérer à cette altitude de 2600 mètres à la base de côtes qui protègent des rayons solaires la neige qui le couvre. D'autres taches de neige se trouvent à une altitude de 50 m. plus bas, leur aspect est le même; mais en les traversant jusqu'au sol on ne voit plus cette épaisseur de névé sur le conglomérat gelé, et le sol, non seulement n'est pas adhérant ni gelé, mais il est à 0°,0 dégelé.

« A cette altitude et sous la même exposition, l'embryon glaciaire ne peut plus se former, et peu importent les quantités de neige, jamais il ne se formera un glacier, et cependant l'altitude ne diffère que de 50 mètres.

« Cette conclusion n'est nullement une hypothèse : elle est confirmée par un très-grand nombre d'observations positives. Et certes, ces recherches ne sont pas un travail de cabinet. Les travaux météorologiques dans les hautes régions ne sont pas toujours couleur de rose. »

Il est donc clair que le plus important pour nous est de connaître l'altitude de la limite constante dans les montagnes et non pas de la limite variable, et tous nos efforts doivent tendre à la déterminer pour le plus grand nombre possible de points dans le Caucase. Mais avant de la déterminer pour telle ou telle localité, il est indispensable de se former une notion sur la question de savoir où il convient de la chercher? Ce qui précède nous montre qu'on peut

faire cette recherche sans égard au temps et indifférem-
ment au commencement ou à la fin de l'été.

Siccité de l'air sur le mont Ararat.
Répartition verticale de la végétation de l'Ararat.

Revenons à l'Ararat et remarquons, en passant, que les
27 0/0 d'humidité relative, constatés par l'académicien Abich
à une hauteur de 4 180 m., correspondent, selon les observations de Glaisher, à une élévation de 6000 m. en Angleterre et que, dans ce pays, l'humidité correspondante à
4 180 m. d'altitude est de 43 0/0[1]. Bien que ces chiffres soient
déduits par une interpolation un peu incertaine, le tableau
Glaisher offrant des oscillations, il est impossible de ne pas
voir dans ce rapprochement la preuve de la sécheresse
extraordinaire de l'atmosphère d'Ararat, fait qui doit contribuer dans une forte mesure à élever le niveau de la limite
des neiges.

M. G. Radde, directeur du musée de Tiflis qui fit avec
M. G. Sivers, le 6 août 1871, l'ascension de l'Ararat[2] du côté
nord-ouest, donne une communication intéressante sur la
répartition verticale de la végétation sur cette montagne.
«A une hauteur de 3475 mètres la végétation de l'Ararat est
encore pleine de vigueur; à 3750 mètres s'arrêtent les graminées qui en forme le gazon alpestre; au niveau de 3960 m.
on ne rencontre plus que les variétés de la flore des hautes
Alpes, mais ce qui est digne de remarque, c'est que même
au point le plus élevé de leur ascension, à 4338 m. d'alti-

---

1. M. A. Moritz a trouvé qu'en déterminant l'humidité relative de l'air, on
commet une erreur, si l'on ne prend pas en considération la hauteur de la
colonne de mercure, comme il est reçu de le faire en déterminant l'humidité
absolue. C'est pourquoi il publia, en 1854, dans le *Bulletin de l'Académie impériale des sciences de Saint-Pétersbourg* (t. III, p. 41), un article intitulé :
« Rectification d'une erreur découverte dans la table de M. Regnault, relative à
la force expansive de la vapeur d'eau. » M. Abich, comme aussi, selon toute probabilité M. Glaisher, ont fait leurs déterminations selon l'ancien procédé ; néanmoins la comparaison ci-dessus démontre suffisamment l'extrême siccité de
l'air sur le mont Ararat.

2. *Mémoires de la section du Caucase de la Société impériale russe de
géographie*, t. I, n° 2.

tude, au bord d'un glacier, ils trouvèrent en fleur de petites
plantes du genre *Draba*. Il n'y avait pas moyen de continuer
l'ascension : il n'y avait devant eux qu'une surface de glace
unie ; il eût fallu se tailler des marches et ils ne s'étaient
pas pourvus des ustensiles nécessaires à cette difficile expédition. »

Nous nous sommes arrêtés si longtemps à démontrer la
justesse de notre évaluation de l'altitude de la limite des
neiges sur le mont Ararat, parce que cette détermination
est très-importante pour nos recherches ultérieures, quand
il sera question des glaciers.

**La température moyenne annuelle
au niveau de la limite des neiges est la même partout.
Dans toutes les contrées
l'altitude de la limite des neiges est subordonnée à trois causes constantes.**

Avant de déterminer l'altitude de la limite des neiges pour
d'autres points du Caucase, je dois expliquer pourquoi je
tiens pour constante, dans toutes les latitudes indistinctement, la température moyenne annuelle fixé par M. Ch.
Martin à $2°,26$ C. sur le Faulhorn, au niveau de la limite des
neiges. Il est établi que la hauteur de la limite des neiges
dépend : 1° de la latitude ; 2° de la situation de la montagne,
dans une chaîne, ou bien isolée en dehors de l'influence
réfrigérante de montagnes voisines ; 3° de l'exposition, c'est-
à-dire de la situation des flancs de la montagne par rapport
aux rayons solaires ; 4° de la quantité de neige tombée, et
enfin, 5° de la configuration de la montagne elle-même, d'où
résulte la possibilité ou l'impossibilité d'entassements plus
ou mois considérables de neige à sa surface. Mais toutes
ces circonstances se résument dans la seule question que
voici : quelle température moyenne annuelle toutes ces
influences prises ensemble produisent-elles à tel niveau de
la montagne ?

Pour concevoir nettement si la température peut être
identique aux limites des neiges du Faulhorn, du Mont-
Blanc, de l'Ararat, du Himalaya et du Dapsang (au Thibet),

examinons d'abord à quels facteurs est due cette température.

1° La température d'un lieu donné est le résultat de l'action des rayons solaires. Les rayons solaires réchauffent d'autant plus une surface que celle-ci présente moins d'inclinaison par rapport au soleil ; en d'autres termes, la quantité de chaleur reçue par un lieu quelconque est en raison directe du cosinus de la latitude du lieu ; la moindre latitude reçoit le plus de chaleur.

2° Plus un site est élevé au-dessus du niveau de la mer, plus est mince la couche d'atmosphère qui se trouve au-dessus de lui et moins cette atmosphère a de densité ; les rayons solaires rencontrent moins d'obstacles pour réchauffer la surface du sol et celle-ci peut aussi plus facilement rayonner la chaleur reçue dans l'espace ; c'est pourquoi le sol est réchauffé en raison inverse de la pression atmosphérique.

3° L'air sec[1] est mauvais conducteur de la chaleur ; s'il

---

1. Pour plus ample information, je citerai ici les paroles de M. Tyndall dont les développements sur ce sujet se distinguent, à mon avis, par une grande clarté. (*Les Glaciers des Alpes*, traduction russe de Hatchinsky, p. 191.)

« La glace, avant de fondre, atteint 32° Fahr. (0° C.), mais en hiver cette substance a souvent une température bien inférieure à 32°, si bien que, en arrivant à 32°, elle se réchauffe...

« Ainsi donc, quand nous nous trouvons devant une paroi de glace, elle nous envoie de la chaleur rayonnante et nous lui en envoyons à elle ; mais comme notre corps envoie plus de chaleur que la glace, nous perdons plus que nous ne gagnons, par suite de quoi nous éprouvons la sensation du froid. Si, au contraire, nous nous trouvons devant un poêle chauffé, il s'opère également un échange, mais dans ce cas la quantité de chaleur reçue est plus grande que celle que nous dépensons et nous nous réchauffons.

« De même la terre envoie nuit et jour de la chaleur rayonnante dans l'espace et aussi au soleil, à la lune et aux étoiles. Le jour, toutefois, la quantité de chaleur reçue est plus grande que la dépense et la terre s'échauffe. La nuit c'est l'inverse ; la terre émet plus de chaleur rayonnante qu'elle n'en reçoit de la lune et des étoiles, et par conséquent elle se refroidit.

« Mais ici il faut noter une circonstance importante. La terre reçoit la chaleur du soleil, de la lune et des étoiles, principalement à l'état de chaleur *lumineuse*, mais elle la rayonne dans l'espace à l'état de chaleur *non-lumineuse*. Je ne parle pas ici de la chaleur *réfléchie* par la terre à la manière de la lumière réfléchie de la lune, mais bien de la chaleur qui, ayant été absorbée par la terre et ayant contribué à la réchauffer, rayonne dans l'espace, comme si la terre en

était absolument sec, il laisserait passer les rayons solaires tout comme le verre qui ne s'échauffe presque pas, et les rayons du soleil atteindraient facilement la surface de la terre, mais l'air humide absorbe de la chaleur, et les rayons

---

était la source première. De cette façon nous sommes pleinement en droit d'affirmer que la chaleur rayonnante émise par terre est d'une *autre espèce* que celle qu'elle a reçue du soleil.

« Cette différence de propriété se traduit surtout dans une particularité : la chaleur rayonnante, émise par la terre, non seulement n'est pas lumineuse, mais elle est aussi plus aisément arrêtée et absorbée par presque toutes les substances transparentes. Une énorme quantité de rayons solaires peut, par exemple, traverser presque instantanément une épaisse couche d'eau. La poudre peut être facilement allumée par la chaleur de rayons solaires concentrée par une épaisse bouteille d'eau. Les gouttes d'eau sur les feuilles dans nos serres chaudes agissent souvent comme des loupes, et les rayons solaires qui les traversent brûlent les feuilles sur lesquelles ces gouttes sont posées. Quant aux rayons de chaleur provenant d'une source non lumineuse, ils sont tous absorbés par une couche d'eau d'une épaisseur moindre de 1/20 de pouce : l'eau n'est pas transparente pour ces rayons, et les intercepte presqu'aussi efficacement qu'un écran métallique. Il en est de même pour d'autres liquides, ainsi que pour un grand nombre de corps solides transparents.

« En admettant que cela est vrai également pour les corps gazeux, et que ceux-ci interceptent aussi davantage les rayons obscurs que les rayons lumineux, il s'ensuivrait que les rayons solaires pénètrent librement dans l'atmosphère, mais que la transformation qu'ils subissent en réchauffant la terre, les prive dans une certaine mesure de leur vertu pénétrante. Ils peuvent atteindre le sol, mais ne sauraient en revenir ; de cette manière l'atmosphère jouerait le rôle de la roue à rochet dans un mécanisme : elle permettrait le mouvement dans un sens et y ferait obstacle dans un autre. »

Suit la description des expériences faites par M. Tyndall et qui démontrent la justesse de cette hypothèse :

« L'expérience faite, l'action produite sur l'instrument fut très-forte. Mais l'action des gaz simples, tels que l'azote, l'oxygène et l'hydrogène fut incomparablement plus faible que celle de quelques gaz composés et ces derniers, à leur tour, différaient considérablement entre eux sous ce rapport. Les vapeurs trahissaient des différences tout aussi considérables. Les expériences démontrèrent que les corps gazeux différaient entre eux sous le rapport de la pénétrabilité à la chaleur rayonnante tout autant que les liquides et les solides. Ce fut excessivement curieux d'observer comme un gaz ou une vapeur parfaitement transparents agissaient sur la chaleur tout comme un écran complètement opaque. Pour l'œil, le gaz renfermé dans le tube était aussi transparent que l'air lui-même, mais par rapport à la chaleur rayonnante il jouait le rôle d'un nuage presque impénétrable.

« En appliquant le même procédé, je trouvai que de la lumière solaire électrique ou de Drummond, on peut obtenir une quantité considérable de chaleur sur laquelle non seulement l'*air*, mais encore les gaz qui, dans mes expériences

solaires en le traversant en perdent d'autant plus que l'atmosphère contient plus de vapeurs d'eau ; de même la surface réchauffée de la terre rend à l'atmosphère d'autant moins de chaleur que l'air est plus chargé de vapeurs d'eau.

---

parurent les plus énergiques n'ont aucune action ; eh bien, cette même chaleur, lorsque *les propriétés* en sont modifiées et qu'elle est devenue non lumineuse, est fortement interceptée. Ainsi donc l'idée hardie et splendide émise plus haut est devenue un fait : la chaleur rayonnante du soleil pénètre indubitablement par le milieu de l'atmosphère avec plus de facilité jusqu'à la terre que la chaleur rayonnante de celle-ci ne peut s'émettre dans l'espace.

« Il est fort probable que, si la terre n'était pas munie de cette défense atmosphérique, les conditions de température seraient telles que l'homme ne pourrait y vivre...

Là où la chaleur rayonnante tombe sur une matière absorbante, il faut une certaine épaisseur de cette dernière pour que l'absorption ait lieu. Supposons que nous placions devant un foyer de chaleur une mince lame de verre ; une certaine quantité de chaleur traversera le verre et le reste sera absorbé. Si la partie de chaleur qui a traversé la première lame vient tomber sur une seconde toute semblable, celle-ci en absorbera une quantité moindre. Une troisième lame en absorberait encore moins, et ainsi de suite, et, après avoir passé par un nombre suffisant de couches, la chaleur serait *vannée* à tel point que tous les rayons susceptibles d'être absorbés en seraient distraits. Figurons-nous que toutes ces lames soient soudées ensemble de manière à former un seul verre épais ; il est évident que ce verre absorbera la plus grande partie de la chaleur qui tombe sur lui *près de la surface d'incidence de cette chaleur.* Cela est entièrement confirmé par l'expérience.

« En rapportant ceci à la chaleur rayonnante émise par la terre, il est clair que la majeure partie en sera absorbée par les couches inférieures de l'atmosphère. Là encore des considérations, en apparence éloignées, nous mettent en présence d'un fait dont dépend l'existence de tous les glaciers : or ce fait est le froid relatif des couches supérieures de l'atmosphère. Les rayons du soleil peuvent, dans une large mesure, traverser ces couches sans les réchauffer, et les rayons provenant de la terre n'y arrivent guère, étant absorbés par les couches inférieures de l'atmosphère.

« Une autre cause du grand froid, dans les couches supérieures de l'atmosphère, consiste dans la dilatation de l'air condensé des couches inférieures quand il s'élève. L'air condensé se fait place en repoussant l'air plus léger et moins élastique dont il est entouré ; il *fait un travail,* et ce travail exige une certaine dépense de chaleur. Cette dépense de chaleur, ou plutôt cette destruction de la chaleur comme telle, refroidit l'air dilaté, et c'est à ce procès que doit assurément être attribuée une partie du froid régnant dans les couches supérieures de l'atmosphère. Une troisième cause de cette différence de température est la quantité considérable de chaleur que communique à l'air, *par contact,* la surface du sol ; enfin la quatrième et dernière cause consiste dans la perte de chaleur que subissent les couches supérieures de l'atmosphère par le rayonnement dans l'espace. »

Il n'existe pas d'autres influences sur la température d'une localité donnée, si ce n'est les vents humides ou secs et le caractère même de la localité. Mais ce sont précisément là les influences qui communiquent à l'air le plus ou moins de sécheresse, dont il a été question dans le troisième point.

Ces trois influences réunies produisent le niveau de la limite des neiges ou plutôt ce niveau résume toutes ces influences et détermine en fin de compte la température moyenne de la localité.

Rapportons aux montagnes ci-dessus mentionnées les considérations qui viennent d'être exposées.

Montagnes	Altitude de la limite des neiges	Latitude	Hauteur du baromètre
1° Faulhorn.	2603 m.	46°,43′	548 mm.
1° Mont-Blanc[1], hauteur moy.	2811 «	45°,50′	534 «
3° Ararat, hauteur moyenne..	4317 «	39°,42′	442 «
4° Gaurisankar[2], versant sud.	4892 «	27°,59′	412 «
5° Dapsang[3], haut. moyenne.	5793 «	35°,28′	367 «

Désignons les altitudes des limites des neiges par H_1, H_2, H_3, H_4, et H_5.

La hauteur du baromètre à la limite des neiges du Faulhorn est de 548 millim. et au niveau de la mer de 760 millim., par conséquence la pression atmosphérique au-dessus du Faulhorn est égale à $\frac{548}{760} = 0{,}721$ de la pression atmosphérique totale. De cette manière nous obtenons :

1° Pour le Faulhorn. .	cosinus $= 0{,}6865$	press. atmosph.	0,721
2° Pour le Mont-Blanc.	— $= 0{,}6967$	—	0,7026
3° Pour l'Ararat . . .	— $= 0{,}7694$	—	0,5815
4° Pour le Gaurisankar	— $= 0{,}8828$	—	1,5421
5° Pour le Dapsang.. .	— $= 0{,}8144$	—	0,4819

Désignons ces valeurs par : c_1, c_2, c_3, c_4, c_5, et d_1, d_2, d_3, d_4, d_5.

Si nous prenons le Faulhorn comme unité de comparaison et que nous fassions abstraction du troisième élément in-

---

1. P. 98.
2. P. 94.
3. P. 95

fluant sur l'altitude de la limite des neiges, nous obtenons
les rapports suivants pour ces altitudes :

$$H_1 : H_2 = 0{,}6856 \times 0{,}7026 : 0{,}6967 \times 0{,}721 = 0{,}4817 : 0{,}5023$$
$$H_1 : H_3 = 0{,}6856 \times 0{,}5815 : 0{,}7694 \times 0{,}721 = 0{,}3986 : 0{,}5547$$
$$H_1 : H_4 = 0{,}6856 \times 0{,}5421 : 0{,}8828 \times 0{,}721 = 0{,}3716 : 0{,}6365$$
$$H_1 : H_3 = 0{,}6856 \times 0{,}4819 : 0{,}8144 \times 0{,}721 = 0{,}3304 : 0{,}5872$$

De là l'altitude des limites des neiges :

$$H_2{}^2 = 2603 \text{ m.} \times \frac{0{,}5023}{0{,}4817} = 2714^{\mathrm{m}}{,}3$$

$$H_3{}^3 = 2603 \text{ m.} \times \frac{0{,}5547}{0{,}3986} = 3620 \text{ m.}$$

$$H_4{}^4 = 2603 \text{ m.} \times \frac{0{,}6365}{0{,}3716} = 4458^{\mathrm{m}}{,}5$$

$$H_3{}^5 = 2603 \text{ m.} \times \frac{0{,}5872}{0{,}3304} = 4626 \text{ m.}$$

La comparaison de ces chiffres avec les altitudes réelles
des limites des neiges nous montre combien est grande l'influence du troisième élément, omis dans ces calculs.

Déterminons donc ce dernier facteur pour les hauteurs
que nous avons choisies par rapport au Faulhorn :

Pour H_2 nous obtenons, $2811 : 2714{,}3 = 100 : x$
« H_3 — $4317 : 3620 = 100 : x$
« H_4 -- $4892 : 4458{,}5 = 100 : x$
« H_3 — $5793 : 4626 = 100 : x$

d'où il résulte que la résistance offerte par les vapeurs d'eau
à l'action complète des rayons solaires, en admettant :

<pre>
            pour le Faulhorn............ 1 «
    sera — le Mont-Blanc.......... 0,96
          — l'Ararat................ 0,84
          — le Gaurisankar........ 0,91
          — le Dapsang............ 0,79
</pre>

Désignons ces coefficients par b_1, b_2, b_3, b_4 et b_5.

Ces chiffres sont conformes à la réalité : sur le Dapsang,
l'air excessivement sec donne un accès facile aux rayons
du soleil, ce qui contribue dans une mesure considérable à
élever la limite des neiges.

Sur l'Himalaya l'humidité de l'air est très-grande, malgré
l'altitude considérable de ces montagnes.

Pour ce qui est de l'Ararat, nous avons déjà constaté l'extrême sécheresse de son atmosphère.

Sur le Mont-Blanc, l'humidité de l'air est un peu moindre que sur le Faulhorn, où l'humidité relative est la même qu'à Genève, au bord du lac.

Ces chiffres sont une confirmation éloquente de la justesse de ma thèse précédemment énoncée, à savoir que l'altitude de la limite des neiges dépend entièrement et uniquement de la quantité de chaleur obtenue en fin de compte pour son niveau. Si bien que, étant donné l'altitude 2603 m. pour la limite des neiges du Faulhorn, pour déterminer celle du Dapsang, nous n'avons qu'à multiplier 2603 m. par quelques coefficients dépendants de la quantité de chaleur reçue qui dépend : 1° de la latitude, 2° de la pression atmosphérique moyenne de l'année, et 3° de l'humidité relative moyenne. De cette manière pour le Dapsang nous obtenons :

$$2603 \times \frac{0,81 \times 0,72}{0,68 \times 0,48 \times 0,79} = 5793 \text{ m.}$$

et *vice versâ* pour le Faulhorn :

$$5793 \times \frac{0,68 \times 0,48 \times 0,79}{0,81 \times 0,72} = 2603 \text{ m.}$$

De même en multipliant par les coefficients correspondant les altitudes des autres montagnes, soit 2811 m., 4317 m. et 4892 m., nous obtiendrons la même valeur de 2603 m.

Ainsi donc nous avons l'équation suivante :

$$H_2 \times \frac{c_1 \times d_2 \times b_2}{c_2 \times b_1} = H_3 \times \frac{c_1 \times d_3 \times b_3}{c_3 \times b_1} = H_4 \times \frac{c_1 \times d_3 \times b_3}{c_3 \times b_1},$$

ou bien

$$H_1 \times \frac{d_1 \times b_1}{c_1} = H_2 \times \frac{d_2 \times b_2}{c_2} = H_3 \times \frac{d_3 \times b_3}{c_3}$$
$$= H_4 \times \frac{d_4 \times b_4}{c_4} = H_5 \times \frac{d_5 \times b_5}{c_5},$$

ou bien

$$H_1 : H_2 : H_3 : H_4 : H_5 = \frac{d_1 \times b_1}{c_1} : \frac{d_2 \times b_2}{c_2} : \frac{d_3 \times b_3}{c_5} : \frac{d_4 \times b_4}{c_4} . \frac{d_5 \times b_5}{c_5}.$$

L'identité des causes qui déterminent l'altitude de la limite des neiges sur toutes les montagnes donne lieu de conclure que la température moyenne doit être également identique au niveau de cette limite, partout et quelle qu'en soit l'altitude.

En admettant que ces influences soient invariables ; les mêmes phénomènes se reproduiront chaque année aux différents niveaux du flanc de la montagne : en bas nous aurons la vigne, plus loin, plus haut viendront les champs, les forêts, les buissons, les pâturages ; encore plus haut les gazons disparaîtront et il ne restera que quelques variétés de plantes phanérogames abritées par les rochers ; puis vient la région de l'hiver éternel à la limite inférieure de laquelle prennent naissance les glaciers [1]. Comment se fait-il que, pour déterminer si telle plante peut prospérer sous telle latitude et à telle hauteur, nous nous bornions à rechercher la quantité de chaleur qui lui est nécessaire et celle qui existe sous la latitude et à la hauteur en question ? Et le niveau de l'embryon glaciaire, c'est-à-dire d'une substance bien plus grossière, ne pourrait donc pas être déterminé par la seule température ? D'ailleurs les plantes ne supportent les variations de température que dans certaines limites déterminées ; ainsi chez nous, par exemple, les citronniers prospéraient jadis à Poti, et il a suffi d'un seul hiver rigoureux, il y a de cela une trentaine d'années, pour les exterminer ; quant à l'eucalyptus globulus, malgré tous nos efforts pour acclimater cet arbre si utile contre les fièvres, il périt à cause de la température minimum trop petite, tandis qu'il prospère dans d'autres localités dont la

---

1. A. Griesbach : *La végétation du globe*, t. I, p. 223, trad. de l'allemand par P. Tchihatchef. Parallélisme entre la ligne des neiges et la limite des arbres :

« Sans constituer une barrière absolue à l'égard de la vie végétative, la ligne des neiges perpétuelles n'en est pas moins, pour cette dernière, l'une des lignes de démarcation extrême les plus importantes, car c'est elle qui met un terme aux formations alpines non interrompues. Lorsque la ligne des neiges s'élève au-dessus ou s'abaisse au-dessous de la moyenne altitudinale, on voit le même déplacement se reproduire à l'égard des limites de la végétation des régions inférieures. Ce parallélisme a quelque chose de singulier dans ce sens que les conditions climatologiques qui donnent lieu à ce déplacement se rapportent, dans l'un des deux cas, à la fonte d'une substance inorganique, telle que le névé, et dans l'autre aux fonctions du mouvement d'une séve organique. »

température moyenne annuelle est inférieure à la nôtre. Or, quant à l'embryon glaciaire, protégé par une couverture de neige contre les variations de température, il ne se forme pas, d'après le témoignage de M. Dollfus-Ausset cité plus haut, au-dessous de son niveau normal, quelque rigoureux et neigeux que soit l'hiver. Il s'ensuit qu'il ne dépend directement que de la température moyenne d'un lieu donné. De même qu'il faut une température moyenne annuelle de 21 degrés pour la culture du dattier, quelle que soit d'ailleurs la situation géographique et orographique des lieux, il faut pour la formation de l'embryon glaciaire une température moyenne annuelle égale à — 2°,26 C.

Végétation avoisinant les limites des neiges.

A la limite des neiges du Faulhorn, de même qu'à celle de l'Ararat, il ne peut exister en fait de végétation que des espèces identiques ou congénères. Pour en donner un aperçu nous citerons parallèlement la nomenclature des espèces et variétés de plantes, en n'omettant que celles qui sont particulières exclusivement à l'une de ces montagnes :

FAULHORN[1]	ARARAT[2]
CARYOPHYLLEÆ	
Alsine verna, *Barth.*	Alsine aizoïdes, *Bois.*
Cerastium arvense, *L.*	Alsine recurva, *Wahl.*
Cerastium latifolium. *L.*	Cerastium purpurascens, *Adams.*
	Cerastium trigynum, *Vill.*
	Cerastium araraticum, *Rupr.*
PAPILIONACEÆ	
Hedysarum obscurum, *L.*	Hedysarum obscurum, *L.*
ROSACEÆ	
Sybbaldia procumbens, *L.*	Sybbaldia procumbens, *L.*
Alchemilla vulgaris, *L.*	Alchemilla vulgaris, *L.*
	Alchemilla sericea, W.
CRASSULACEÆ	
Sedum repens, *Schl.*	Sedum tenellum, *M. B.*

1. Dollfus-Ausset : *Matériaux,* t. V, p. 565.
2. G. Radde.

SAXIFRAGÆ

Saxifraga muscoïdes, *Wulf.*	Saxifraga muscoïdes, *Wulf.*
S. stellaris, *L.*	S. sibirica, *L.*
S. alzoïdes, *L.*	S. hirculus, *L.*
S. bryoïdes, *L.*	S. exarata, *Vill.*
S. plantifolia, *L.*	
S. alzoon, *Jacq.*	
S. oppositifolia, *L.*	
S. androsacea, *L.*	
S. segulieri, *Spr.*	

UMBELLIFERÆ

Gaya simplex, *Gaud.*	Pimpinella saxifraga, *L.*
. Ligusticum Mutellina, *Cr.*	Chamaesciadium flavescens,
Carum Carvi, *L.*	*C. A. M.*
	Heracleum patinacæfolium,
	C. Koch.

COMPOSITÆ

Erigeron uniflorus, *L.*	Erigeron pulchellus, *Dec.*
Artemisia spicata, *L.*	Artemisia splendens, *W.*
Achillea atrata, *L.*	Pyrethrum caucasicum, *W.*
Pyrethrum alpinum, *Willa.*	nthemis iberica, *M. B.*
Leontodon pyrenaicus, *Gouan.*	Taraxacum crepidiforme, *Dec.*
Taraxacum Dens leonis, *Dess.*	

CAMPANULACEÆ

Campanula linifolia, *Lam.*	Campanula tridentata, *L.*
Campanula Scheuchzeri, *Vill.*	Campanula pubiflora, *Traut.*
Phyteuma hemisphæricum, *L.*	

PRIMULACEÆ

Androsacæ helvetica, *Gaud.*	Androsacæ villosa, *L.*
A. alpina, *Gaud.*	
A. pennina, *Gaud.*	
A. obtusifolia, *All.*	
A. chamæjasme, *Willd.*	

BORRAGINEÆ

Myosotis sylvatica, *Koch.*	Myosotis sylvatica, *Hoffm.*

SCROPHULARIACEÆ

Veronica aphyla, *L.*	Hedicularis araratica, *Runge.*
V. saxatilis, *Jacq.*	
V. bellidioides, *L.*	
V. alpina, *L.*	
V. serpillifolia, *L.*	
Pedicularis versicolor, *Wahl.*	

CYPERACEÆ

Carex fœtida, *All.*	Carex tristis, *Dec.*

GRAMINEÆ

Poa annua, *L.*	Poa araratica, *Trautr.*
P. alpina, *L.*	Sesleria phleoides, *Ster.*
P. alpina, brevifolia, *Gaud.*	
P. laxa, *Hænke.*	
Sesleria cærulea, *L.*	
Festuco violaceæ, *Gaud.*	Festuca polychaoa, *Trautr.*
F. psmilla, *Vill.*	
F. Halleri, *Vill.*	

Outre cela il y a une multitude de plantes phanérogames, qu'on rencontre sur l'Ararat et non pas sur le Faulhorn et *vice versâ*. Cette longue nomenclature de plantes, soit identiques, soit congénères, ne démontre-t-elle donc pas suffisamment l'identité de températures des lieux qui les voient éclore? Cette identité remarquable, malgré la différence des lieux qui est de 2 heures 25 minutes pour la longitude, de 7° pour la latitude et de 1700 m. pour l'altitude, nous dit que sur l'une et l'autre montagne l'été donne à ces plantes la même quantité de chaleur, précisément celle qui est nécessaire pour faire fondre les neiges tombées pendant l'hiver jusqu'au niveau de la formation de l'embryon glaciaire, et fournir le terrain nécessaire à leur existence.

Remarquons en passant que pour 49 variétés du Faulhorn il ne s'en est trouvé sur l'Ararat que 31, soit 63 p. 100, ce qui doit être attribué à la plus grande humidité de l'air du Faulhorn, comparativement à l'Ararat.

A ceci on peut m'objecter : 1° que l'amplitude des plantes est fort grande : ainsi, entre autres, le myosotis sylvatica se rencontre à partir du niveau de la mer jusqu'à la limite des neiges, et 2° que sur une crête du col de Saint-Théodule, dépouillée de neige, à une altitude de 3250 m., c'est-à-dire à 700 m. au-dessus de la limite des neiges, l'on a trouvé encore 14 variétés de phanérogames [1], soit 10 p. 100 du nombre de variétés trouvées sur le Faulhorn. Quelques-

---

1. Dollfus-Ausset, t. VI, p. 139.

unes de ces plantes se rencontrent sur l'Ararat et d'autres
sur le Faulhorn :

COL DE SAINT-THÉODULE	FAULHORN	ARARAT
Aretia glacialis.		
Artemisia spicata.	Artemisia spicata, *L*.	Artemisia splendens, *W*.
Avena subspicata.	Avena versicolor, *Vill*.	Alchemilla vulgaris, *W*.
Cerastium latifolium.	Cerastium arvense, *L*.	Alchemilla sericea, *W*.
Chrysanthemum alpinum.	Chrysanthemum leucanthemum, *L*.	Cerastium purpurascens, *Adam*.
		Cerastium trigynum, *V. M*.
Erigeron uniflorus.	Erigeron uniflorus, *L*.	Erigeron pulchellus, *Dec*.
Geum reptans.	Geum reptans, *L*.	
Iberis cæpifolia.		
Linaria alpina.	Linaria alpina, *D. C*.	
Phyteuma pauciflora.	Phyteuma hemisphæricum, *L*.	Campanula tridentata, *L*.
Ranunculus glacialis.		Campanula pubiflora, *Traut*.
R. glacialis var. holicorus.		
Saxifraga oppostifolia.	Saxifraga oppositifolio, *L*.	
Saxifraga striata.	S, stellaris, *L*.	
	S. muscoïdes, *Wulf*.	Saxifraga muscoïdes, *Wullf*.
	S. alzoïdes, L.	S. siberica, *L*.
	S. bryoïdes, *L*.	S. hicculus, *L*.
	S. plantifolia, *Lap*.	S. exarata, *Vill*.
	S. alzan, *Jacq*.	
	S. androsacea, *L*.	
	S. segulieri, *Spr*.	

Cette liste donne lieu aux remarques suivantes : 1º que
9 variétés du col de Saint-Théodule se trouvent représentées
sur le Faulhorn par 17, et sur l'Ararat par 12 variétés parentes, soit par 70 p. 100 du Faulhorn, c'est-à-dire à peu de
chose près la même proportion qu'au niveau de la limite
des neiges ; 2º qu'un grand nombre de variétés qu'on rencontre sur le Faulhorn et l'Ararat ne figurent plus dans la

liste du col de Saint-Théodule; 3° que si effectivement le myosotis sylvatica est tellement persistant, par contre la vie de centaines de milliers [1] d'autres variétés de plantes est circonscrite dans des limites de température déterminées. Ces centaines de milliers de plantes ont disparu successivement avec l'altitude croissante et la température diminuante. Si dans le nombre des variétés énumérées — communes aux limites des neiges du Faulhorn et de l'Ararat — une seule a une limite fixe de température, identique avec celle de la formation glaciaire, cela suffit à prouver la justesse de ma thèse. Ensuite il convient de dire que non-seulement sur la crête du col du Saint-Théodule, mais à des hauteurs bien plus considérables, le sol ou la roche dépouillés de neige, surtout s'ils sont d'une teinte sombre, sont très-fortement réchauffés par les rayons solaires ; cette chaleur se communique à la couche d'air adjacente, qui peut ainsi donner la vie à des plantes, précisément par cette raison que sa température ne correspond pas au niveau général de cet endroit. Non loin du sommet du col d'Argentières, le professeur Hugi, au mois de juillet, à 10 heures et demie du matin, trouva que le thermomètre à boule noircie marquait 35°,5 C. au soleil et 0° à l'ombre [2]. Saussure, pour étancher sa soif sur le Col-du-Géant, fit jeter de la neige sur un roc exposé au soleil : la neige fondit rapidement et l'eau fut recueillie dans des vases qu'on avait disposés en bas. Toutefois ces derniers vestiges de végétation ont aussi leur limite : en effet, Saussure dit (p. 2248) qu'à la cime du Breithorn [3], à 3902 m., il n'a pu, malgré des recherches minutieuses, découvrir aucune plante, bien que le flanc de la montagne soit exposé au soleil et abrité contre

---

1. Alphonse de Candolle, en 1865, a prouvé que le nombre des variétés de plantes ne doit pas être moindre de 400 000 à 500 000. Charles Martin : *Du Spitzberg au Sahara.*

Remarquons en passant que la valeur du coefficient de la dépression de température se fait sentir aussi à la limite des neiges. Sur l'Ararat la végétation à la limite des neiges est moins riche que sur le Faulhorn pour lequel la hauteur pour 1° C. est moindre que pour l'Ararat.

2. Hugi : *Naturhistorische Alpenreise,* p. 194.

3. Le Breithorn est à coté du Saint-Théodule ; leurs glaciers se confondent.

les vents du nord. Cependant Hooker, sur les monts de l'Himalaya, à une altitude de 6945 m., trouva encore une variété de l'*Arenaria rupifraga* (Figuier, *Histoire des plantes*). Malheureusement l'*Arenaria rupifraga* ne se trouve ni sur l'Ararat, ni sur le col du Saint-Théodule, et sur le Faulhorn il n'existe pas qu'une variété de cette famille — l'*Arenaria biflora*. Mais, si nous comparons les altitudes des limites des neiges du Faulhorn et de l'Himalaya, soit 2603 et 4892 m., nous verrons que 6945 m. correspondent à une altitude de 3695 m. seulement dans les Alpes, c'est-à-dire à un niveau qui est loin d'atteindre la limite de toute végétation fixée par Saussure.

On peut encore m'objecter : Pourquoi donc nombre de savants déterminent-ils diversement pour différentes contrées la température de la limite des neiges? A cela je réponds que non-seulement les savants la déterminent diversement pour différentes contrées, mais quelquefois même diversement pour une seule et même contrée, ce qui prouve précisément le peu de solidité des bases sur lesquelles reposent leurs évaluations. C'est dans ce but que j'ai énuméré ci-dessus ces déterminations et reproduit le tableau de Humboldt pour les altitudes des limites des neiges. Autant de savants, autant de déterminations différentes. La cause en est que pour déterminer la température moyenne, au niveau de la limite des neiges, ils ont mesuré son altitude, et cette altitude, ils l'ont divisée par la hauteur correspondante à 1° C., en prenant cette dernière d'une façon tout à fait arbitraire. Ainsi Kaemtz, entre autres, pour son tableau des températures moyennes, a pris partout 600 pieds de Paris pour 1° C.; Humboldt a dressé un tableau (p. 200) d'après les altitudes, alors que ce coefficient varie de contrée à contrée et que l'altitude par elle-même le modifie. Comme j'attribue à ce coefficient une extrême importance pour la détermination du climat d'une contrée, je retourne ainsi le problème : *Étant donné l'altitude de la limite des neiges et la différence des températures du niveau de cette limite et du niveau de quelque autre point situé plus bas — déterminer la valeur de ce coefficient, ou la hauteur pour 1° C.*

Il existe encore une objection contre la thèse que je soutiens, c'est que la température moyenne à elle seule ne peut pas donner l'idée juste du climat, alors que l'altitude de la limite des neiges doit précisément résumer le climat d'une contrée. Ainsi, par exemple, la moyenne de deux températures extrêmes : — 4° et + 10°, sera égale à + 6°; or la moyenne de deux températures extrêmes : + 2° et + 4°, est également + 6°, et cependant ces moyennes identiques correspondent à des climats bien différents.

Pour réfuter cette objection fort sérieuse, j'ai à fournir la preuve que non-seulement au niveau de la limite des neiges la température moyenne est partout la même, mais que l'amplitude des variations de température y est également partout identique. Plus haut je crois avoir démontré, au moyen du règne végétal, que pour l'été la somme de la chaleur est la même dans tous les pays au niveau de la ligne des neiges : dès lors il me reste à prouver que la température de l'hiver ne peut également pas offrir des écarts assez considérables pour modifier la moyenne de la température annuelle.

On sait que sous les tropiques, à peu de hauteur au-dessus du niveau de la mer, la différence des températures extrêmes est insignifiante et que cette différence devient plus grande à mesure qu'on se rapproche des pôles. Au bord de la mer, à Singapoore, par exemple (1°,17′ lat. nord), cette divergence n'est que de 2°,06; sur l'île de Madère (32°,38′ lat. n.) elle est de 6°; dans l'intérieur des continents : à Kouka (Soudan) (13°,10′ lat. n.), la différence est de 11°,35, à Calcutta (22°,38′ lat. n.) elle est de 11°,50′ et à Tomsk (56°,30′ lat. n.) — de 35°,60 C.

Voyons maintenant si la même progression se reproduit, en s'élevant du niveau de la mer vers les régions supérieures de l'atmosphère. En considérant le froid excessif qui règne vers le pôles et aussi le froid des couches supérieures de l'atmosphère, on serait tenté de croire qu'il doit y avoir analogie complète; mais examinons cette question de plus près, et souvenons-nous qu'il ne s'agit pas ici du froid seul, mais de la différence des températures extrêmes, ou de

l'amplitude des variations de la température. Nous aurons
de nouveau recours au tableau de M. Dollfus-Ausset.

Le tableau des soixante-dix stations météorologiques de
la Suisse, outre les températures moyennes annuelles,
donne encore les moyennes mensuelles, et les moyennes des
températures extrêmes de l'hiver, du printemps, de l'été et
de l'automne. Prenons les températures moyennes minimum
de l'hiver, et comparons-les aux températures moyennes
maximum de l'été. Pour cela nous répartirons ces soixante-
dix stations en trois groupes composés : le premier des
cinq stations les plus élevées, situées à une hauteur absolue
de 2477 à 2008 mètres ; le second de vingt-cinq stations,
dont l'altitude varie entre 1881 et 910 mètres ; enfin le troisième de quarante stations à des hauteurs de 874 à 275 mètres.
Nous y ajouterons les déductions moyennes de M. Charles
Martin pour le Faulhorn.

	Hiver		Été	Différence
Faulhorn, moyenne..	— 9° «	moyenne	+ 3°,42	12°,42
Groupe I, minimum,	— 8°,77	maxim.	+ 8°,65	17°,42
— II, —	— 7°,38	—	+ 13°,32	20°,70
— III, —	— 5°,46	—	+ 18°,09	23°,55

Cet exemple nous montre une diminution graduelle de
l'abaissement des températures extrêmes, et de l'amplitude
des variations de la température en raison directe de l'altitude croissante. Le règne végétal nous avait révélé l'identité, pour toutes les contrées, de la somme de chaleur, pendant l'été, contenue dans les couches de l'atmosphère adjacente à la limite des neiges : or, s'il y a identité d'un côté,
pourquoi n'existerait-elle pas aussi de l'autre ?

Si tous les arguments que je viens de développer ne
suffisent pas à convaincre le lecteur de la justesse de ma
thèse, je le prierai — vu l'importance de cette hypothèse
qui permet de résoudre nombre de problèmes importants —
de prendre patience et de lire mon travail jusqu'à la fin.
Alors, je l'espère, il se pénétrera comme moi de l'importance
de cette hypothèse, et de la nécessité de la vérifier par des
observations directes dont les frais s'élèveraient tout au plus
à 1000 livres sterlings, pour l'établissement d'une station

météologique à la limite des neiges de l'Hymalaya. Cette station, concurremment avec celle du Faulhorn ou du Saint-Théodule, décidera définitivement de la question.

Comme, par les motifs ci-dessus énoncés, j'ai une entière confiance dans le chiffre donné par Charles Martin, je crois pouvoir en profiter, tant qu'il n'aura pas été modifié par des observations plus exactes et plus prolongées.

Ayant ainsi un point de repère constant dans les montagnes, à la limite des neiges, nous pouvons mesurer l'altitude de cette dernière, pour différentes localités du Caucase, d'après l'échelle que j'ai établie, bien que cette échelle ne soit pas exempte d'imperfections. Mais j'espère qu'une fois que nous aurons acquis la conviction combien il est important pour notre pays de posséder tout un réseau de stations météorologiques, les offres de service afflueront de tous les points du Caucase. Alors l'Observatoire de Tiflis sera à même de fournir les données nécessaires pour dresser un tableau plus complet et plus exact, et il y aura lieu, non-seulement de rectifier la valeur des coefficients de la simple formule ci-dessous déduite, mais encore de donner à cette dernière une forme plus convenable[1].

Emploi de la formule pour déterminer l'altitude de la limite des neiges sur différents points du Caucase.

Faute de mieux, nous appliquerons notre formule à quelques points du Caucase.

---

[1] Dr H. Gylden : *Untersuchungen über die Constitution der Atmosphäre und die Strahlenbrechung in derselben* (Mémoires de l'Académie impériale de Saint-Pétersbourg, VII séries, t. I, n° 1). D'après les déductions de Gylden, la formule empirique exprimant le rapport entre l'abaissement de la température et l'altitude croissante doit remplir la condition suivante : l'altitude pour laquelle la fonction devient infinie ou bien imaginaire doit être supérieure au moins à l'altitude de la limite de l'atmosphère que Smidt a déterminée à Athènes, d'après des observations faites sur l'arc crépusculaire, évaluée à 8,7 milles géographiques, soit plus de 64 kilomètres, et la densité de l'air à cette altitude doit être assez petite pour ne pouvoir influer sur la réfraction des rayons. L'altitude idéale jusqu'à laquelle s'étend la formule déduite par Gylden est égale à 1/62 du rayon terrestre, soit 13,8 milles géographiques. Ayant un champ plus restreint pour mes calculs approximatifs, j'ai adopté une formule aussi simple que possible, qui devient imaginaire à partir d'une altitude de 11 800 mètres.

L'Alaghèze.

Longitude E., 2ʰ,47ᵐ, latitude N., 40⁰,52 ; hauteur absolue
de la cime, 4100 mètres ; température au niveau de la mer,
15⁰,25 ; différence des températures au niveau de la mer et à
celui de la limite des neiges, 17⁰,51.

Pour déterminer la valeur E correspondant à l'Alaghèze
nous avons trois données qui peuvent servir à nous guider :
la formule pour la vallée de l'Araxe et les valeurs E pour
Alexandropol et Erzéroum. Sous l'influence du climat au
sud de la montagne, c'est-à-dire de la seule vallée de l'Araxe,
l'altitude de la limite des neiges sur l'Alaghèze, conformément à la dépression de la température à 17⁰,51, serait de
4206 mètres ; sous l'influence du climat nord d'Alexandropol, elle serait de 3048 mètres, et sous l'influence du
climat de la vallée de l'Euphrate, dont le sépare une petite
chaîne (connue par la célèbre retraite du général Ter-Goukas-
sof), cette altitude serait de 4431 mètres.

A défaut de données pour déterminer les justes proportions de ces influences, et en admettant que l'action des
vallées de l'Araxe et de l'Euphrate est avec l'influence
d'Alexandropol tendant à abaisser le niveau de la ligne des
neiges, dans le rapport de 2 : 1, conformément à la thèse de
de Maury selon laquelle les vents de sud-ouest ont, comparativement aux vents du nord-ouest, une influence prépondérante s'exprimant par la proportion 2 : 1 ¸l'académicien
Wessélowsky : *Sur le climat de la Russie*, p. 184), nous
aurons :

$$\frac{4431 \times 2 \times 4206 \times 2 + 3048}{5} = 4064 \text{ m.}[1]$$

De cette manière nous avons obtenu pour la limite des
neiges de l'Alaghèze une altitude dont le niveau se trouve
à 36 m. plus bas que le sommet de la montagne. Les 36 m.

---

1. Voici comment le chiffre 3048 a été obtenu : à Alexandropol la différence
des températures de 9⁰,78 correspond à une altitude de 1527.4 mètres et la
formule donne 2108 mètres : or la proportion 1527,4 : 2108 = *x* : 4206 nous
fournit la valeur cherchée 3048 m.; d'après le même procédé, le chiffre de
4431 m. a été déduit de la proportion 1593 : 1512 = *x* : 4206.

de champs de neiges dépassant le niveau de la ligne des neiges rendent possible la formation des glaciers assez considérables de l'Alaghèze ; mais ensuite les neiges, descendant peu à peu sur toute l'étendue qu'elles couvrent, finissent par disparaître vers la fin de l'été. Sans ce petit espace, dépassant la limite des neiges, il n'y aurait point de glaciers, ni, par conséquent, d'eau pour abreuver les tribus nomades qui viennent pendant l'été se camper avec leurs troupeaux sur l'Alaghèze. L'alimentation des glaciers mêmes ne cesse de se poursuivre activement, car, comme le dit M. Charpentier[1] : « Le névé ou la neige n'est indispensable que pour la formation d'un glacier, car une masse d'eau ne peut jamais se changer en glacier. Mais, pour se conserver et même pour acquérir tout le développement que les conditions de la température lui permettent de prendre, il n'a absolument besoin que d'eau. Peu importe que cette eau provienne de la fonte des neiges ou qu'elle provienne des pluies, cela est tout à fait indifférent[2].... » « Il y a beaucoup de glaciers, surtout parmi les petits, qui, dans la belle saison, n'ont points de névés : comme, par exemple, ceux des Martinets, de Plan-Névé, de Pannerosaz (au-dessus de Bex), de Péta-

---

1. *Essai sur les glaciers et sur le terrain erratique du bassin du Rhône*, par Jean de Charpentier, directeur des mines du canton de Vaud et professeur honoraire de géologie à l'Académie de Lausanne.

2. D. A. Nos observations confirment pleinement et positivement que l'eau assimilée par les glaciers les fait progresser. Peu importe que cette eau provienne de la fonte des neiges ou névés qui couvrent leur surface, ou qu'elle provienne des pluies ou de l'ablation de la glace même ; — le glacier couvert de neiges ou de névé, protégé de l'ablation, recevra de l'eau de fusion de cette couverture et progressera. Nous disons plus (et ce n'est pas une théorie préconçue à l'avance sans observation) : si on couvrait de mottes de gazon, de planches ou de matériaux non conducteurs du calorique la surface d'un glacier, elle serait tellement protégée contre toute ablation (fonte), que l'eau de pluie qui en tombe et passe à travers la couverture le ferait progresser, et son augmentation de volume serait bien plus considérable que dans les localités découvertes. — L'aliment que digère le glacier (développement de l'embryon glaciaire), c'est l'eau, simplement l'eau pure, et cette eau est élaborée, assimilée par le glacier. — Mais cette eau ne gèle pas dans l'intérieur du glacier comme gèlerait l'eau à zéro que l'on introduirait dans un corps poreux, spongieux, à une très-basse température.

mont (sur le flanc occidental du Mont-Velan), etc. Les glaciers occupant tous les ravins ou, pour mieux dire, les principaux récipients de l'eau de pluie, absorbent cette dernière de toute leur masse spongieuse pour la distribuer ensuite peu à peu aux habitants de la montagne à laquelle les glaciers doivent leur existence.

Voici ce que dit l'académicien Abich à propos de l'Alaghèze[1] :

« Bien que ces cimes, rocheuses, à cause de leur roideur, soient dépouillées de neiges, néanmoins plus bas, le long des bords de pentes escarpées, on rencontre, du côté nord de la montagne, de hautes vallées de forme quasi-circulaires qui en révèlent la structure intérieure, et sont séparées les unes des autres par de larges crêtes dénuées de neige, — des vallées formant d'étroits encaissements de névé (Firnmulden) qu'on a de la peine à distinguer de loin. La preuve que l'altitude de 12 800 pieds (3900 m.) pour la limite des neiges correspond *exclusivement* au groupe de montagnes de l'Ararat, où la température d'été du Caucase atteint son maximum, résulte de la structure physique des crêtes du prolongement sud-ouest des montagnes qui séparent le bassin du Goktcha et le plateau central volcanique du Karabagh de l'étroite vallée de l'Araxe. »

La traduction du texte allemand est faite aussi fidèlement que possible. Toutefois, nous ne pouvons tirer aucune conclusion des paroles de l'académicien Abich. Précédemment, il avait dit que les 39 000 m. constatés par lui pour l'Ararat forment l'altitude maximum de la limite des neiges dans le Caucase, et quant à la limite des neiges sur l'Alaghèze, qui est situé presque d'un degré plus au nord que l'Ararat et s'élève de 200 m. au-dessus de la limite des neiges de ce dernier, M. Abich n'en dit rien. La remarque que la neige ne se maintient pas sur l'Alaghèze, à cause de sa pente abrupte, est inexacte ; si cela était, pourquoi donc la neige y tiendrait-

---

1. Dans le Bulletin, déjà cité, de l'Académie des sciences de Saint-Pétersbourg, 1877.

elle alors en hiver et au printemps? L'explication de l'altitude extraordinaire, à son avis, de la limite des neiges sur l'Ararat, manque également de clarté. Dans la chaîne principale du Caucase, il y a une montagne sur laquelle, à cause de sa pente excessivement abrupte, la neige ne peut se tenir — aussi la voyons-nous constamment noire, hiver comme été. « Entre l'Elbrouz et le Kazbek, dit M. J. Stebnitzky, il y a la pointe aiguë et pyramidale du Dykh-Taou (5160 m.) presque entièrement dépouillée de neige qui ne la sillonne que par minces bandes entre les arêtes. Les flancs de cette montagne sont tellement abrupts qu'il ne peut s'y tenir qu'une quantité insignifiante de neige, et pas ailleurs que dans des anfractuosités. »

Les monts *Ghiamish*, *Ghinal-dag* et *Mourow-dag*, sont également dépouillés de neiges, et ce n'est que sur le versant sud, selon M. J. Stebnitzky, qu'il en reste des bandes peu considérables. Sur ce versant septentrional, exposé aux chaleurs de la vallée d'Élisabethpol, l'altitude de la ligne des neiges doit, par conséquent, correspondre à la formule que j'ai établie pour cette vallée.

Longitude du Mourow-dag. . . . 2ʰ,57
Latitude. 40⁰,29
Différence des températures . . . 17⁰,60 C.

Notre formule donne 4246 m., comme altitude de la limite des neiges, c'est-à-dire un niveau plus élevé de 500 m. que le sommet du *Ghiamich*, le plus haut de ce groupe.

Les monts *Chavikldé*, *Lotzal* et *Salavat* (ce dernier est le plus haut des trois), mettent également à nu leurs sommets, et les pentes septentrionales seules, à ce que dit M. Stébnitzky, présentent quelques bandes de neiges qui ne fondent pas.

Le Salavat

a une hauteur absolue de. . . . . . 3643 m.
Longitude 3ʰ,0ᵐ
Latitude N.. . . . . 41⁰,41
Température au niveau de la mer. . 14⁰,86
Différence des températures. 17⁰,12

Pour le versant sud-ouest de cette montagne, notre for-

mule fixe l'altitude de la limite des neiges à 4118 m., soit à
474 m. au-dessus du sommet.

Le Kapoudjikh.

Hauteur absolue du sommet . . . . . . 3927 m.
Longitude E 2ʰ,55
Latitude N . . . .   39°,16
Température au niveau de la mer. .   15°,83
Différence des températures . . . .   18°,09

Cette montagne est exposée au sud à l'influence des hautes
montagnes de l'Aderbéidjan, et au nord à celle des hauteurs
du Karabagh. Ces influences se résument dans le chiffre de
l'altitude correspondant à un abaissement de température
de 1°C. pour la ville de Choucha.

La ville de Choucha est située à une hauteur absolue de
1176ᵐ,7, à laquelle correspond une différence de température de 6°,91 C. comparativement à celle du niveau de la mer :
or, pour une dépression de température à partir du niveau
de la mer égale à 6°,91 et 18°,09 C., la formule nous donne
1440 et 4390 m. ; dès lors de la proportion : 1440 : 4390
= 1176,7 : X nous obtenons le chiffre de 3587 m. ; par conséquent, ces trois influences réunies nous donneront
$\frac{3587 + 3587 + 4390 = 3855^m}{3}$ comme altitude absolue de la
limite des neiges, soit un niveau que le sommet du Kapoudjikh dépasse de 72 m., c'est-à-dire d'une quantité deux fois
plus grande que sur l'Alaghèze : aussi la cime du Kapoudjikh est-elle plus rarement dépouillée de neige que celle
de l'Alaghèze.

Le Shah-dag.

Longitude E.. . . . .   3ʰ,3
Latitude N. . . . .   41°,27
Hauteur absolue du sommet. . . .   4143 m.
Température au niveau de la mer. .   14°,92
Différence des températures . . . .   17°,18

Nous avons vu plus haut qu'à Bakou, de même qu'à
Tiflis, la température est normale, c'est-à-dire qu'elle ne présente presque aucune différence avec la température telle
qu'elle est établie par les calculs de M. Sartorius : par consé-

quent la loi de l'abaissement de température au-dessus du
niveau de Bakou doit également, selon toute probabilité,
s'écarter de celle déduite pour la vallée de la Koura : ainsi,
l'influence de la Caspienne sur le Shah-dag peut être exprimée par la formule déduite qui donne l'altitude de 4105 m.
pour une dépression de température égale à $17°,18$ C. Quant
à l'influence des vents du sud-ouest venant des montagnes
de la Perse, elle s'exprime par la valeur E. pour la ville de
Chémakha où l'altitude de $727^m,4$ correspond à une différence de température égale à $4°,07$ C. Or, d'après la formule,
la hauteur correspondant à ces $4°,07$ serait de $823^m,7$;
c'est pourquoi, toute proportion gardée, nous aurons 3611 m.
pour $17°,18$ C. La valeur moyenne de ces influences nous
donne 3858 m. comme altitude de la limite des neiges sur le
versant méridional du Shah-dag. Or, selon l'académicien
Abich, cette altitude serait de 3815 m. sur le versant méridional et de 3628 m. sur le versant septentrional du Shah-dag[1].
Mais, là encore, ce savant[2] a modifié récemment ses premières
mesures et a adopté pour le groupe de montagnes du Shah-
dag (district de Kouba) un chiffre rond de 3720 m. en moyenne.
Du reste, comme nous manquons de données pour déterminer l'influence sur le Shah-dag des courants d'air du nord
et que, pour cette cause, nous ne déterminons l'altitude de la
limite des neiges que pour le versant sud de la montagne,
il se peut que l'une et l'autre de ces définitions ne soient
pas éloignées de la réalité.

Iméréthie et Mingrélie.

Iméréthie et Mingrélie.

M. G. Radde, directeur du Musée de Tiflis, a déterminé l'altitude de la limite des neiges sur la chaîne du Goribolo à
2540 m. Cette crête est un rameau de la grande chaîne principale
projeté vers le sud presque dans la direction du méridien. Son

---

1. J. Stebnitzky : *De la limite des neiges éternelles dans les montagnes du
Caucase.*
2. Dans le Bulletin déjà cité de l'Académie des sciences.

versant occidental donne naissance à la rivière Tzkhenis-
Tzkhalie et son versant oriental au Rion. Cette crête forme
la frontière entre les districts de Letchgoume et de Ratcha
du gouvernement de Koutaïs. L'évaluation de M. Radde se
rapporte au côté occidental de ladite crête ; quant au côté
oriental, M. Abich a trouvé la limite des neiges persistantes au niveau de 2904^m,5 ; soit à 364^m,5 plus haut.

Longitude E. de la chaîne . . . . .   2^h,44
Latitude N. (approximativement). .   42°,89
Température au niveau de la mer. .   14°,23
Différence des températures . . . .   16°,49
Pour 1° C. nous avons :

$$\text{pour Letchgoume} \ldots \frac{2540}{16,49} = 154^m.5$$

$$\text{pour Ratcha} \ldots \frac{2904,5}{16,49} = 183^m,9$$

Dans la vallée de la Koura, le chiffre correspondant à
cette même altitude de 2904^m,5 est de 244^m,4.

Ces trois déterminations font voir d'une façon particulièrement frappante avec quelle rapidité la température décroît
dans une atmosphère humide. Letchgoume subit à un haut
degré l'influence de l'humidité émanant de la Mer-Noire ;
Ratcha y est exposée un peu moins, et les vallées de la
Koura et de l'Alazane se trouvent, apparemment, complétement soustraites à cette influence. Un fait digne de
remarque, c'est que cette différence des climats réagit fortement sur le caractère des populations et surtout (d'une façon plus évidente encore) sur la qualité des vins. Les Rat-
chiens, de même que leur vin, forment pour ainsi dire la
transition aux Kakhétiens et au vin de Kakhéthie. Sous le
climat tropical et humide des Antilles, les Européens eux-
mêmes, venus là pour s'enrichir au plus vite, deviennent
insouciants et paresseux. (Oppenheimer, professeur à Hei-
delberg : *De l'influence du climat sur l'homme.*) Or les
habitants de Ratcha sont connus pour être très-laborieux :
ce sont eux qui fournissent tous les charpentiers et les
scieurs de l'Iméréthie et de la Mingrélie ; et ces mêmes Mingréliens, si indolents chez eux, se montrent très-capables et

très-laborieux dans l'air sec de Tiflis. Les classes inférieures de la population de Mingrélie et d'Iméréthie fournissent à la ville de Tiflis les meilleurs cuisiniers et des domestiques alertes, et les classes supérieures ont donné un contingent nombreux d'hommes remarquables par leur intelligence.

Koutaïs.

Mais comment expliquer ce phénomène qu'à Koutaïs la température moyenne est plus élevée de $0°,36$ C. qu'au niveau de la mer, alors que cette ville, étant située à une hauteur absolue de $147^m,4$, devrait avoir une température moyenne annuelle de $13°,31$[1] au lieu des $14°,85$ accusés par le tableau? Ainsi donc, pour une raison ou pour une autre, la température de Koutaïs est de $1°,54$ C. plus élevée qu'elle ne devrait l'être. Nous devons chercher la cause de cette anomalie dans ce que les habitants de Koutaïs nomment *le vent de l'est* qui souffle souvent sur la ville et la vallée du Rion. Ce vent, à l'instar du sirocco italien, est brûlant, sec et parfois d'une impétuosité extraordinaire. Quand il se met à souffler, les hommes sont accablés d'une sorte de langueur, et la végétation jaunit. Afin de s'abriter contre ce vent, on ferme toutes les fenêtres et l'on dispose des vases plats remplis d'eau pour saturer l'air de vapeurs d'eau. Ce phénomène n'est pas encore expliqué. Pendant les chaleurs de l'été, quand on voyage par le chemin de fer, il est fort agréable de sortir sur la plate-forme du wagon pour se rafraîchir au courant d'air produit par le mouvement du train; mais quand souffle le vent de l'est il n'y a pas moyen de se tenir sur la plate-forme, et dans les wagons mêmes on

---

1. Selon la formule, aux altitudes 147,4 et 2540 m. correspondent les valeurs de $196^m,5$ et 223 mètres pour $1°$ C., et $154^m,5$ correspondant en Iméréthie à l'altitude de 2540 m., la proportion $196,5 : 223 = x : 154,5$ nous donne pour $1°$ C., pour l'altitude $147^m,4$, la valeur 136,1. De là nous avons $\frac{147,4}{138,1} = 1°,08$, et en soustrayant ce chiffre de $14°,49$. soit celui de la température au niveau de la mer. nous obtenons $13°,31$.

est obligé de fermer toutes les fenêtres pour se procurer quelque soulagement[1].

Poti. — Redoute-Kalé. — Abhasie. — Sotchi et Novorossyjsk. — Souram.

La station météorologique de Poti constate également pour cette localité une température quelque peu plus élevée que la normale, et, en effet, à Poti le vent d'est non-seulement se fait peu sentir, il est même agréable, puisqu'il diminue l'excessive humidité de l'air.

A Redoute-Kalé, s'il faut en croire le résultat d'observations météorologiques qui y ont été faites jadis, le vent d'est n'exerce plus aucune influence. J'ignore s'il en est réellement ainsi, mais je sais d'une façon positive qu'en Abhasie, c'est-à-dire quelque peu plus au nord, ce vent n'existe point ; c'est pourquoi l'Abhasie est considérée comme plus riche que la Mingrélie, où les visites prolongées du vent d'est sont funestes aux moissons et aux plantations.

----

1. Hüber et Muhry donnent la description d'un vent tout semblable connu en Suisse sous le nom de *Foehn*. Ce vent, qui prend naissance dans les sables du Sahara, traverse la Méditerranée et vient s'abattre sur les Alpes, quelquefois avec une impétuosité extraordinaire. Son approche est signalée par une baisse rapide du baromètre et un épuisement complet de forces chez les hommes et les animaux. Dans le canton d'Uri, quand souffle ce vent, il est sévèrement enjoint aux habitants d'éteindre tous les feux et interdit de fumer dans les rues. Le foehn arrache les tuiles des toits, déracine des arbres séculaires, emporte les toitures des chaumières et les fait tourbillonner dans l'air comme des feuilles d'automne; il anéantit les moissons et les plantations. Toutefois le foehn n'atteint à ce degré de violence que vers les équinoxes; d'ordinaire il apporte le printemps aux Suisses, chez qui il est alors le bienvenu. Muhry donne un tableau des observations météorologiques relatives à l'élévation de la température sous l'action du foehn, les 2 et 3 décembre 1863 et le 28 février 1866. Le dernier vent d'est que nous ayons eu en Iméréthie commença depuis la fin de novembre 1877 et souffla avec une extrême violence jusqu'au milieu de décembre, déracinant une multitude d'arbres et causant un grand nombre d'incendies. Pendant qu'à Tiflis on se promenait en traîneaux — ce qui n'arrive que fort rarement, — en Iméréthie l'herbe, desséchée par l'action du vent, prenait feu à la moindre étincelle, et le vent propageait l'incendie sur d'énormes espaces. On dut suspendre le mouvement sur la ligne du chemin de fer et n'expédier que des trains de poste, en diminuant la vitesse. Hahn et l'académicien Wild ont démontré que de pareils vents soufflent également du nord et que par conséquent le foehn peut n'être pas originaire du Sahara. Il y a aussi des vents de cette espèce à Hermannstadt et au Groënland.

En avançant vers le nord le long de la côte orientale de la Mer-Noire, nous remarquons une décroissance graduelle de température ; cependant à Sotchi elle est de 0°,40 C. au-dessus de la température normale, sans qu'on en sache la cause ; ensuite à Novorossyjsk c'est l'inverse : la température y est de 0°,40 C. au-dessous de la normale, ce qu'il faut, à mon avis, attribuer à un vent froid qu'on appelle *bora* à Novorossyjsk. Ce bora, tombant presque verticalement du flanc des montagnes, soulève dans la mer une masse d'eau pulvérisée capable en peu de temps de couvrir des navires de glace et à tel point, que n'en pouvant supporter le poids, ils coulent à fond. La seule explication vraisemblable que nous ayons relativement à ce bora a été donnée d'une façon très-ingénieuse par le baron Wrangel[1].

L'influence de la Mer-Noire s'étend, à ce qu'il paraît, même au delà du col de Souram. Relativement à la station de Souram, nous savons, d'après le tableau, que par son altitude, qui est de 734^m,2, le chiffre correspondant à la dépression de 1° C. est 148^m,5. Déterminons l'altitude qui correspondrait à la limite des neiges au-dessus de Souram. L'abaissement de température, depuis le niveau de la mer jusqu'à celui de la station de Souram, est de 5° C. et, jusqu'au niveau de la limite des neiges, il est de 16°,87 C. Selon la formule les valeurs correspondant à ces chiffres sont : 1021 et 4008 m., d'où la proportion : 734^m,2 : X = 1021 m. : 4008 m. qui nous donne 2882 m., soit 342 m. de plus que pour Letch-goume et 22^m,5 de moins que pour Ratcha.

Littoral occidental de la Caspienne.

En passant en revue les indications des stations météo-rologiques du littoral de la plus capricieuse des mers, de la Caspienne, nous ne trouvons une température normale qu'à Bakou ; les autres stations, bien qu'elles n'aient fonctionné que pendant des espaces de temps plus ou moins courts, ont constaté cependant : pour Derbent et Lenkoran une

---

1. *Recueil météorologique de l'Académie impériale des sciences*, t. V. n° 4.

température de plus de 1°,5 plus basse et pour Achour-Adé
de 1/2 degré plus élevée que la température normale.
L'explication de ces anomalies doit être cherchée dans les
vents qui, par leur irrégularité et leur violence, procurent
tous les ans tant de surprises désagréables à nos marins.
L'installation le long des côtes de la Caspienne de stations
météorologiques reliées entre elles par un fil télégraphique
pourrait prévenir bien des catastrophes.

Le Caucase septentrional. — L'Elbrouz.

Altitude absolue (cime occidentale) .   5647^m,2
Longitude E.. . . . .   2^h,40
Latitude N. . . . .   43°,35
Température moyenne au niveau de
    la mer. . . . .   14°,03

En prenant, comme point de départ, les données de la
station météorologique de Piatigorsk, où une altitude
absolue de 511 mètres correspond à une différence de température de 4°,36 comparativement à celle du niveau de
la mer et proportionnellement aux chiffres 200 et 3834 m.
déduits de la formule pour les différences des températures
4°,36 et 16°,29, nous n'obtenons pour la limite des neiges, à
juger d'après Piatigorsk, qu'une altitude de 2270 m. L'académicien Abich ayant trouvé[1], à 5 verstes au nord de la
cime d'Elbrouz, la limite des neiges à une hauteur de
3424 m., il est évident que la station de Piatigorsk ne
saurait, dans le cas présent, nous fournir les éléments d'une
appréciation juste. En effet, toutes les stations septentrionales situées au pied de la grande chaîne, telles que : Piatigorsk, Alaghir, Vladikawkaz, Groznaïa, Michaïlowskaïa et
Védéno, n'ont rien de commun avec le climat des montagnes.
Chaque voyageur a pu remarquer plus d'une fois qu'en
partant de Vladikawkaz par un temps pluvieux déjà à la
station prochaine dans la direction des montagnes il trouve
un beau temps. En descendant des montagnes, par un beau
temps, il a pu trouver de la pluie à Vladikawkaz, mais

---

1. Dans le *Bulletin* déjà cité.

jamais l'inverse, c'est-à-dire de la pluie dans les montagnes
et un temps serein à Vladikawkaz. En partant d'Alaghir
tout justement à 9 kilomètres de distance de cet endroit
dans la direction des montagnes, on est sûr de trouver
presque toujours un ciel serein, et en revenant des montagnes par un temps serein, on trouve ordinairement un
ciel couvert dès qu'on est arrivé à 9 verstes de distance
d'Alaghir; l'inverse n'a jamais lieu.

Évidemment, le vent continental du nord-est, réchauffé
par les steppes de l'Asie, après avoir emprunté de l'humidité à la Caspienne et s'être refroidi aux approches des montagnes, se condense et dépose au pied de la chaîne du Caucase le dépôt de vapeurs d'eau qu'il portait avec lui; dès
lors, dans son cours ultérieur, il n'a plus rien à déposer, à
moins que, porteur d'une provision énorme, il n'étende le
rayon de la pluie jusqu'au sud de la chaîne principale, ce
qui arrive assez fréquemment.

Selon la formule pour la Transcaucasie, l'altitude de la
limite des neiges de l'Elbrouz serait de 3834 m., soit 410 m.
plus haut que ne la déterminait l'académicien Abich. Mais ce
savant, en dehors du côté nord de l'Elbrouz, a encore déterminé l'altitude de la limite des neiges sur les côtés est et ouest :
pour le premier, il a trouvé 3330 et pour l'autre 3200 m.;
de ces trois chiffres il a déduit la moyenne de 3318 m.
comme altitude de la limite des neiges[1]. Dès lors, tant que
nous n'aurons pas établi des stations météorologiques sur
le versant nord de la chaîne, nous manquerons de notions
exactes sur le climat des montagnes. Dans le chapitre consacré aux glaciers du Caucase, nous reviendrons encore à la
détermination du niveau réel de la limite des neiges sur
l'Elbrouz.

Le Kazbek.

Hauteur absolue	5039 m.
Longitude E.	$2^h,49^m$
Latitude N.	$42^o,70$

---

[1]. Dans le *Bulletin* déjà cité.

Température moyenne au niveau de
la mer. . . . . 14°,31
Différence des températures au niveau
de la mer et à la limite des neiges. 16°,57

Selon la formule pour la Transcaucasie, l'altitude de la limite des neiges serait à 3918 m. ; mais ce chiffre est évidemment exagéré et les éléments nécessaires à une rectification nous font défaut, vu que Vladikawkaz, comme nous l'avons établi ci-dessus, ne saurait servir de point de repère.

A propos du Kazbek, l'académicien Abich dit[1] : « Le mont Kazbek est le centre du second rayon de glaces et de neiges éternelles. Son sommet pointu, en forme du cône, ne ressemble nullement à la cime gigantesque de l'Elbrouz, couronnée par une double coupole. L'Elbrouz surgit au milieu d'une surface assez plane, tandis que le Kazbek apparaît comme assis sur une crête aiguë de montagnes. Ici encore il n'y a pas eu de détermination exacte de l'altitude de la limite des neiges. Pour le versant oriental du Kazbek, Colenati a déterminé cette limite à 3106 m. d'altitude absolue[2]; quant au versant méridional, Khatissian donne le chiffre très-douteux de 3628 m. »

Voici ce que dit M. Khatissian, dont les observations eurent lieu au mois d'août, pendant une expédition destinée à étudier les causes et l'origine de l'avalanche du Khazbek : « Pendant ces excursions dans les glaciers, je déterminai au baromètre les altitudes de plusieurs points et sommets de montagnes et aussi l'altitude de la limite des neiges sur le versant septentrional du mont Chavnabadi, situé au sud-est du Kazbek. Cette limite se trouve au niveau de 3437 m. Le point le plus élevé que j'aie atteint cette année est le sommet du mont neigeux de Chavnabadi, qui a une altitude absolue de 3872 m.

«En faisant l'ascension du glacier d'Otzvéry, je profitais de l'occasion pour monter jusqu'à la fameuse croix et à l'em-

____

1. Dans le *Bulletin* cité.
2. Colenati a été sur le Kazbek le 14 août 1844. *Bullet. de l'Acad. des scienc.*, t. IV, 1845.

placement des anciennes habitations de saints ermites dont
la première mention se trouve chez Parrot. Ces lieux saints,
objet d'une vénération particulière des indigènes, même des
Kistines à demi païens, sont signalés par une croix plantée
dans le roc, haute et large de plus d'un mètre, laquelle se
trouve à une hauteur absolue de 3734 m. (?). Cette croix en
porphyre blanc se dresse sur la crête d'une saillie rocheuse
au pied du pic du Kazbek, côté sud-est. Près de la croix,
vers l'ouest, il y a des vestiges d'anciennes habitations, des
restes de bâtiments carrés, et un peu plus loin une série de
cavernes pratiquées dans le roc ; au sud de la croix on voit
même les traces d'un bâtiment qui paraît avoir été à deux
étages, puisque j'y ai trouvé des débris de poutres trans-
versales, pourries — cela va sans dire. Nul doute que ce
soient effectivement là les vestiges des demeures des anciens
habitants de cette localité glacée. Toutefois nous ne possédons point de notions certaines sur la question de savoir à
quelle époque et par qui ces lieux ont été habités. La tradition prétend que dans un passé très-reculé ils furent l'a-
sile de saints ermites qui, à cause de leurs péchés, durent
dans la suite abandonner ces lieux sacrés. Quoi qu'il en soit,
ces habitations sont dignes d'attention. Situées au-dessus de
la limite des neiges et entourées de rochers nus, de neiges et
de glaces, elles sont séparées du reste du monde par un vaste
glacier ayant presque en face de cette croix 1 1/2 kilomètre
de largeur. Comment se nourrissaient les habitants de ce
désert ? avec quoi se chauffaient-ils [1] ? »

---

1. Ce qui prouve que ces restes d'habitations sont fort antiques, c'est que les
indigènes n'en conservent aucune tradition, si ce n'est la légende suivante qui
m'a été racontée par un vieillard du village de Goulet : Ces lieux étaient habités
jadis par sept saints pères qui gouvernaient le monde entier. Dieu leur four-
nissait la nourriture et tout ce dont ils avaient besoin. Or il arriva que la
curiosité d'une jeune fille du hameau de Gherghet (en face de la station de
Kasbek) les perdit. L'accès de leur demeure était interdit aux femmes : or cette
jeune fille, désirant connaître le genre de vie des sept ermites, se déguisa en
chasseur de chevreuils et alla frapper à leur porte à une heure avancée de la
nuit, leur demandant l'hospitalité. Après des refus réitérés de la part des
ermites et lorsque la jeune fille les eut menacés de proclamer partout leur
inhospitalité, elle reçut la permission, grâce à l'intercession du plus jeune des

Selon toute probabilité les restes de ces habitations se trouvent non loin de la limite des neiges, car il est difficile d'admettre que des gens, pour se sauver des incursions d'autres tribus, ou pour se soustraire aux persécutions suscitées contre la foi chrétienne, soient allés établir leur demeure à 300 mètres au-dessus de la limite des neiges. D'ailleurs M. Khatissian dit lui-même que la croix est à proximité d'un vaste glacier, par conséquent elle ne doit pas être loin de la limite des neiges. Tous ces doutes ne pourront être éclaircis que par des recherches futures, relativement à l'altitude de la limite réelle des neiges.

Pour le moment, nous bornerons à ce qui vient d'être dit nos estimations sur le niveau de la limite des neiges dans les montagnes du Caucase et nous aborderons la comparaison avec l'ancien monde et la partie sud-ouest de l'Europe.

**Comparaison du climat du Caucase
avec ceux du sud-ouest de l'Europe et de l'Asie méridionale.**

L'académicien Abich dit : « Dans tous les cas cités, ce qui frappe avant tout les regards, c'est l'individualité physico-géographique du Caucase, réunissant en elle tous les traits caractéristiques des conditions climatologiques du midi de l'Europe et de l'Asie. Dans la partie occidentale, surtout dans l'espace soumis à l'influence dominante de la mer pontique, il se manifeste un concours de conditions identiques tendant à faire coïncider de près l'altitude absolue de la limite des neiges avec celle qui existe pour les Alpes et les Pyrénées. Dans la partie orientale du Caucase, soumise à l'influence prépondérante du climat continental, on peut établir des

---

pères, de passer la nuit dans leur demeure, près de la porte, à distance des saints, mais assez près du plus jeune d'entre eux. Or, pendant la nuit, ce dernier ressentit la présence de la femme, et lorsque le lendemain les saints se réveillèrent, le Seigneur leur avait retiré tout. Ils se virent privés même du rayon du soleil, auquel ils avaient l'habitude de suspendre et de sécher leurs vêtements. Cependant leurs supplications ardentes obtinrent le pardon de Dieu qui les prit au ciel où, depuis ce temps, sous forme de sept étoiles (la Grande Ourse), dont la plus petite est celle du (plus jeune des saints, ils tournent sans cesse autour de la cime du Kazbek.

parallèles non moins intéressants relativement à la similitude de ces phénomènes avec ceux qui ont été observés sur
le versant septentrional des champs de neige et de glace de
l'Himalaya. Les points de départ pour ces parallèles consistent principalement entre les altitudes absolues et relatives, dans le système du Shah-dag, qui existent entre les hauteurs des sommets des limites des neiges et des extrémités
de leurs glaciers.

« Ainsi se confirme, même sous le rapport des phénomènes physiques, la profonde signification historico-natu-
relle du Caucase, non comme d'une muraille frontière séparant d'une façon tranchée la moitié occidentale de la moitié
orientale de l'ancien continent, mais bien plutôt comme
d'une station intermédiaire entre l'Asie et l'Europe, et il
devient de plus en plus probable que comme telle se révèlera aussi sa signification au point de vue éthnologique et
géologique, à mesure que s'annoncera l'étude de la période
anté-historique du développement de l'isthme du Caucase. »

Chaîne de l'Himalaya. — Le Gaurisankar ou Everest.

Hauteur absolue	8850 m.
Longitude E..	$6^h,47$
Latitude N.	$27^0,98$
Température moyenne au niveau de la mer, d'après le tableau de M. Sartorius :	
$19^0,82 + 2^0,02 \times 0^0,34 =$	$20^0,51$ C.
Différence de la température à la limite des neiges..	$22^0,77$
Altitude de la limite des neiges sur le versant méridional.	4892 m.[1]
Altitude de la limite des neiges sur le versant septentrional.	5254 m.[1]
Hauteur pour 1° C. sur le versant sud. . .	$214^m,8$
— — nord . .	$230^m,7$.

Pour établir la comparaison entre le climat de l'Inde[2] et

---

1. Selon l'estimation des frères Schlagintweit. Élisée Reclus : *La Terre*, p. 207.

2. Le climat de l'Inde méridionale étant maritime, il faudrait prendre pour
le versant sud le tableau du climat maritime; toutefois pour de petites latitudes

celui de l'Iméréthie et de la Transcaucasie, recherchons d'abord à quelles altitudes correspondrait pour le Caucase une dépression de température égale à 22°,77 C. Dans la vallée de la Koura elle correspondrait, selon la formule, à 6114 m. d'altitude, soit 268^m,5 pour 1° C. Pour le mont Goribolo, à l'altitude de 2540 m. correspondent 154^m,5 pour 1° C.; dans la vallée de la Koura, à 2540 m. correspond le chiffre de 220 m. pour 1° C.; par conséquent la proportion :

$$220 \text{ m.} : 268^m,5 = 154^m,5 : X$$

nous donne seulement 188^m,5 pour 1°C. en Iméréthie, c'est-à-dire 26^m,3 de moins (214,8 — 188,5) que sur le versant sud de l'Himalaya.

Ce calcul nous montre que, quel que soit l'abaissement de la limite des neiges sur l'Himalaya sous l'action des vents humides du sud-ouest, néanmoins l'Iméréthie reçoit bien plus d'humidité, par suite de quoi la limite des neiges est relativement plus abaissée dans cette région que sur les monts Himalaya. L'influence des vents du sud-ouest paraît s'étendre dans une mesure considérable jusque sur le versant nord de l'Himalaya, puisque l'altitude de 230^m,7 y correspond à une dépression moyenne de température de 1° C.,

tandis que, sur l'Ararat, le chiffre correspondant est $\dfrac{4313}{17°,86}$

= 241^m,7. Quelle que soit la siccité de l'air sur l'Ararat, mais en tenant compte de la différence considérable de l'altitude des limites des neiges de ces montagnes, on arrive forcément à la conclusion qu'il y a encore suffisamment d'humidité sur le versant nord de l'Himalaya.

TIBET.

Chaîne de Karakorum. — Mont Dapsang.

Altitude absolue . . . . 8621 m.
Longitude . . . . 5^h,6
Latitude N. . . . . 35°,47
Température moyenne au niveau de la mer :

$$15°,47 + 5°,47 \times 0°,43 = 17°,82 \text{ C.}$$

les deux tableaux n'offrent qu'une divergence insignifiante, et pour 30° de latitude tous les trois tableaux de M. Sartorius diffèrent peu entre eux.

Différence de température à la limite des neiges . . . . 20°.08

L'altitude de la limite des neiges, selon l'estimation des frères Schlagintweit, est de 18 600 pieds[1] sur le versant nord et 19 400[1] sur le versant sud, soit de 5793 m. en moyenne.

La hauteur correspondant à 1° C. pour le Dapsang est. . . . . $\dfrac{5793}{20°,08} =$ 288^m,4

Ici nous remarquons un contraste complet avec le Gauri-sankar. Les vents humides du sud-ouest ne parviennent guère jusqu'à Dapsang qu'après avoir déjà déposé toute leur humidité. Ici la ligne des neiges est plus élevée sur le versant sud que sur le versant nord et la siccité de l'air est plus considérable même que sur l'Ararat, puisque, d'après la formule pour la Transcaucasie, pour un niveau de 5793 m. la dépression de température de 1° C. exige 276 m., soit 4^m,5 de moins que pour le Dapsang. Or, en considérant que quelques hauteurs du Thibet, selon Reclus, ne sont pas couvertes de neiges même à des altitudes supérieures, à 6000 m., nous nous ferons une idée de la siccité extraordinaire que communiquent à cette contrée les vents du nord-est, séchés par les steppes de l'Asie centrale.

Chaîne de Kouenlun[2].

L'altitude absolue atteint. . . . . 6707 m.

Latitude N. . . . . 36°.0

L'altitude de la limite des neiges. selon l'estimation des frères Schlagintweit, est de 15 100 pieds sur le versant nord, de 15 800 pieds sur le versant sud, soit de 4680 m. en moyenne.

Température moyenne au niveau de la mer. 18°,05

Hauteur pour 1° C. . . . . . . $\dfrac{4680}{18°,05} =$ 259^m,2

Ici la siccité de l'air est la même, sinon plus grande encore. Aux environs de l'Ararat, à une altitude de 4680 m.,

---

1. *Geographisches Jahrbuch*, E. Behm, p. 264.
2. E. Behm.

2467 m. seulement correspondent à 1º C., soit 12^m,5 de moins que pour le Kouenlun.

Thian-Chan ou Montagnes célestes [1].

Altitude absolue environ. . . . .   6100 m.
Latitude N. environ . . . .   42º,0'
Le niveau de la limite des neiges, selon
    l'estimation des frères Schlagintweit, se
    trouve entre 3350 et 3500 m., soit à
    3425 m. en moyenne.
Température moyenne au niveau de la mer.   14º,61' C.
Différence de température au niveau de la
    limite des neiges 16º,87
Hauteur correspondant à 1º C. . $\dfrac{3425}{16º,87} =$ 203 m.

Dans la Transcaucasie, à une altitude de 3425 m., le chiffre correspondant à 1º C. est de 230^m,1 ; en Iméréthie, d'après la proportion : 220^m : 230^m,1 = 154^m,5 : X, nous obtenons 161^m,6 ; pour le versant sud de l'Himalaya la proportion : 230^m,1 : 268^m,5 = X : 214^m,8 nous donne 184 mètres, et pour le versant nord nous avons la proportion :

$$230^m,1 : 268^m,5 = X : 230^m,7 - 191^m,5.$$

Ces chiffres nous font conclure que le climat des montagnes célestes se rapproche le plus du versant septentrional de l'Himalaya et que cette chaîne recueille les derniers restes de l'humidité des vents du nord-est sans en rien laisser pour les chaînes du Kouenlun et de Karakorum.

Altaï [2]. — *Mont Biéloukha* [3].

Hauteur absolue . . . .   3353 m.
Latitude N. 49º,75
Altitude de la limite des neiges. . . . . .   2144 m.
Température moyenne au niveau de la mer,
        11º,13 + 0º,75 × 0º,43 =   11º,45'
Abaissement de la température jusqu'au
    niveau de la limite des neiges 13º,71
Hauteur pour 1º C.. . . . . . . $\dfrac{2144}{13º,71} =$ 156^m,4

---

1. E. Behm. Évaluations de Semenoff.

2. Gebler : *Uebersicht des Katunischen Gebirges* (Mémoires de l'Académie de Saint-Pétersbourg, 1837, t. III, p. 455).

3. E. Behm. Estimations de MM. Gebler, Radde et Helmersen.

A cette altitude correspondent les valeurs suivantes pour 1° C. : dans la Transcaucasie 214^m,9, sur le Mont-Blanc 179^m,2[1]; sur le versant sud de l'Himalaya 171^m,9 et en Iméréthie 150^m,9. Ces chiffres montrent que la richesse de la végétation sur l'Altaï ne le cède qu'à celle de l'Iméréthie[2].

Connaissant peu la Sibérie et frappé du résultat approximatif que je viens de déduire, j'allai aux informations et je me permets de citer ici un passage textuel de la géographie de Maltebrun : « Un grand nombre de plantes, ornées de fleurs brillantes, sont indigènes de la Sibérie : le muguet, la violette, l'hellébore noir, le vératre blanc, l'iris des prés (iris sibirica), l'iris jaune-blanche (iris-ochroleuca), l'anémone, la potentille, la gentiane des marais et l'élégant astragale des montagnes, offrent, en beaucoup d'endroits, l'assemblage des couleurs les plus variées, ou répandent des parfums dont le mélange rappelle les contrées les plus méridionales. Le joli robinier caragan, le daphné altaïque, dont les rameaux velus portent des fleurs d'un beau blanc, l'amandier nain, la gentiane altaïque, l'œillet superbe

---

1. La latitude du Mont-Blanc est 45°,83; la dépression de la température jusqu'au niveau de la limite des neiges est de 15°,22. Selon les frères Schlagintweit le niveau de la limite des neiges est à 8400 pieds de Paris sur le versant nord et à 8900 sur le versant sud de la montagne, soit à une altitude moyenne de 2811 mètres ; dès lors la valeur pour 1° C. est $\frac{2811 \text{ m.}}{15°,22} = 184^m,7$. Dans la vallée de la Koura, à l'altitude de 2811 m., le chiffre correspondant à 1° C. est 221 m. ; ainsi la proportion : 214^m,4 : 221 m. $= x : 184^m,7$ nous donne 179^m,2. Les autres évaluations sont déduites exactement de la même façon.

2. Ceci demande quelques mots d'éclaircissement. La végétation adjacente la limite des neiges est identique pour tous les pays; mais, si nous voulons comparer la richesse de la végétation des parties inférieures des monts Altaï au niveau, par exemple, de 1800 mètres au-dessous de la région des neiges, avec celle d'autres contrées, nous devrons la chercher : pour le versant sud de l'Himalaya, à l'altitude de 1800 m. $\times \frac{171,9}{156,4}$, pour le Mont-Blanc — à 1800 m. $\times \frac{179,2}{156,4}$, et pour l'Iméréthie — 1800$^m \times \frac{150,9}{156,4}$, soit à des altitudes au-dessous de la région des neiges égales à : 1978,2062 et 1736 mètres. Cela revient à dire que, sur le versant sud de l'Himalaya, il faut la chercher à une altitude de 178 m., au-dessous de 1800 mètres, et l'abondance de la végétation sera proportionnelle aux coefficients indiqués.

(dianthus superbus) que l'on cultive dans nos jardins, et la valériane, croissent sur le flanc des monts Altaï, tandis qu'à leurs pieds fleurissent l'aster de Sibérie aux fleurs bordées d'un violet pourpré, la tulipe sauvage et le rosier à feuilles de pimprenelle. Sur les autres montagnes, on trouve la gentiane croisette et la gentiane des neiges ; mais c'est en Daourie que la flore sibérienne étale ses principales richesses : les monts se couvrent de deux espèces de rhododendrons, l'un à fleurs rouges et l'autre à fleurs jaunes, d'églantiers, des spirées à feuilles de millepertuis, à feuilles crénelées, à feuilles d'orme, à feuilles lisses, à feuilles de saule et à feuilles de sorbier tandis qu'à leurs pieds croissent les anémones pulsatiles, vingt espèces de potentilles et de centaurées, la pivoine officinale à fleurs d'un beau rouge, la pivoine anomale dont la racine sert de nourriture, la pivoine à fleurs blanches dont la graine infusée dans l'eau bouillante donne une sorte de bière, et la pivoine à feuilles menues ornée de fleurs couleur de pourpre. »

En comparant la végétation de la Sibérie avec celle du versant méridional de l'Himalaya et en disant que la flore sibérienne surpasse en richesse celle d'une contrée située à 12 degrés plus au sud, je crois nécessaire, à part l'annotation ci-dessus, de donner encore un éclaircissement, afin que mes paroles ne soient pas prises pour un contre-sens manifeste. Selon le tableau de M. Sartorius, la température moyenne annuelle correspondant à la région située au pied des monts Altaï est d'environ $+ 10^{\circ}$ C. Ce chiffre est inexact, car la moyenne annuelle véritable, à en juger d'après les isothermes de Humboldt, ne dépasse pas 5°[1]. Dès lors, on se demande pourquoi donc le résultat déduit de la comparaison avec l'Inde méridionale est si près de la réalité et comment il se fait qu'un pays, dont la température moyenne annuelle est si basse, puisse produire une si riche végétation. Ce problème se trouve complétement résolu par les tableaux de M. Sartorius pour les climats maritime et con-

---

1. A Barnaoul, c'est-à-dire à $3^{\circ},58$ plus au nord, la température annuelle est $X = 0^{\circ},2$. Woïekoff.

tinental et par la considération que l'abondance de la végétation dépend entièrement, non de la moyenne annuelle de température, mais de celle de l'été et aussi de la quantité d'humidité reçue. L'Inde méridionale a un climat maritime et l'Altaï un climat continental. La température du mois le plus chaud du climat maritime pour la latitude de 28° est, selon M. Sartorius, égale à 24°,01 C., c'est-à-dire la même à peu près que celle qui résulte du tableau moyen que nous avons adopté. Mais, à un niveau de 2000 mètres au-dessous de la limite des neiges, c'est-à-dire à une altitude absolue d'environ 3000 m., la température ne sera plus que de 11° ou approchant, tandis que le tableau des températures continentales donne, pour 49°,75 de latitude nord, 23°,26 C., soit 12 degrés de plus. Par là, nous voyons que la végétation de l'Altaï a, pour son complet développement, comparativement avec l'Inde, un excédant de chaleur suffisant pour compenser la brièveté de l'été, et l'abondance d'humidité[1] fait le reste.

Dans l'Inde, pendant l'été, la hauteur pour 1° C. est plus du double de celle qui existe sur l'Altaï, ce qui explique l'activité extraordinaire de la nature sur ce dernier, pendant les cinq mois chauds, et son inertie complète pendant le reste de l'année.

De la Sibérie passons aux deux plus proches voisins du Caucase en Perse, au *Savalan* et au *Demavend*.

Le Savalan.

D'après la mesure géodésique de la triangulation de la Transcaucasie,

son altitude absolue est de . . . . 4814 m.

Longitude E. 3ʰ,2

Latitude N.. . . . . 38°,27

De là abaissement de température jusqu'au niveau de la limite des neiges . . 18°,47

---

1. A Barnaoul les mois de mai, juin, juillet, août et septembre, ont donné en moyenne pendant 15 ans 346 millim. d'humidité, mais l'air se condense à l'approche des montagnes et doit déposer encore plus d'humidité sur les flancs de l'Altaï. D'après le petit tableau d'Arago, la latit. où se trouve l'Altaï ne devrait recevoir que 500 millim. d'eau pour toute l'année.

Sur cette montagne, il n'y a point de neige. Au sommet on voit les traces du cratère d'un volcan jadis actif et un petit lac d'eau chaude, ce qui prouve l'existence d'agents souterrains réchauffant encore actuellement l'intérieur de la montagne jusqu'au sommet. Essayons de déterminer approximativement à quelle altitude se trouverait la limite des neiges, en l'absence de ces agents. Nous admettrons que les courants d'air du sud-est procurent au Savalan le même climat à peu près qu'à la vallée de l'Euphrate, sur laquelle nous trouvons les indications, dans le tableau de Dove, pour Erzéroum (p. 40).

L'altitude absolue d'Erzéroum est de 1592^m,9; la dépression de température, depuis le niveau de la mer jusqu'à celui d'Erzéroum, est de 7°,23 et serait de 18°,47 jusqu'au niveau de la limite des neiges du Savalan : or, dans la vallée de la Koura, les altitudes correspondant à un abaissement de température de 7°,23 et de 18°,47, sont 1512 et 4516 mètres ; la proportion 1512 : 4516 = 1592 : x nous donne donc 4758 mètres, comme altitude approximative de la limite des neiges supposée de Savalan, et pour 1°C. $\dfrac{4758}{18°,47}=257^m$,6. Dans la vallée de la Koura pour une dépression de température égale à 18°,47 nous avons 244^m,5 pour 1° C. De cette évaluation approximative, et à juger d'après la carte, fort vraisemblable, nous concluons que, n'était la chaleur provenant des agents intérieurs, cette montagne ne serait pas libre de neige. Outre cela, l'air y est plus sec que dans la vallée de l'Araxe.

L'article de l'académicien Abich sur le tremblement de terre qui eut lieu à Tiflis en septembre 1856 mentionne les notices physiques et géographiques de M. Khanikoff sur le Savalan. Ces notices nous apprennent que plusieurs mesures d'altitude sont été faites lors de l'ascension du Savalan par M. Khanikoff. Ont été déterminées entre autres : la limite des champs de labourage (2540^m); celle de la dernière prairie (3281^m), et l'altitude où il dut laisser en arrière les chevaux (3814^m). En Ossétie, sous une latitude de 42°,64, le niveau des champs de labourage atteint 2470^m : or, comme au même niveau du Savalan il doit faire plus chaud de 1°,88 C. qu'en

Ossétie, au lieu de 2540 mètres comme altitude de la limite des champs nous devrions avoir $2470 + \dfrac{12,136}{18^0,45} \times 1^0,88 = $ 2846 mètres. Mais la limite des champs dépend non-seulement de la température, mais aussi de la somme d'humidité, ce qui est un argument de plus en faveur de notre évaluation.

Le Demavend.

Altitude absolue. . . . . 5622 m.[1]
Longitude E.. . . . . 3ʰ,19
Latitude N.. . . . . 35⁰,95
Abaissement de température jusqu'au
   niveau de la limite des neiges. 19⁰,45
Altitude de la limite des neiges . . . . . 4290 m.[2]

Hauteur pour 1⁰ C. . . . . . . $\dfrac{4290}{19^0,45} =$ 226ᵐ,1

Le Demavend est aussi un ancien volcan. Son altitude considérable et la proximité de la Caspienne, bien que séparée de lui par une crête de montagnes, rendent possible l'entassement, sur le versant septentrional, de grandes masses de neiges jusqu'à 1220 mètres en aval du sommet, mais la cime elle-même n'est pas couverte de neige. Le sommet présente un cratère bien conservé d'où s'échappent constamment des gaz sulfureux chauds. Le versant nord de la chaîne de l'Elbrouz qui sépare le Demavend de la mer est revêtu d'une végétation extrêmement luxuriante et quasi-tropicale ; les habitants du Ghilan et du Mazendéran possèdent même des plantations de cannes à sucre, mais, comme ils ne savent pas raffiner le sucre, ils ne s'en servent que pour leur usage particulier, sous forme de cassonade. L'humidité qui alimente la végétation de la chaîne de l'Elbrouz vient, après avoir franchi cette crête, se déposer sur le Demavend sous forme de neige et donner naissance à des glaciers ; par contre, le versant sud de l'Elbrouz, ne recevant point d'humidité, a une végétation fort chétive.

---

1. D'après le calcul de l'expédition chargée de l'exploration hydrographiqu de la mer Caspienne.
2. Déterminée par Berghause.

La description de l'ascension du Demavend par Czarnotta[1] est très-intéressante, bien qu'elle renferme des passages peu vraisemblables[2].

Les monts Karpathes.

De la Perse nous allons passer à l'Europe et tout d'abord aux monts Karpathes.

---

1. La description de l'ascension de Czarnotta et de Kotschy est reproduite dans les *Mitteilungen* de Petermann, 1859.

2. Quelque peu au sud du Demavend, sous 35°,69 de latitude, est situé Téhéran la capitale de la Perse. M. J. Stebnitzky, à l'époque de ses observations sur le passage de Vénus devant le disque du soleil, détermina l'altitude absolue de Téhéran à 1132 mètres et déduisit, d'après les observations météorologiques faites par le général Blarenberg en 1838 et 1839, la température moyenne de cette capitale, qu'il évalua à 17°,9 C. Cette moyenne est quelque peu inférieure à celle établie par un médecin de la cour du shah de Perse, d'après laquelle la température moyenne serait de 19° C. (*Topographische Bemerkungen zur Karte der Umgebung und zu dem Plane von Téhéran,* article inséré dans les Mémoires de la Société géographique de Vienne, t. XX, 1877, n° 4); cependant comme nous le verrons plus bas, même le chiffre donné par M. J. Stebnitzky accuse les conditions climatologiques tout exceptionnelles où est placé Téhéran, conditions qui en élèvent outre mesure la température (ce qui force le shah à passer l'été dans les montagnes) et lui procurent une chaleur agréable pendant l'hiver.

D'après le tableau X de M. Sartorius que nous appliquons au Caucase, la température de Téhéran au niveau de la mer serait de 17°,32 C. et de 17°,40 — c'est-à-dire à peu près la même — d'après le tableau II, pour le climat continental. Mais Téhéran est situé à une altitude de 1132 m., ce qui correspond à peu de chose près à la situation de Koulp et de Borjöm au Caucase. Déterminons approximativement de combien devrait être la dépression de température depuis la mer jusqu'à ce niveau et quel est l'excédant de chaleur dont Téhéran est redevable aux circonstances exceptionnelles de sa situation.

Nous emploierons le même procédé que pour le Savalan, c'est-à-dire nous admettrons que les courants d'air du sud-est ont la même propriété à Téhéran que dans la vallée de l'Euphrate; ceci posé, la dépression de température correspondant à l'altitude de 1132 m. serait de 5°,24 C. et par conséquent Téhéran devrait avoir une température moyenne de 12°,16 seulement, soit plus basse de 5°,74 que celle établie par M. Stebnitzky.

Je m'explique cette température excessive principalement par cette circonstance que Téhéran est complétement abrité contre les vents du nord-est, et de cette façon Téhéran est entièrement privé de l'humidité de la Caspienne et se trouve sous l'influence exclusive des vents continentaux du sud.

CHAINE DE TATRA

La montagne de glace.

La montagne de glace (Lodowa góra, d'après la désignation locale, en allemand : *Eisthaler-spitze*).

<pre>
Altitude absolue. . . . .   2611ᵐ,2'
Longitude E. (de Paris) 1ʰ,11
Latitude N. 49⁰,0
Température moyenne au niveau de la mer.   11⁰,55
Différence des températures au niveau de la
     limite des neiges. 13⁰,81
Altitude de la limite des neiges . . . .   2592 m.¹
</pre>

$$\text{Hauteur pour 1° C.} \ldots \ldots \ldots \frac{2592}{13^0,81} = 187^m,7$$

A cette altitude correspondent :

<pre>
pour la Transcaucasie. 220ᵐ,6
pour la Mingrélie (à peu près) 154ᵐ,5
pour le Faulhorn (2603 m.). . . . . 175ᵐ,32 ²
et pour le Mont-Blanc 184ᵐ,7
</pre>

Nous voyons par là que les monts Karpathes forment pour ainsi dire un degré intermédiaire entre la chaude Transcaucasie et l'Europe occidentale.

D'après les calculs de M. Sartorius, l'influence du climat maritime à la latitude de 50⁰ s'étend jusqu'à la longitude de Moscou. Pour appliquer ses tableaux des climats maritime et continental à la détermination d'un climat composite, il introduisit dans sa formule quelques coefficients moyens en tenant compte de la latitude et de la longitude des lieux, et de cette façon il obtint des résultats très rapprochés des températures moyennes de Dove. Me conformant à l'ordre adopté par M. Sartorius, j'ai évalué la température moyenne de la montagne de glace à 9⁰,95 C., c'est-à-dire à 1⁰,60 au-dessous du chiffre pris ci-dessus d'après le tableau établi pour la dernière époque géologique. En adoptant cette nou-

---

1. *Meteorologia*, Apolinary Pietkiewicz, p. 389.

2. Lat. sept. du Faulhorn... 46⁰,72, abaissement de température jusqu'au niveau de la limite des neiges 14⁰,84, ce qui donne $\frac{2603 \text{ m}}{14^0,84} = 175^m,3$ pour 1⁰ C.

velle moyenne, au lieu de 187^m,7 nous obtiendrons 220^m,6 pour 1° C., soit le même chiffre que pour la Transcaucasie centrale. Or il est évident que la valeur réelle pour 1° C. doit se rapprocher davantage de la première estimation que de la seconde, qui est erronée, par ce seul fait que je n'y ai tenu compte de l'influence du climat maritime que du côté de l'ouest, en négligeant cette influence en tant qu'elle s'exerce du nord, et cependant de ce côté elle doit être fort considérable, puisque entre la mer et les Karpathes il n'y a pas d'autres chaînes de montagnes.

Suisse.

Bien qu'il ait été suffisamment question de la Suisse, je crois cependant nécessaire de constater encore la variété remarquable de climats dans quelques parties de cette contrée. Pour le Faulhorn (46°,67 de lat. N.) à l'altitude de la limite des neiges la valeur correspondante à 1° C. est 175^m,3; pour le Mont-Blanc 184^m,7; pour les cols du Bernardin et du Simplon (pour le même niveau) nous trouvons 188^m,8; presque autant, soit 186^m,6, pour les cols de Zernetz, du Platta et des stations de Churwalden et du Beatemberg, situés à peu près sous la même latitude que le Faulhorn; pour le Saint-Bernard, au contraire, nous trouvons 169 m. Il est permis de conclure de là que le district de Ratcha, du gouvernement de Koutaïs, doit, quant aux conditions climatologiques, se rapprocher d'assez près de la Suisse.

Les isothermes des Alpes.

Les frères Schlagintweit donnent le tableau suivant des isothermes, à différents niveaux, des trois divisions principales des Alpes.

Températures moyennes annuelles. C.	Alpes septentrionales (calcaires). m.	Alpes centrales. m.	Groupe du Mont-Blanc. m.
— 0°	2000	2100	2350
— 1	2130	2250	2560
— 2	2290	2380	2680
— 3	2450	2575	2840
— 4	2610	2675	3000

Températures moyennes annuelles.	Alpes septentrionales (calcaires).	Alpes centrales.	Groupe du Mont-Blanc.
C.	m.	m.	m.
— 5º	2780	2830	3166
— 6	2940	2990	3330
— 7	—	3150	3485
— 10	—	3650	3960
— 14	—	4313	4615
— 15	—	—	4775
de là — 2º,26	2292	2431	2722

Les températures selon les tableaux de M. Sartorius ne s'écartent guère des températures réelles de la Suisse.

Ici se présente la question de savoir si le tableau de M. Sartorius est applicable à la Suisse et dans quelle mesure. La géométrie nous fournira la réponse. Figu-

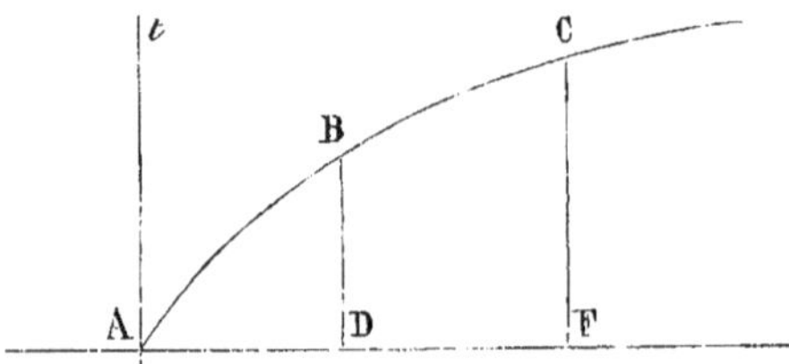

rons-nous une courbe ABC, à laquelle correspond l'équation $t = f(S)$, et $t = 0$, où pour $s = 0$, $t = 0$ et pour $s = \infty$, $t = \infty$.

$$\text{L'aire } ABD = \int_0^{AD} t\,ds; \quad \text{l'aire } ACF = \int_0^{AF} t\,ds;$$

$$\text{et l'aire } BCDF^0 = \int_{AD}^{AF} t\,ds.$$

En même temps l'aire

$$BCDF = \int_0^{A} t\,ds - \int_0^{AD} t\,ds,$$

et de cette manière nous avons l'équation

$$\int_0^{AF} t\,ds - \int_0^{AD} t\,ds = \int_{AD}^{AF} t\,ds,$$

d'où nous pouvons déterminer la différence que présente le tableau de M. Sartorius, par rapport aux valeurs réelles correspondant aux températures de la Suisse, car la première partie de cette équation est basée sur les données de ce tableau et la seconde peut être obtenue indépendamment du tableau. La différence entre ces aires nous montrera la valeur $\pm \alpha$ qu'il convient d'ajouter à la température au niveau de la mer déterminée par M. Sartorius, afin qu'il n'y ait aucune différence entre les deux termes de l'équation.

Si nous désignons par T la température au niveau de la mer, c'est-à-dire au point A, d'après le tableau de M. Sartorius,

par t_1 la dépression de température au niveau   D,

— t_2 —   —   —   F,

— t' la température observée à   D, et

— t'' —   —   F,

nous aurons $t_1 = \mathrm{T} - t'$ et $t_2 = \mathrm{T} - t''$.

E, la hauteur correspondante à la dépression de température

pour $1°\mathrm{C.} = \dfrac{s}{t}$.

La valeur moyenne pour E, depuis le niveau de la mer jusqu'au point D, sera $= \dfrac{\mathrm{AD}}{\mathrm{T} - t'}$, E_2 pour le point F sera $= \dfrac{\mathrm{AF}}{\mathrm{T} - t''}$,

et la dépression de température de puis D jusqu'à F se formulera par

$$\mathrm{E}_3 = \frac{\mathrm{DF}}{(\mathrm{T} - t'') - (\mathrm{T} t')} = \frac{\mathrm{DF}}{t' - t''},$$

où T ne figure plus du tout, en d'autres termes, où le tableau de M. Sartorius ne participe pour rien.

Les points à comparer appartenant ordinairement à des latitudes diverses, à chacun d'eux correspondra une valeur distincte pour T. Désignons par T_1 la température établie par M. Sartorius pour 30° de latitude,

par T_2 celle pour la latitude 40° et

— T^3 —   —   —   50°.

Si le point D est situé à la latitude $40° + \varphi$

et   —   T   —   — $40° + \varphi_1$

et que nous désignions la rectification pour T_1 par α_1

et   —   celle   — T_2 — α_2

et   —   —   — T_3 — α_3

l'équation $\mathrm{E}_3 = \dfrac{\mathrm{DF}}{(\mathrm{T} - t'') - (\mathrm{T} - t')}$ se transformera en la suivante :

$$\mathrm{E}_3 = \frac{\mathrm{DF}}{\left[\mathrm{T}_2 + \alpha_2 + \varphi\,\dfrac{\mathrm{T}_3 + \alpha_3 - \mathrm{T}_1 - \alpha_1}{20} - t''\right] - \left[\mathrm{T}_3 + \alpha_3 + \varphi_1\,\dfrac{\mathrm{T}_3 + \alpha_3 + \mathrm{T}_1 - \alpha_1}{20} - t'\right]}$$

$$\text{ou} \quad E_3 = \frac{DF}{t' - t'' + (\varphi - \varphi_1)\left[\dfrac{(T_3 - T_1) + (\alpha_3 - \alpha_1)}{20}\right]}$$

Comme, en déterminant les températures, nous nous contentons de dixièmes de degré et que les centièmes s'obtiennent par la déduction des valeurs moyennes, et comme la valeur $\dfrac{\alpha_3 - \alpha_1}{20}$ est très minime, l'emploi du tableau de M. Sartorius pour la réduction de deux points quelconques à une même latitude peut être considérée comme infaillible, quelque grande que soit la différence entre la température donnée par M. Sartorius et la température réelle.

Il est donc parfaitement possible de calculer la rectification du tableau de M. Sartorius pour la Suisse ; mais pour cela, il est indispensable de choisir des stations dont la température soit déjà exactement déterminée, comme cela est le cas pour Tiflis, par exemple, et aussi que ces stations soient analogues sous le rapport des conditions climatologiques et n'offrent pas d'anomalies, comme Koutaïs entre autres. Mon but étant de démontrer la régularité de la méthode que je propose pour établir une loi si importante, je me borne, n'ayant pas sous la main les données nécessaires, à employer le tableau de M. Sartorius tel quel, d'autant plus que la différence des résultats serait insignifiante, et que le but est atteint même sans ce travail.

Ainsi, par exemple, si nous prenons les stations Göschenen et Hospice sur le Saint-Gothard qui se trouvent dans des conditions identiques, tant que le Fohen n'apporte pas de perturbations à la température normale, nous pourrons voir combien est insignifiante en Suisse la différence entre les températures données par M. Sartorius et les températures réelles.

Latitude N. de Göschenen. . . . . 46°,67
Température moyenne . . . . 5°,45
Dépression de tempér. depuis le niv. de la mer. 7°,15
Altitude. 1102 mètres.
Latitude N. de l'Hospice. . . . . 46°,55
Température moyenne . . . . 0°,57

Dépression de tempér. depuis le niv. de la mer.   13⁰,22

Altitude. . . . . , ...   2093 mètres.

Admettons que l'aire ABD correspond aux variations de la température depuis le niveau de la mer jusqu'à celui de Göschenen, l'aire ACF — depuis le niveau de la mer jusqu'à celui de l'Hospice, et l'aire BDCF — depuis le niveau de Göschenen jusqu'à celui de l'Hospice. Ces aires étant proportionnelles aux valeurs AD, AF, DF, et en même temps aux valeurs correspondantes E_1, E_2 et E_3, l'on peut poser approximativement l'équation : $AF . E_2K' — AD . E_1 . K^2 = D.F.E_3 . K^3$, où K est un certain facteur, dépendant de la propriété de la courbe, et différant peu pour ces trois aires, de manière qu'en le faisant disparaître nous aurons l'équation :

$$\frac{(2093\,\text{m.})^2}{13^0,22} - \frac{(1102\,\text{m.})^2}{7^0,15} = \frac{(991\,\text{m.})^2}{6^0,07}.$$

La première partie de l'équation, basée sur le tableau de Sartorius, donne 161ᵐᶜ,518, et la seconde partie, indépendante de ce tableau, donne 161ᵐᶜ,792, soit un excédant insignifiant de 274ᵐᶜ, lequel ne forme qu'un 0ᵐᶜ,00104 de la dernière aire.

Si donc le tableau de M. Sartorius détermine assez exactement la température au niveau de la mer pour le Gothard, qui est situé presque au centre de la Suisse, il sera également valable pour toute la Suisse, qui n'occupe pas une vaste étendue en longitude et en latitude ; et puis l'application du tableau à d'autres points révèlera les influences locales qui sont cause de la variété des climats.

Bien des savants ont travaillé à dresser des tableaux des températures au niveau de la mer, et particulièrement Mahlmann et Koemtz. Ce dernier aborda la tâche à deux reprises; mais le tableau qu'il a dressé n'a pas été publié. Le plus remarquable tableau est celui de Wichniewski[1], qui travailla avec Koemtz, sur l'invitation de ce dernier. Il soumit à un examen critique les températures connues de 1000 points divers, écarta celles qui paraissaient douteuses, puis il les ramena toutes au niveau de la mer en divisant l'altitude de

---

1. *Die mittlere jährliche Temperatur auf der Edorberfläche.* Dorpat, 1853.

chaque lieu donné par 600 pieds pour 1° C., en adoptant cette valeur pour tous les points indistinctement. Quant à moi, qui me suis proposé comme but principal de démontrer les variations du coefficient de l'abaissement de la température proportionnellement aux altitudes, j'ai adopté les tableaux de M. Sartorius, qui donnent des résultats suffisamment rapprochés, pourvu qu'on ne perde pas de vue la différence des climats maritime et continental et qu'on les applique où cela peut se faire en se conformant aux bases établies par M. Sartorius.

Nous allons adapter notre calcul aux Pyrénées.

Pyrénées.

La chaîne de la Maladetta (pic d'Anethou)[1] dans les Pyrénées a une altitude absolue de 3404 mètres.

$$\text{Longitude O.} \quad 0^{h}\ 10^{m}$$

Latitude N. . 42°,42 (la même à peu près que Koutaïs et Goudaour).

Abaissement de température depuis le niveau de la mer. 16°,69[2]

Altitude de la limite des neiges sur le versant Nord. . 2728 m.

—   —   —   Sud. . . 3047 «

Altitude moyenne. 2888 «

Hauteur moyenne pour 1° C. $\dfrac{2888\ \text{m.}}{16°,69} = 173$ m.

Sur le mont Goribolo à Letchgoume pour 2888 m. . . . 157^{m},2

—   —   à Ratcha   —   . . . 183^{m},9

Sur le Mont-Blanc. 184^{m},7

Sur le Saint-Bernard et Saint-Théodule (page 24) pour

$$\frac{2477 + 3350}{2} = 2913\ \text{m.,} \quad \text{la moyenne est} \quad \frac{166^{m},2 + 176\ \text{m.}}{2} = 171^{m}\ 1.$$

De là nous concluons que le climat de la Maladetta occupe le milieu entre celui de Lechtgoume et celui de Ratcha.

But de ces calculs.

Nous bornerons là nos calculs pour déterminer la hauteur

---

1. Behm.

2. La Maladetta se trouvant au centre de la chaîne des Pyrénées, le tableau de M. Sartorius doit donner une température assez rapprochée, sans qu'il soit besoin de recourir au tableau de la température maritime ni, à plus forte raison, à celui de la température continentale.

correspondant à une dépression de température à 1° C. Ces calculs se rapprochent de la vérité dans la mesure où les chiffres donnés par divers savants et les tableaux de M. Sartorius sont conformes à la réalité. Quelque imparfaite que soit la formule que j'ai adoptée, elle a rendu un très grand service en nous fournissant un moyen pour élucider, du moins approximativement, tant de problèmes d'un si haut intérêt.

Il se peut que le lecteur trouve mes calculs et mes comparaisons trop affirmatifs ; pour moi, qui ai une confiance entière en leur justesse, j'ai voulu, en intéressant le lecteur, lui inspirer le désir de vérifier par lui-même mes affirmations. Plus le lecteur trouvera, par ses propres investigations, d'inexactitudes dans mes calculs, et plus j'en éprouverai de satisfaction, car j'ai la conviction que ses recherches pourront aboutir à des résultats tout nouveaux, dont je ne m'étais pas avisé. Mon but principal a été d'insister sur l'importance capitale, pour la météorologie, de bien déterminer la loi de la dépression de température avec l'altitude croissante, et puis de démontrer la nécessité d'observations directes à faire dans chaque localité. Nous reviendrons du reste à cette dernière question. Les observations des physiciens français et surtout celles faites par l'Anglais Glaisher en aérostat nous ont fourni bien des éclaircissements; mais il est indispensable de répéter ces observations sur le plus grand nombre de points possible. Le professeur Mendeleïeff (de Saint-Pétersbourg) attache une extrême importance à des observations de ce genre ; c'est pourquoi il a consacré le produit de ses ouvrages « à la construction d'un grand aérostat et en général à l'exploration des phénomènes météorologiques des couches supérieures de l'atmosphère. »

III

LES GLACIERS.

Toute montagne constamment couverte de neige doit avoir des glaciers.

En parlant de la limite des neiges persistantes, je crois avoir suffisamment insisté sur la nécessité de déterminer l'altitude, non pas, bien entendu, de la limite inférieure, mais de la supérieure [1], c'est-à-dire de la véritable limite des neiges, au niveau de laquelle a lieu la formation de l'*embryon* glaciaire (selon la terminologie de Dollfus-Ausset). En effet, quel intérêt avons-nous à connaître l'altitude du bord inférieur des neiges sur les montagnes en telle année, en tel mois, quand nous savons d'avance que la même année, en automne, quelques mois plus tard, cette ligne peut s'être élevée de 300 m. plus haut et que l'année prochaine, à la même époque, nous la verrons peut-être descendue beaucoup plus bas? Ce qu'il importe de savoir, c'est le niveau qui ne varie pas, ou du moins ne varie que fort peu d'une année à l'autre; quant au niveau variable, il n'y a aucune utilité à le connaître; la connaissance en est pour le moins superflue. On m'objectera peut-être qu'il y a des montagnes qui n'ont pas de glaciers et que, par conséquent, ma prétention n'est pas applicable à celles qui sont dans ce cas; sur

---

1. Quelques savants pensent qu'à une altitude où il n'y a plus d'humidité dans l'atmosphère il n'y a également plus de neige, et c'est ce niveau qu'ils entendent désigner sous le nom de limite *supérieure* des neiges; mais le Gaurisankar lui-même n'atteint pas à une pareille hauteur, puisque son sommet est couvert de neige : dès lors il n'y a pas lieu d'établir une limite fictive qui en réalité n'existe sur aucune des montagnes du globe.

le Shah-Dag, par exemple, comme dit l'académicien Abich,
« les extrémités des deux principaux glaciers sont tournées
vers le nord »; quant au versant sud de la montagne, M. Abich
n'en dit rien. Cela peut donner lieu à l'une des deux suppo-
sitions que voici : ou il n'existe point de glaciers sur le
versant sud du Shah-Dag, ou bien, s'il en existe, ils sont
tellement insignifiants qu'ils ne valaient pas la peine d'être
mentionnés. Effectivement, pour qu'un glacier puisse se
former, la pression d'une masse de neiges d'une certaine
épaisseur est indispensable; par conséquent la formation ne
peut avoir lieu que dans des encaissements, des ravins et,
en général, dans des excavations où s'entassent ordinairement de grandes masses de neiges; or, comme il n'existe
pas de montagnes aux flancs tout unis, sans ravins, il n'en
existe pas non plus, par conséquent, sans formations glaciaires. Sur le Shah-Dag, selon l'estimation de l'académicien Abich, la limite des neiges descend de 187 m. plus bas
sur le versant septentrional que sur le versant méridional;
c'est pourquoi les glaciers du côté nord reçoivent une alimentation suffisante pour leur développement, tandis que
sur le versant sud, comme nous l'avons vu plus haut, la
siccité de l'air et le manque complet de pluies [1] produisent
une évaporation rapide des neiges fondantes et sont cause
que le glacier, n'étant pas alimenté par les pluies, ne peut
même pas profiter dans une mesure suffisante de l'aliment
que lui a préparé la montagne à laquelle il doit sa naissance.

De quoi dépend l'altitude de l'extrémité des glaciers.

La situation de l'extrémité du glacier dépend de la masse
plus ou moins considérable de neige tombée pendant l'hiver
et de la température de l'été; elle est le résultat de l'incessant mouvement de descente du glacier et de la fusion sur
toute sa superficie, ce qui le fait paraître immobile. Il est
évident que le niveau de l'extrémité du glacier varie chaque
année, de même que la température moyenne annuelle n'est

---

1. Vers les embouchures de la Koura il ne tombe quelquefois pas de pluie
pendant six mois de suite.

pas la même deux années de suite. Néanmoins, en mesurant l'altitude absolue de l'extrémité d'un glacier, n'importe à quelle époque de l'année, nous fournissons à la science une indication qui a sa valeur, vu que l'oscillation annuelle de ce niveau est insignifiante, tandis que la mesure de l'altitude du bord des neiges ne nous apprend rien, surtout si elle n'est pas faite vers la fin de l'automne.

Le niveau jusqu'où s'abaisse l'extrémité des glaciers au-dessous de la limite des neiges est très variable, non-seulement pour des contrées différentes, mais encore dans une seule et même contrée; sur l'Ararat, l'altitude absolue de l'extrémité du glacier a été évaluée par l'académicien Abich à 2800 m. et dans la vallée du Rion à 2163 m. [1]; le premier occupe une étendue de 1522 m. [2], et le second de 741 m. [3], au-dessous de leurs limites des neiges. Outre cette différence des altitudes du niveau de l'extrémité des glaciers dans une seule et même contrée, il y a oscillation très considérable du niveau de l'extrémité d'un seul et même glacier. Ainsi, par exemple, Charles Martin raconte qu'en 1851 les habitants du hameau de Bosson eurent une réunion où ils discutèrent la question s'ils ne devaient pas aller s'établir ailleurs à cause du glacier qui avançait continuellement vers le hameau : eh bien, dans la suite le glacier se retira et actuellement il se trouve à 500 m. en arrière de sa situation d'alors. Dans la vallée du Chamonix le glacier des Fours, dans l'espace de douze ans, a également reculé de 520 m. L'espace occupé par les glaciers en longueur varie encore davantage pour différents pays. Ainsi, tandis que sur le mont Kazbek le glacier de Deudorakis, qui menace la route militaire de Géorgie, a une longueur de moins de 3 kilomètres,

---

1. Article de l'académicien Abich : « Explication du profil géologique de la pente septentrionale de la chaine du Caucase, de l'Elbrouz ou Bechtau (du S.-S.-O. au N.-N.-E.) ». Calendrier du Caucase pour 1853; traduit de l'allemand par M. Bergé.

2. Nous prenons ici l'altitude de la limite des neiges telle que je l'ai déterminée, d'après la formule.

3. L'altitude de la ligne des neiges a été déterminée par l'académicien Abich à 2904 mètres. J. Stebnitzky.

le glacier suisse de l'Aletch est long de 21 k. 31 [1]; et celui
de Biafo, dans les montagnes Karakorum, atteint jusqu'à
3 kilomètres [2] de longueur.

Pour l'altitude absolue moyenne
de l'extrémité des glaciers il existe une moyenne annuelle de température
qui est d'environ +3⁰,04 C. et identique pour tous les pays.

Malgré des différences si considérables dans la situation
de l'extrémité des glaciers au-dessous de la limite des
neiges, malgré le changement continuel de l'altitude occupée
par cette extrémité, malgré enfin l'énorme différence dans
l'étendue des glaciers, il faudrait démontrer, pour être conséquent, qu'aussi la situation de l'extrémité des glaciers
dépend complétement de la température moyenne d'un lieu
donné. Or comme, d'après ce qui a été dit plus haut, *la température moyenne annuelle, à la naissance du glacier, est identique pour tous les pays, il s'ensuit que la situation moyenne de
l'extrémité des glaciers doit également se traduire par une
certaine température moyenne, la même pour tous les pays.*
Ainsi il a été dit que le glacier d'Argouri, du mont Ararat,
occupe en hauteur un espace de 1522 m. L'altitude absolue
de son extrémité est de 4317 m. (p. 87). Comme sur l'Ararat, à l'altitude de 2800 m. correspond une dépression de
température de 12⁰,56 C.; et comme nous avons déterminé
cette dépression pour la naissance de son glacier à 17⁰,86,
nous voulons donc démontrer : 1) que 17⁰,86 — 12⁰,56, ou
5⁰,30, correspond à l'amplitude moyenne de son extension
en aval; 2) que la température moyenne correspondante au
niveau moyen de l'extrémité du glacier est 5⁰,30—2⁰,26=3⁰,04,
et 3) que ces chiffres peuvent être appliqués à tous les glaciers du monde [3].

---

1. Élisée Reclus : *La Terre, les Continents*, p. 264 et 270.

2. Montgommery: *Mittheilungen* von Petermann, 1863.

3. Toutes les mesures barométriques de l'académicien Abich ont été faites
avec beaucoup de soin; outre cela, je crois pouvoir, d'après certaines considérations, accepter pour normale la situation de l'extrémité du glacier d'Argouri,
telle qu'elle a été déterminée par l'académicien Abich. Cette thèse une fois
admise, il s'agit de la vérifier sur d'autres glaciers, ou, pour mieux dire, il
s'agit de déterminer la position des autres glaciers par rapport à celui d'Argouri.

Avant tout, il convient de remarquer que le glacier n'est jamais inactif, qu'été et hiver il est sans cesse en mouvement. Que ni des chaleurs ni des froids exceptionnels n'exercent sur lui une influence particulière, c'est ce qui résulte des paroles de M. Charles Martin, qui pose comme incontestables les propositions suivantes :

« Les glaciers — l'observation l'a prouvé — ne sont qu'un mélange d'eau et de glace dont la température ne peut jamais s'élever au-dessus de zéro. Le raisonnement aurait pu le faire prévoir. En effet, d'un côté la chaleur extérieure supérieure à zéro ne peut y pénétrer, car elle devient latente en fondant la surface de la glace ou la neige qui la recouvre. L'eau résultant de cette fusion, s'infiltrant dans les fissures du glacier, finit par en imbiber la masse tout entière. Les froids de l'hiver ne pénètrent pas davantage dans le glacier, parce que la neige qui le recouvre dans cette saison est mauvaise conductrice de la chaleur, et d'ailleurs le frottement du glacier contre les parois du couloir dans lequel il se meut engendre encore une quantité de chaleur suffisante pour contre-balancer les froids de l'hiver. »

Si, comme nous le supposons, la limite d'oscillation de l'altitude où se trouve l'extrémité du glacier dépend de la température moyenne du lieu, cette limite doit être proportionnelle aux oscillations de la température moyenne annuelle. A Tiflis, par exemple, d'après des observations de trente-trois années, la température moyenne annuelle la plus basse a été de 11°,53 C. en 1862, et la plus élevée — de 13°,96 en 1876; par conséquent, l'amplitude d'oscillation y atteint 2°,43; à Genève 2°,14; sur le Saint-Bernard 2°,71; et, à Paris, d'après les observations des quarante dernières années (1835-1875) [1], elle atteint 2°,5, ce qui donne une moyenne de 2°,44 C. Nous pouvons hardiment adopter cette

---

1. Annuaire de l'Observatoire de Montsouris pour l'an 1878, p. 127.

moyenne, parce que les observations à Tiflis, surtout pour les dernières vingt-cinq années, et à Paris pour quarante années, ne laissent pas subsister l'ombre d'un doute, tandis que, pour Genève, la proximité du lac a diminué cette amplitude, et que, pour le Saint-Bernard, l'inconstance des vents l'a agrandie. En moyenne la température annuelle varie donc dans les limites de $\pm\, 1^{\circ},22$ C. Les oscillations du niveau de l'extrémité des glaciers doivent, par conséquent, aussi être renfermées dans ces limites; toutefois ces oscillations dépendent plus particulièrement des températures mensuelles extrêmes, lesquelles ne coïncident pas avec les moyennes annuelles, ce qui fait que les niveaux extrêmes du bord des glaciers ne coïncident également pas avec les moyennes annuelles. Ainsi, par exemple, d'après des observations de trente-trois années, le mois le plus froid à Tiflis a été celui de janvier 1864 ($- 3^{\circ},64$), et le plus chaud — celui de juillet 1846 ($+ 26^{\circ},10$); mais ni l'un ni l'autre ne coïncident avec les températures extrêmes annuelles. L'amplitude des oscillations de température a été de $8^{\circ},54$ C. au mois de janvier, et de $3^{\circ},93$ au mois de juillet. On voit par là que, seule, la température moyenne annuelle ne fournit pas d'indications suffisantes sous ce rapport.

En juillet 1855, le chef des travaux de la route militaire de Géorgie rapporta à Tiflis que les indigènes, d'après tous les indices, attendaient une chute d'avalanche du Kazbek. L'année précédente avait été froide et extrêmement pluvieuse (température moyenne annuelle, à Tiflis, $11^{\circ},91$); le mois de juillet avait été le plus froid des trente-trois années d'observations ($+ 22^{\circ},17$), et le mois de mai avait donné le maximum d'eau de pluie des trente-trois années. Aussi le glacier de Deudorakis, abondamment alimenté et n'éprouvant que de faibles pertes par la fusion, s'était-il accru au point d'inspirer de sérieuses alarmes au printemps de l'année suivante; mais il advint que l'année 1855 fut plus chaude ($13^{\circ},01$) et plus sèche que de coutume, par suite de quoi le glacier recula. On conçoit que, dans les limites de $\pm\, 1^{\circ},22$ de température moyenne annuelle il y a place à une infinité de combinaisons, résultant de diverses oscillations des douze mois de l'année, tant sous le rapport de la température que sous celui de la somme des précipitations atmosphériques; dès lors ces innombrables combinaisons, dont le résultat est telle ou telle position de l'extrémité du glacier, produisent leur remarquable variété.

Comme exemple de cette variété dans les oscillations du niveau de l'extrémité des glaciers, nous citerons quelques passages du livre de Charles Martin relatifs à ce sujet : « Suivant Venetz, les glaciers du mont Blanc et du mont Rose étaient très petits en 1811; de 1812 à 1817, ils s'avancèrent prodigieusement et atteignirent leur maximum d'extension dans la période comprise entre le commencement du siècle et l'époque présente. De 1821 à 1824 ils reculèrent; ils avancèrent de nouveau de 1826 à 1830, restèrent stationnaires jusqu'en 1833 pour progresser de nouveau de 1836 à 1837. Le mouvement de retrait, de 1839 à 1842, fut suivi d'une extension qui, interrompue par quelques arrêts, continua jusqu'en 1854. Quelquefois un glacier marche en une seule année avec une rapidité tout à fait exceptionnelle. Ainsi après les années pluvieuses de 1815 à 1817, le glacier de Distel, dans la vallée de Saas en Valais, s'avança de 15 m. en un an ; celui de Lys, sur le revers méridional du mont Rose, de 48 m.; celui de Zermatt a progressé de 22 m. en 1853 »..... « En 1848 le glacier de l'Aar avait envahi le flanc d'une montagne appelée Brandlamm et atteint des pins cembro qui y croissaient. MM. Collomb et Dollfus-Ausset s'assurèrent, en comptant le nombre des couches annuelles, que ces arbres avaient deux cent vingt ans. On pouvait donc affirmer que ce glacier, depuis plus de deux siècles, ne s'était jamais avancé aussi loin......... » « Les oscillations des glaciers nous montrent que la progression et la fusion sont dans un état d'équilibre instable. Le glacier diminue par la fusion de son extrémité et l'ablation de sa surface pendant la belle saison. *En hiver*[1], *il répare ses pertes par l'addition de couches de neige nouvelles qui se transforment en glace par une suite*

____

1. Dollfus-Ausset affirme que la proposition imprimée en italiques n'est nul-

de fusions et de congélations successives. En été l'eau qui pénètre le glacier ajoute également à sa masse et contrebalance les effets de la fonte superficielle. Toutes ces actions complexes sont sous la dépendance des influences météorologiques, dont l'état du glacier est la résultante finale. Qu'un seul des éléments varie dans le cours de l'année, et la résultante en sera affectée. Les physiciens ne sont pas encore en état de démêler, au milieu de causes si diverses, celles dont l'action est prépondérante, pour les isoler de celles qui sont neutralisées par des influences contraires ; mais les géologues constatent, dans la période la plus récente du globe, une époque où cet équilibre entre la fusion et la progression fut rompu sous l'influence d'un changement permanent et prolongé dans le climat des deux hémisphères. Alors les glaciers des montagnes descendirent dans les plaines ; les glaciers arctiques envahirent la moitié septentrionale de l'Europe et de l'Amérique »……

De ces citations relatives à des phénomènes glaciaires se dégage ce fait que, tant qu'il n'y a pas d'écart prononcé et prolongé de la température normale, le glacier ne peut dépasser une certaine limite qui lui est tracée. Or, ces limites d'oscillation doivent être renfermées entre $\pm 1^{\circ},22$ C., et tout l'espace qu'il occupe est compris dans des horizons auxquels correspond une différence de températures oscillant entre $5^{\circ},30 \pm 1^{\circ},22$, ou entre $4^{\circ},08$ et $6^{\circ},52$ C. [1].

**Application de la loi de l'oscillation
du niveau des extrémités des glaciers à différentes contrées.
Eclaircissement complet des anomalies
que présente la loi de l'abaissement de la température
avec l'altitude croissante.**

Pour trouver la confirmation de cette thèse, nous passerons d'abord en revue les glaciers les plus gigantesques du globe, ceux de l'Himalaya et du Thibet.

---

lement confirmée par l'expérience. Aussi ne l'ai-je reproduite que pour ne pas altérer le texte.

1. Je dois toutefois faire une réserve : il ne s'agit ici que des glaciers du premier ordre, c'est-à-dire de ceux qui se forment dans de profonds encais-

Avant d'aborder ce sujet, il convient de remarquer que notre formule pour la Transcaucasie centrale, déduite des températures moyennes annuelles de quelques stations situées à des altitudes insuffisantes, n'a qu'une valeur locale; pour d'autres contrées, elle a pu nous servir d'indication de la progression dans l'abaissement de la température, mais, lorsqu'il s'agit d'altitudes considérables, la formule peut donner des résultats erronés. Notre premier souci doit donc être de trouver, pour les grandes altitudes, une formule plus convenable que la nôtre.

Il a été dit précédemment (voy. p. 11) que la valeur E est bien plus grande pour l'hiver que pour l'été, et Sonklar (p. 35) a même démontré par ses formules que cette valeur atteint son maximum non en hiver, mais au printemps, et son minimum, non pas en été, mais en automne. De plus, nous savons que cette valeur varie même pour les différentes heures du jour[1]. Elle varie également avec l'altitude du lieu. Humboldt donne les chiffres suivants pour les valeurs de E dans l'Afrique équatoriale :

De	0	à	1000 m.	170	m.
«	1000	«	2000	«	294	«
«	2000	«	3000	«	232	«
«	3000	«	4000	«	131	«
«	4000	«	5000	«	180	«

Plus loin (p. 21, 22) nous avons emprunté à l'ouvrage de M. Dollfus-Ausset des résultats encore plus variés de diverses observations; à première vue, on dirait qu'il n'y a ici rien de régulier, de déterminé, et cependant un simple raisonnement suffit à expliquer toutes ces anomalies et en dégager la loi régulière.

---

sements, entourés de crêtes dominantes où se forment des entassements considérables de neige; mais cela ne se rapporte pas aux glaciers de la seconde catégorie, suspendus aux flancs des montagnes, comme dans les Pyrénées, ou enfermés dans des fondrières accidentellement formées par des avalanches.

1. A la page 196 du *Cours complet de Météorologie* de L.-F. Kaemtz, traduit et annoté par Ch. Martin, se trouve le tableau des calculs de Kaemtz d'après des observations faites sur le Righi et le col du Géant, pour les 24 heures de la journée, calculs qui se distinguent par leur justesse. En général, Kaemtz a beaucoup contribué à éclaircir cette loi.

Plus l'air est pur et sec, moins les rayons solaires ont sur lui d'action directe, et il se réchauffe principalement par le contact de la surface réchauffée du sol. La nuit, quand le sol ne reçoit plus de nouvelle chaleur, l'atmosphère se refroidit, parce que les molécules réchauffées de l'air, douées de mouvement par cela même qu'elles sont réchauffées, s'élèvent vers les couches supérieures de l'atmosphère et s'éloignent de nous d'autant plus rapidement que la nuit est plus sereine et le ciel moins couvert[1]. De nouvelles molécules d'air viennent remplacer les anciennes, se réchauffent à leur tour et s'élancent vers les hautes régions, en nous privant de plus en plus de chaleur jusqu'à la nouvelle apparition de l'astre lumineux; voilà pourquoi la température atteint son minimum le matin, avant le lever du soleil. Les molécules réchauffées de l'air s'élèvent jusqu'à épuisement complet de la force de mouvement qu'elles ont reçue, et moins cette force de mouvement est grande, comme en hiver, par exemple, moins est grande la hauteur que les molécules atteignent. De cette manière, le fluide aérien, plus dense et plus chaud dans les couches inférieures, et d'autant plus raréfié et plus froid qu'il est plus éloigné du sol, — formerait à son niveau supérieur des saillies et des creux, selon le degré d'échauffement des parties du sol sousjacentes, si les lois de l'hydrostatique ne s'y opposaient. En effet, ces lois ne permettent aux fluides de former des saillies et des renfoncements, ni à la surface, ni à aucune couche d'un fluide; elles exigent, au contraire, que les couches homogènes soient horizontales ou concentriques à la surface de l'océan. De là un mouvement incessant dans l'atmosphère pour établir un équilibre sans cesse rompu par la distribution inégale de la chaleur sur les saillies de la surface de la terre. A de grandes hauteurs, les rayons solaires, rencontrant une couche d'air moins épaisse et moins dense,

---

1. *La chaleur considérée comme mouvement,* par John Tyndall. La chaleur, dit l'auteur, par son essence même, est mouvement et n'est pas autre chose (p. 36). Voir à la page 52 la citation que j'ai empruntée à Tyndall, sur la chaleur communiquée à l'atmosphère par son contact avec le sol.

peuvent réchauffer plus fortement le sol, surtout s'il est
dépouillé de son voile blanc de neige ; mais en même temps
les molécules réchauffées de l'air, à cause de la siccité, la
sérénité et la rareté de l'atmosphère, ont une facilité plus
grande de s'éloigner rapidement du sol, de se remplacer
incessamment, et de cette manière d'ôter la chaleur du sol ;
c'est pourquoi, sur les montagnes, malgré l'ardeur des
rayons solaires qui brûlent notre visage jusqu'au sang, et
quoqu'on ne puisse toucher les schistes noirs sans éprouver
une chaleur cuisante, nous ressentons un froid vif, pour peu
surtout que nous soyons à l'ombre. Ainsi, malgré l'inéga-
lité avec laquelle la chaleur est distribuée à la surface de la
terre, sous différentes latitudes, en été et en hiver, de jour
et de nuit, l'immutabilité des lois de l'aérostatique nous
fait conclure qu'il existe un niveau, au-dessus de la région
des nuages, où la température est partout et en tout temps
identique. Dans le sens rigoureusement mathématique, cette
thèse est insoutenable, puisque, dans toute l'étendue entre
le niveau de la mer et les dernières limites de l'atmosphère,
il n'y a pas une particule d'air qui reste en repos, et, par
conséquent, il ne peut exister rien d'absolu, d'immuable ;
mais ce qu'il nous faut, ce n'est pas une mesure rigoureusement et mathématiquement exacte ; — nous nous contenterons d'une mesure plus grossière, dont la justesse n'aille
que jusqu'à $0^\circ,1$ C.[1]. Glaisher atteignit en ballon à une altitude où cette valeur $(0^\circ,1$ C.) correspondait à une couche
d'air de 60 m. d'épaisseur. Aussi n'avons-nous que faire de
nous élever à des hauteurs telles que, par exemple, les
régions des nuages plumeux (cirrus) dont l'altitude est estimée de 6000 à 12 000 m. ; nous nous contenterons du niveau
atteint par Glaisher, soit environ 8840 m., c'est-à-dire que
nous nous servirons de la formule exprimant les résultats
obtenus par lui, bien que ses observations n'aient eu lieu
qu'en été. Sa dernière observation constate 16 0/0 d'humidité

---

1. Dans les observations directes, les dixièmes de degrés ont un caractère
hypothétique.

relative à une altitude de 7000 m., tandis que plus bas, à 6400 m., il n'en avait trouvé que 12 0/0.

Quant aux anomalies mentionnées ci-dessus, si nous désignons par S l'altitude absolue du niveau où la température est constante été et hiver, et par t l'abaissement de la température depuis la mer jusqu'à ce niveau, il est clair que la valeur $E = \dfrac{S}{t}$ dépend complétement et uniquement de la température à la surface de la terre. Plus cette température est élevée, plus la valeur E est petite : par conséquent, pour un lieu donné, la valeur E est plus grande en hiver qu'en été, moins grande à midi que le matin ou le soir. Ainsi donc toutes les anomalies dans les résultats obtenus par l'observation relativement à la loi de la dépression de température proportionnelle à l'altitude s'expliquent d'elles-mêmes, et dès lors la loi ne présente plus rien d'anomal. Toutes ces contradictions apparentes proviennent de la différence des saisons et même des heures auxquelles les observations ont été faites, et aussi de divers courants atmosphériques, chauds, froids, secs ou humides, influences qui, pour une seule et même localité, varient du jour au lendemain, et font, par conséquent, varier les résultats des observations. Il s'ensuit que, pour chaque point donné, il faut d'abord déterminer théoriquement la valeur *normale* de E, conformément à la température normale du lieu, après quoi toutes les autres déterminations montreront les écarts temporaires du climat normal[1]. Ces dernières déterminations n'auront tout leur prix que quand nous connaîtrons la valeur normale, sans laquelle toutes les autres ne présentent qu'un amas de chiffres décousus. Pour Tiflis, par exemple, nous possédons

---

1. Si nous nous figurons une courbe dont les abcisses représentent le temps depuis le commencement jusqu'à la fin de l'année, et les ordonnées — les valeurs pour E variant à toute heure avec la température, nous aurons la moyenne annuelle $\sum = \dfrac{S_0^T E\,dt}{T}$, où E est la hauteur correspondant au temps t, et **T une** année. La valeur normale pour ce même E est la moyenne d'un grand nombre de valeurs annuelles de Σ, et c'est cette valeur-là que nous nous sommes partout efforcé de déterminer.

une donnée solide pour déterminer la valeur normale pour E,
c'est la température moyenne de 12°,67 C. ; puis, une seconde,
l'altitude absolue, géodésiquement déterminée, de l'observatoire ; une troisième assez approximative, qui est la température au niveau de la mer pour la latitude de Tiflis, d'après
le tableau de M. Sartorius, dont le degré d'aproximation
peut encore, comme nous l'avons indiqué plus haut, être
vérifié d'après les observations d'autres stations dignes de
confiance; enfin, nous avons une quatrième donnée, con-
sistant, comme nous le verrons plus bas, en des repères dans
les montagnes : 1° constants aux limites des neiges, dont
nous pouvons connaître les altitudes pour chaque point
donné, et 2° avec indication annuelle des oscillations du
climat aux extrémités de tous les glaciers. Mais n'anticipons
pas et revenons aux calculs de Glaisher.

Dans le quatrième volume de son ouvrage, Dollfus-Ausset
cite un article de M. Radau (*Moniteur scientifique*, 1863, vol. V,
p. 540) sur les observations de Glaisher en aréostat, pour
lesquelles M. Radau déduit les deux formules suivantes :

$$t = \frac{3,1275\ p.}{1+0,0484\ p.} \quad \text{et } t = \frac{10,261\ m.}{1+0,1587\ m.},$$

où t représente l'abaissement de température, depuis le
niveau de la mer jusqu'à l'altitude p; p le nombre de milliers
de pieds anglais et m le nombre de kilomètres. Ces formules
donnent des valeurs très-rapprochées de celles obtenues par
les observations de Glaisher.

Nous nous servirons de ces formules quand il s'agira
d'altitudes considérables, et toutes les fois que nous aurons
affaire à des niveaux moins élevés, nous reviendrons à notre
propre formule, qui, dans ces cas, est plus juste que celle
de Glaisher.

L'Himalaya.

Les plus énormes glaciers de l'Himalaya se trouvent sur le
revers méridional de la chaîne, c'est-à-dire sur le versant
qui reçoit le plus d'humidité, et où, par conséquent, la limite
des neiges est plus abaissée. Ce phénomène, d'ailleurs, se
reproduit aussi dans d'autres contrées.

Sur le mont Gaurisankar, l'altitude de la ligne des neiges, comme nous l'avons vu (p. 94), est de 4892 m.; le niveau de l'extrémité du glacier de Tchaïa[1], suivant Schlagintweit, se trouve à 3207^m,3, ce qui fait une différence d'altitudes de 1684^m,7. Plus haut, nous avons déterminé la dépression de température jusqu'au niveau de 4842 m. à..... 22°,77 C.

Suivant la formule de Radau, t pour l'altitude 4892 m. est de 28°,35, et pour l'altitude 3207^m,3 de 21°,79; c'est pourquoi la proportion 28°,35 : 21°,79 = 22°,77 : x nous donne $x = 17°,51$, et la différence 22°,77 — 17°,51 = 5°,26 nous montre que, quelque énorme que soit ce glacier, il n'a pourtant pas atteint son horizon normal que nous avons fixé à 5°,30 C.

Les autres grands glaciers qui descendent de l'Himalaya sont, d'après le témoignage du colonel Strachey[2] : le Koumaon et le Gourval, qui se trouvent dans le voisinage du mont Handah-Névi ; l'un descend jusqu'au niveau de 3450 et l'autre s'arrête à une altitude absolue de 3650 m. ; le premier (Koufinié) s'étend à 1000, et le second à 900 m. au-dessous de la limite des neiges, et apparemment l'un et l'autre sont encore loin de la limite extrême de leur extension (c'est-à-dire du point jusqu'où ils peuvent descendre).

Le Thibet.

Considérons maintenant l'énorme glacier de Béfo, de la chaîne de Karakorum, lequel descend du Dapsang et est en voie de croissance continuelle, depuis le commencement de ce siècle. Sur le Dapsang, comme nous l'avons vu précédemment, la limite des neiges est plus abaissée sur le versant septentrional que sur le méridional; du côté nord, son altitude est de 18 600 pieds, l'abaissement de la température jusqu'à ce niveau est égal à 20°,08, et le glacier descend jusqu'au niveau de 9876 pieds[3] ; d'après la formule :

$$t = \frac{3{,}1275\ \text{p.}}{1 + 0{,}0484\ \text{p.}}, \quad t_1 \text{ pour } 18600' = 30°,616, \text{ et}$$
$$t_2 \quad - \quad 9876' = 20°,89;$$

---

1. Behm.

2. Richard Strachey: *Journal of the Asiatic Society of Bengal.* Nouvelle série, 1847, t. VIII, p. 794.

3. Behm, Schlagintweit.

et de la proportion $30°,62 : 20°,89 = 20°,08 : x$ nous obtenons pour le niveau de l'extrémité du glacier une température égale à 13°,70, ce qui constitue une différence de 6°,38 C.

Ce calcul nous montre que le glacier en question peut encore prendre une plus grande extension et descendre jusqu'au niveau auquel correspondra une température de 0°,14 C., plus grande que la température actuelle.

Le plus gigantesque des glaciers du Thibet, Bleiafo, qui a, suivant Montgommery, une étendue de 103 kilomètres, descend jusqu'à une altitude absolue de 9676 pieds. Malheureusement nous ignorons à quelle hauteur il commence; mais, si nous supposons pour sa naissance la même altitude que pour le Béfo, nous obtiendrons par le même procédé la valeur de 6°,46 C., d'où il résulterait que ce glacier a aussi, pour atteindre sa limite inférieure normale, une réserve d'espace correspondant à 0°,06 C.

La Suisse.

M. Fellenberg[1], ingénieur et géologue, donne les altitudes des extrémités des glaciers suisses, qu'il a empruntées au bureau topographique; il les partage en deux groupes : celui des glaciers composés de plusieurs affluents et celui des glaciers simples. Les glaciers dont les pentes terminales descendent le pius bas sont deux du premier groupe : le glacier d'Aletsch (déjà mentionné ci-dessus), qui descend jusqu'au niveau de 1356 m., et celui du Grindelwald, dont le bord inférieur atteint le niveau de 383 m.

Le glacier d'Aletsch descend le revers méridional et celui du Grindelwald le revers septentrional du Finsteraarhorn. L'extrémité du glacier du Grindelwald est tellement abaissée que la limite supérieure des cerisiers[2] se trouve à 500 m. au-dessus de sa pente terminale. Le professeur Hugi détermine à 2478 m. l'altitude de la limite des neiges du Finsteraarhorn : par conséquent, ce glacier occupe en hauteur un espace de 1495 m. Pour vérifier si ce glacier dépasse la limite

---

1. Dollfus-Ausset, t. I, p. 3, p. 98.
2. Élisée Reclus, p. 264.

que j'ai assignée à l'extension glaciaire, nous nous servirons des points de repère les plus rapprochés, afin de déterminer la hauteur correspondant à un abaissement de température de 1° C.

Sur le Faulhorn, qui est à proximité, la dépression de température correspondant à l'altitude de 2603 m. est égale à 14°,86 (voy. p. 104); aux stations les plus voisines, cette dépression est : sur le Grimsel de 11°,13 pour l'altitude de 1874 m.; sur l'Engelberg (voy. p. 27) de 7°,44 pour 1014 m. d'altitude; la différence d'altitude entre le Grimsel et le Faulhorn est de 653 m. et de 1879 m. entre l'Engelberg et le Faulhorn; la différence de température est de 3°,77 pour le Grimsel et le Faulhorn; de 7°,36 pour l'Engelberg et le Faulhorn, y compris la rectification due à la différence des latitudes, et qui consiste en $+0°,06$ pour le second. Ainsi donc, nous obtenons, comme hauteur correspondant à 1° C., 246^m,4 du Grimsel au Faulhorn, et 243 m. de l'Engelberg au Faulhorn. Si, pour le Grindelwald, nous adoptons la moyenne de ces deux chiffres, à savoir 245 m., nous verrons que la différence des températures correspondant à ces niveaux supérieur et inférieur est de 6°,51 C., d'où il résulte que le glacier est bien près de la limite de son extension[1]. (Remarquons, en passant, que pour le glacier de l'Ararat la dépression correspondant à 1° C. est $\dfrac{4317 \text{ m.} - 2800}{5°,30} = 267$ m.)

D'ailleurs, il ne faut pas oublier que le chiffre 6°,52 est

---

1. Le fait de l'existence de cerisiers, en amont de l'extrémité du glacier, pourrait faire naître des doutes sur l'exactitude de la limite inférieure que j'assigne à l'extension des glaciers. Mais, en considérant que le glacier du Grindelwald est exposé au nord et que les cerisiers croissent, cela va sans dire, sur le revers méridional de la montagne; que d'ailleurs le glacier reverbère les rayons solaires, tandis que le versant planté de cerisiers les absorbe, nous nous convaincrons que la quantité moyenne de chaleur reçue par les cerisiers est incomparablement plus grande que celle reçue par le glacier, et qu'il y a là, comme qui dirait, le même rapport qu'entre l'été et l'automne ou l'été et le printemps. D'ailleurs, comme nous le verrons dans la suite, M. Lombard, médecin suisse, dit que dans la zone comprise entre 700 et 1300 mètres d'altitude les arbres fruitiers sont rares et à l'état sauvage : il paraît donc que l'affirmation de M Reclus, relativement à l'existence de cerisiers à une hauteur de 1483 mètres, est entachée d'exagération.

pris ici approximativement : 1° conformément à l'altitude
de la limite des neiges de l'Ararat, telle que je l'ai déduite ;
2° conformément à l'altitude de la pente terminale du glacier
d'Argouri, déterminée par l'académicien Abich, et 3° conformément à l'amplitude de ± 1°,22, que j'ai adoptée pour les
oscillations des extrémités des glaciers. Or, il est possible
que mon estimation de l'altitude de la limite des neiges se
modifie dans la suite, quand nous aurons des chiffres plus
exacts sur les températures moyennes, un plus grand nombre
de stations météorologiques et une formule plus rapprochée
de la réalité ; de même, il se peut que le glacier d'Argouri ne
se soit pas trouvé à son niveau moyen normal au moment
où l'académicien Abich en détermina l'altitude ; enfin, l'amplitude d'oscillation des températures annuelles varie quelque peu pour différentes localités, comme nous l'avons vu
plus haut. Ces trois facteurs, qui entrent dans mon calcul,
bornant à 6°,52 la limite inférieure des pentes terminales des
glaciers, peuvent en modifier le résultat, mais dans une mesure insignifiante, comme cela résulte des chiffres précédents.

Passons-en aux glaciers du Caucase[1].

Les glaciers du Caucase.

L'académicien Abich a rendu un éminent service en déterminant l'altitude absolue d'un grand nombre des glaciers
du Caucase. Nous reproduirons ici ces évaluations[2] :

Sur le revers occidental de l'Elbrouz :

Le glacier d'Ouloukam	2659 m.
— de Kitchkinakol	2384 «

Sur le revers oriental de l'Elbrouz :

Le glacier de Baksan	2326 m.
— de Terskol	2625 «
— d'Yrick	2532 «

---

1. Dans les *Communications de la section caucasienne de la Société impériale russe de géographie*, t. V, n° 1, est inséré un article de M. Stebnitzky :
«Remarques sur la distribution des glaciers au Caucase, » contenant des renseignements fort intéressants que les limites de mon ouvrage ne me permettent
pas de reproduire ici.

2. Tous les chiffres donnés par l'académicien Abich sont extraits du *Bulletin*
déjà mentionné.

Entre l'Elbrouz et le Kazbek :

Le glacier d'Ouroukh-don. . . . . 2610 m.
   —   de Passis-Mta . . . . 2565 «
   —   de Psékan-sou. . . . . 2210 «
   —   d'Adoul . . . . 2225 «
   —   de Tchérek. . . . . 2059 «
   —   de Bissinghi . . . . 2007 «
   —   de Tzéa-don. . . . . 2004 «
   —   de Kaltchi-don (à Chtyrdigory). 1739 «

En Svanéthie, vers les sources de l'Ingour :

Le glacier de Tetnould (vallée de Tzanner). 1954 m.
   —   de Lercha (mont Adiche). . . . 2287 «
   —   de Kildé. . . . . 2409 «
   —   de Tchkar (près du village
           d'Ouchkoul) . . . . 2419 «
A l'affluent du Rion, sur le versant sud du
   mont Passis-Mta, près du défilé de Ghelat. 2243 «

Sur le versant oriental du Kazbek :

Le glacier de Stépan-Tzminda, vis-à-vis de
   la station de Kazbek . . . . 2898 m.

Sur le versant septentrional du Kazbek :

Le glacier de Deudoraki. . . . . 2242 m.

De la crête du Bogosse, qui sépare le Koïssou d'Anda de celui d'Avarie, descendent deux glaciers :

Celui de Bogosse. . . . . 2659 m.
Et celui de Bilinghi. . . . . 2428 «

Sur le versant septentrional du Shah-dag, il y a deux glaciers, dont

L'un descend au niveau de . . . . 3194 m.
Et l'autre   —   . . . . 3163 «

Le bord inférieur du glacier, qui descend de l'Ararat dans le défilé d'Argouri, se trouve au niveau de 2800 m.

Évaluation des altitudes de la naissance
des glaciers du Caucase et de leur pério e de développement actuel.

Pour se faire une idée de ces glaciers, de leur étendue en ligne verticale et aussi relativement à la question de savoir s'ils se trouvent actuellement dans une phase de croissance ou de décroissance, il est indispensable de les considérer au point de vue de l'altitude de la limite des neiges. L'académicien Abich lui-même constate : qu'entre l'Elbrouz et le Kaz-

9

bek, cette altitude n'a pas été déterminée; par contre les niveaux des extrémités d'un grand nombre de glaciers ont été déterminés, ce qui nous aidera à juger de l'altitude de la limite des neiges.

Dans ce but, nous établirons d'abord, d'après la carte, la situation géographique des pentes terminales et l'abaissement de température depuis le niveau de la mer jusqu'à celui de leurs limites des neiges.

1° Sur le revers occidental de l'Elbrouz, pour les deux glaciers, les moyennes sont :

$$\begin{aligned}
&\text{Longitude E.} &&\quad 2^h\ 39^m\ 36^s. \\
&\text{Latitude N.} &&\quad 43^o,28 \\
&\text{Dépression de température.} &&\quad 16^o,32\ \text{C.} \\
&\text{Altitude absolue moyenne des extrémités.} &&\quad 2521\ \text{mètres.}
\end{aligned}$$

2° Sur le revers oriental de l'Elbrouz, pour les trois glaciers :

$$\begin{aligned}
&\text{Longitude E.} &&\quad 2^h\ 40^m\ 22^s. \\
&\text{Latitude N.} &&\quad 43^o.28 \\
&\text{Dépression de température.} &&\quad 16^o,32 \\
&\text{Altitude moyenne des extrémités.} &&\quad 2494\ \text{mètres.}
\end{aligned}$$

3° Entre l'Elbrouz et le Kazbek, nous connaissons les niveaux de huit glaciers. Les moyennes pour les huit glaciers sont :

$$\begin{aligned}
&\text{Longitude E.} &&\quad \text{de } 2^h\ 44^m\ \text{à } 2^h\ 46^m\ 17^s. \\
&\text{Latitude N.} &&\quad 42^o,93\ (\text{de } 43\ \text{à } 42^o,83) \\
&\text{Dépression de température.} &&\quad 16^o,47 \\
&\text{Altitude moyenne.} &&\quad 2180\ \text{mètres.}
\end{aligned}$$

4° En Svanéthie, vers les sources de l'Ingour, il y a quatre glaciers :

$$\begin{aligned}
&\text{Longitude E.} &&\quad 2^h\ 42^m\ 41^s. \\
&\text{Latitude N.} &&\quad 43^o,01 \\
&\text{Dépression de température.} &&\quad 16^o,34 \\
&\text{Altitude.} &&\quad 2267\ \text{mètres.}
\end{aligned}$$

Considérons d'abord ces quatre groupes de glaciers.

Pour le premier groupe, la formule de la Transcaucasie nous montre que l'altitude correspondant à un abaissement de température de 16°,32 C. est 3844 m. Supposons que l'altitude de la limite des neiges qui convient à ce groupe est telle que l'a déterminée l'académicien Abich sur le ver-

sant nord de l'Elbrouz, à savoir 3424 m., la proportion
3424 : 3844 = 2521 : x nous donnera l'altitude de 2829 m.,
laquelle, dans le vallée de la Koura, correspondrait au niveau moyen des pentes terminales de ce groupe de glaciers.
D'après la même formule, nous trouvons qu'à l'altitude de
2829 m. correspond l'abaissement de température de 12°,17 C. :
de là, nous aurons 16°,32 — 12°,67 = 3°,65, soit la différence
des températures à l'extrémité des glaciers et à la limite
supposée des neiges. L'étendue verticale occupée par le glacier est égale à 3424 — 2521 = 903 m.; le chiffre correspon-
dant à cet espace pour 1° C. est $\dfrac{903 \text{ m.}}{3°,65} = 247^{\mathrm{m}},4$. Or, dans
la vallée de la Koura, pour l'espace entre 2892 m et le niveau
de 3844 m. le chiffre correspondant à 1°C. sera $\dfrac{1015 \text{ m.}}{3°,65} = 278$ m.

Cette évaluation, bien qu'approximative, nous prouve que
les glaciers de ce groupe sont actuellement dans leur
période de décroissance, dont nous avons fixé la limite à
4°,08 C.; si, par conséquent, ils ont atteint actuellement
cette limite, l'espace vertical qu'ils occupent doit être égal à
4°,08 × 247^{m},4 = 1009 m., et, dès lors. le niveau de
leur limite des neiges ne saurait être au-dessous de
1009 + 2521 = 3530 m.

Pour le second groupe des glaciers du revers oriental de
l'Elbrouz, nous commencerons également par prendre pour
leur limite des neiges l'altitude supposée de 3424 m., et
conformément à la dépression de température de 16°,32, nous
déduirons, au moyen de la formule, l'altitude de 3844 m.;
puis, eu égard au niveau moyen des extrémités des glaciers,
qui est de 2494, la proportion nous donnera l'altitude de
2799 m. Ensuite nous trouverons, au moyen de la formule,
que l'abaissement de température correspondant à l'altitude de 2799 m. est égal à 12°,56, ce qui constitue une différence de température de 3°,76. En partant de là, nous
aurons pour 1° C. $\dfrac{3424 \text{ m.} — 2494 \text{ m.}}{3°,76} = 247^{\mathrm{m}},3$ [1], et par

---

1. Nous disons altitude minimum par cette raison que le glacier de Baksan,
par exemple, dont l'altitude estimée ici à 2326 m. (d'après le *Bulletin de l'Aca-*

conséquent une altitude minimum de la limite des neiges égale à $247^m,3 \times 4^0,08 + 2494$ m. $= 3503$ m.

Pour le troisième groupe des glaciers situés entre l'El-brouz et le Kazbek, nous trouverons par le même procédé que, d'après la formule, l'altitude correspondant à $16^0,47$ est 3889 m.; la proportion $3424^m : 2180^m = 3889 : X$ nous donnera le niveau de 2476 m. auquel, selon la formule, correspond une dépression de température égale à $11^0,30$, ce qui constitue une différence de température de $5^0,17$. Mais il s'agit ici de huit glaciers dont les altitudes varient dans les limites de 2010 et 1739 m.; il est évident que dans cette appréciation commune il y a pour les uns erreur en plus, et pour les autres erreur en moins, comparativement à leur situation réelle; c'est pourquoi l'altitude moyenne de 2180 m., que nous avons adoptée, ne représente que le niveau moyen de leur extension, auquel correspond une différence de température égale à $5^0,30$ C. Pour la différence des altitudes $3424^m - 2180^m$ la valeur correspondant à 1^0 C. est $\frac{1144}{5^0,17} = 240^m,6$, et partant le niveau de la limite des neiges sera $240^m,6 + 5^0,30 + 2180 = 3455$ m. Toutefois, ce chiffre est pris trop bas, et nous y reviendrons dans la suite.

Pour le quatrième groupe de glaciers, situés dans la haute Svanéthie, nous établirons également la proportion : $3424^m : 2267^m = 3850^m : X$, qui nous donne 2546 m. auxquels correspond une dépression de température égale à $11^0,57$: la différence $16^0,34 - 11^0,57 = 4^0,77$ représente la différence des températures à la naissance et à l'extrémité des glaciers. Ici, de même que pour le groupe précédent, nous devons considérer la valeur moyenne de 2267 m. comme

---

démie des sciences) a été déterminée par l'académicien Abich en 1849, alors que ce glacier broyait des pins séculaires ; mais depuis, en 1873, il a reculé de 270 pieds en amont. Il conviendrait donc de prendre pour ces glaciers un peu plus de $4^0,08$ C. Mais, comme nous ignorons l'époque à laquelle les niveaux des autres glaciers ont été déterminés, nous craindrions d'exagérer les chiffres et préférons nous en tenir aux estimations moyennes. Le dernier renseignement, relatif au glacier de Baksan, est extrait de l'article de M. Stebnitzky sur les glaciers.

leur altitude normale, car le niveau du glacier de Tetnould est à 1954 m., tandis que celui du glacier Tchkar est à 2419 m.; ce qui provient, apparemment, de ce que le premier a dépassé sa limite inférieure normale, et que le second s'en est retiré en amont. Mon opinion, à ce sujet, est confirmée par l'ancienne estimation de l'académicien Abich (*Aperçu de mes voyages en Transcaucasie en* 1864, par H. Abich, Moscou, 1865), d'après laquelle il fixait le niveau des extrémités de ces glaciers comme suit : 2016 m., soit 62 m. de plus, pour le Tetnould, et 2326 m., soit à peu près autant qu'actuellement pour le glacier Tchkar. Il est évident que le glacier de Tetnould s'est accru depuis l'époque où a eu lieu la première mesure. Pour 1° C., nous avons $\dfrac{3424^{\mathrm{m}} - 2267^{\mathrm{m}}}{4°,7\,7} - 242^{\mathrm{m}},5$, et par conséquent l'altitude de la limite des neiges sera de $242^{\mathrm{m}},5 + 5°,30 + 2267^{\mathrm{m}} = 3552^{\mathrm{m}}$.

De cette façon, nous avons trouvé les niveaux suivants de la limite des neiges : 3530 m. pour le revers occidental de l'Elbrouz, et 3503 m. pour le revers oriental, — soit une altitude moyenne de 3518 m., au lieu de la moyenne 3318 m. donnée par l'académicien Abich, laquelle présente, comparativement à la nôtre, un écart en moins de 200 m. Or, en nous rappelant que pour l'Ararat nous avions déterminé le niveau de la limite des neiges à 4317 m., tandis que M. Abich, lors de son ascension en 1846, en fixa l'altitude à 4180 m., c'est-à-dire à 137 m. plus bas, et plus tard, en vertu d'autres considérations — à 3900 m., ce qui donne un écart de 417 m., — nous conclurons que l'altitude réelle de la limite des neiges sur le mont Elbrouz doit être fort rapprochée de celle que nous venons d'établir ci-dessus.

Entre l'Elbrouz et le Kazbek, nous avons trouvé, pour le versant septentrional de la chaîne, un niveau moyen de la limite des neiges de 3455 m., soit de 75 m., plus abaissé que sur l'Elbrouz. Or, si nous considérons la différence des latitudes de l'Elbrouz et de l'Ararat (43°,35 — 39°,70), laquelle est de 3°,65, et la différence de l'altitude de leurs limites des neiges, nous trouverons 219 m. pour chaque degré de latitude, et pour la différence de la latitude moyenne des glaciers en question (groupe troisième), nous aurons $\left(\dfrac{43^0 - 42^0,83}{2}\right)$, c'est-à-dire pour $43^0,28 - 42^0,91 = 0^0,37$, d'où il résulte que, par rapport à l'Elbrouz, il convient de fixer à 81 m. plus haut que nous ne l'avons fait la limite des neiges du troisième groupe de glaciers, c'est-à-dire de lui assigner une altitude de $3518 + 81 = 3598$ m. La région de ces glaciers s'avançant vers l'est, c'est-à-dire s'éloignant de la mer Noire et descendant vers le sud, il est inadmissible que la limite des neiges y soit plus abaissée que sur l'énorme masse des glaciers de l'Elbrouz, dont l'ensemble surpasse, ou du moins égale la masse totale des autres glaciers de la chaîne du Caucase. Nul doute que la plupart de ces glaciers se trouvent dans leur période de croissance; c'est pourquoi il a fallu admettre une différence de température entre leurs bords supérieur et inférieur plus grande que $5^0,30$, à savoir : $5^0,76$, soit de $0^0,46$ supérieure à leur situation normale. La justesse de notre calcul, basé sur l'altitude de la limite des neiges du mont Ararat, sera démontrée ci-après.

Pour la Svanéthie, c'est-à-dire pour le versant méridional de la chaîne principale, nous avons trouvé le niveau de la limite des neiges à 3552 m. Cette altitude peut paraître exagérée, vu la proximité de la mer Noire, mais, la Svanéthie étant séparée de cette dernière par une haute crête de montagnes, c'est sur celle-ci que s'exerce l'influence du Pont-Euxin avant d'arriver au cours supérieur de l'Ingour.

Glacier de Deudoraki.

Le mont Kazbek donne naissance au glacier de Deudoraki, dont le niveau de l'extrémité a été déterminé : à 2239 m. par l'académicien Abich en 1876, et à 2311 m. par M. Khatissian en 1862. Ce glacier menace de produire un éboulement et d'obstruer ainsi pour longtemps les communications sur la route militaire de Géorgie, entre Wladikawkaz et Tiflis. Pour des raisons que j'ai eu l'occasion de développer dans des mémoires spéciaux, il ne reste plus à ce glacier qu'un petit espace à franchir pour atteindre le couloir resserré de la rivière Amilichka, et dès lors, à moins que les mesures préventives que j'ai proposées ne soient prises, l'éboulement du Kazbek pourra avoir lieu [1].

On conçoit que nous avons un intérêt majeur à connaître la limite extrême de l'extension de ce glacier et à savoir le point juste de l'extension qu'il a actuellement atteint. Pour cela, nous devrions avoir une notion plus exacte de l'altitude précise de la limite des neiges au-dessus du glacier ou, en général, sur le Kazbek. Nous avons évalué ci-dessus à 3598 m. le niveau de la limite des neiges sur le revers septentrional de la chaîne du Caucase, pour une latitude moyenne de 42°,91, entre l'Elbrouz et le Kazbek. La latitude du Kazbek étant 42°,70, il y aura lieu d'augmenter cette altitude de 0°,21 + 219, soit de 46 m., ce qui donne 3644 m. De là, nous obtenons comme étendue verticale occupée par ce glacier : $3644^m — 2239^m = 1405^m$.

La dépression de température jusqu'au niveau de la limite des neiges est, pour le Kazbek, de 16°,57, auquel chiffre correspond, suivant notre formule, l'altitude de 3918 m. ; la proportion : 3644 : 3918 = 2239 : X nous donne le niveau de 2407 m. auquel, d'après la formule, correspond un abaissement de température égal à 11°,02 C. De là, le chiffre correspondant à toute l'étendue verticale du glacier est : 16°,57 — 11°,02, soit 5°,55 C., d'où nous concluons que le glacier a déjà dépassé de 0°,25 sa limite inférieure normale, tout en ayant la faculté d'avancer encore jusqu'à la limite de 6°,52, c'est-à-dire sur un espace correspondant à 0°,97 C.

En admettant que la gorge de l'Amilichki a une pente uniforme à partir de l'extrémité du glacier et jusqu'à sa réunion avec l'affluent Tchatche, endroit dont l'altitude a été déterminée par M. Abich à 1827 m., la déclivité moyenne de

---

1. Les causes produisant ces éboulements et les mesures propres à en prévenir le retour ont été exposées par moi dans les *Mémoires de la section Caucasienne de la Société impériale russe de géographie*, t. VII, 1866, et dans un article à part : *De l'éboulement attendu du Kazbek*, inséré dans les *Communications de la Société impériale russe de géographie*, en 1877. Les deux articles sont également insérés dans les *Mémoires de la Société technique du Caucase*, 1877.

cet espace qui, d'après le plan, est égal à 2560 m., sera de : $\dfrac{2239 - 1827}{2560} = 0,16$. En même temps, nous avons pour 1° C. $\dfrac{1405}{5^{\circ},55} = 253$ m., d'où il résulte que le glacier a encore la faculté de progresser en ligne verticale de $(6^{\circ},52 - 5^{\circ},55)$, soit $253 + 9,07$ ou 245 m., en sens horizontal dans la gorge de l'Amilichki, le glacier peut s'étendre sur $\dfrac{245}{0,16}$ m., soit sur un espace de 1531 m.

Définition du niveau
de la limite des neiges selon la latitude géographique.

Comme il peut paraître douteux qu'un glacier qui a produit un éboulement en 1832, qui a menacé en 1842 et en 1856, et qui menace actuellement de le reproduire, soit encore si loin d'avoir atteint la limite de son extension, nous nous efforcerons de vérifier l'altitude que nous avons assignée à la limite des neiges, vu que tout dépend de l'exactitude de ce chiffre.

Nul doute que l'altitude de la limite des neiges soit subordonnée à la latitude du lieu en même temps qu'au coefficient E, de manière que, si nous connaissions exactement le niveau de la limite des neiges d'une montagne, nous pourrions la déterminer sur ces seules données, pour toute autre montagne non exposée, bien entendu, à l'influence d'agents locaux exceptionnels. Pour cela, nous devons encore reconnaître la mesure normale dans laquelle la ligne des neiges s'élève pour chaque degré de latitude décroissante, indépendamment de la valeur E. Si nous avions à notre disposition deux montagnes situées à des latitudes différentes, et pour lesquelles la valeur E serait identique, la solution du problème serait aisée; mais, à défaut de ce postulat, nous nous contenterons de prendre deux montagnes pour lesquelles le niveau de la limite des neiges soit déterminé d'une manière suffisamment exacte. Eh bien, le Faulhorn et l'Ararat sont justement dans ce cas.

Pour le Faulhorn nous avons :

Latitude N. . . . . $46^{\circ},72$

Altitude de la limite des neiges.   2603 mètres.
Hauteur correspondant à 1° C. .   175,3   —

Pour l'Ararat nous trouvons :

Latitude N. . . . .   39°,70
Altitude de la limite des neiges.   4317 mètres,

selon la formule, sur l'Ararat, au niveau de 2603 m. la valeur correspondant à 1° C. est 197^m,2.

Nous voyons par là que, si une seule et même valeur correspondait pour les deux montagnes à un degré C., l'élévation de la ligne des neiges correspondant à un degré de latitude serait de : $\dfrac{4317^m - 2603^m}{7^0,02} = 244^m,16$: or, dans l'espèce, cette valeur doit être diminuée proportionnellement à la valeur du rapport $\dfrac{175,3}{197,2}$, ce qui nous donne : $244^m,16 + \dfrac{175,3}{197,2} = 217^m$. Tous les chiffres qui entrent dans ce calcul étant très-près de la réalité, nous pouvons, en toute sécurité, appliquer au Kazbek le résultat obtenu.

La différence de latitude du Kazbek et de l'Ararat est $(42^0,70 - 39^0,70) = 3^0$; par conséquent, la différence d'altitude des limites de leurs neiges serait $3^0 + 217^m = 651$ m., si le coefficient de la dépression de température était identique pour les deux montagnes ; mais, puisque pour le Kazbek, à l'altitude ci-dessus déterminée de la limite des neiges (3644 m.), la valeur correspondante pour 1° C. est $\dfrac{3644^m}{16^0,57} = 220$ m., et que pour l'Ararat le chiffre correspondant à la même altitude est, d'après la formule, 232^m,8, la différence réelle sera proportionnelle à ces chiffres en raison inverse, c'est-à-dire : $x : 651^m = 232^m,8 : 220^m$, soit $x = 689$ m., et le niveau de la limite des neiges du Kazbek sera : $4317^m - 689^m = 3628^m$, soit à peu près à la même altitude que celle que nous avions déduite précédemment, avec un écart de 16 m. seulement.

Si nous voulions corroborer la justesse du calcul précédent au niveau de la limite des neiges du Mont Blanc, estimé par les frères Schlagintweit à 2811 m., nous arriverions au résultat suivant. La différence des latitudes du Mont Blanc et de l'Ararat est de 45°,83 — 39°,70 = 6°,13; en multipliant par 217 m., nous aurons 1330 m., et la proportion : 1330 : $x = 184,7 : 233$ nous donne $x = 1606$ m. De là le niveau $4317^m - 1606^m = 2711^m$, c'est-à-dire de 100 m. plus abaissé que d'après les frères Schlagintweit; cela prouve l'élévation anormale de la ligne des neiges du Mont Blanc, due apparemment à l'action du *foehn*.

Mesures propres à mettre un terme aux éboulements du Kazbek.

Connaissant les limites de l'extension du glacier de Deudoraki, je crois possible pour compléter les mesures précédemment proposées par moi, dans des mémoires spéciaux, en vue d'empêcher le retour des éboulements du Kazbek, — mesures qui exigeaient une surveillance incessante du glacier, — d'en indiquer ici de nouvelles, dont la réalisation nous délivrerait à jamais de l'éventualité de ces éboulements, et par conséquent de toute inquiétude à cet égard. L'éboulement provient de ce que le glacier, en s'approchant de l'étroit couloir de l'Amilichka, et y trouvant un obstacle à son extension, s'entasse jusqu'à former une montagne de glace de 200 m. de hauteur, qui obstrue l'écoulement des eaux provenant, soit de la fonte, soit des pluies; et lorsqu'enfin cette digue de glace vient à être rompue, toute cette masse de glaçons et d'eau accumulée se précipite avec une rapidité extraordinaire le long de la gorge abrupte du torrent, et, arrivée au Terek, dont le cours est perpendiculaire à la gorge de l'Amilichka, elle vient obstruer le fleuve de glace, de pierres et de boue. Il résulte de là que, si l'on supprime l'obstacle, en permettant au glacier de se mouvoir librement le long du vallon d'Amilichka, il ne formera plus d'entassement de digue de glace, et cessera, par conséquent, d'être dangereux. Grâce à sa plasticité[1], un glacier peut se frayer

---

[1] Tyndall, *la Chaleur*, p. 146 : « Vous voyez par là que la glace brisée peut, au moyen de la compression, être soudée de nouveau, et, par suite de la faculté de congélation qui réunit les surfaces en contact, cette substance peut prendre la forme que vous voudrez... De ce morceau je pourrais faire un câble de glace et ensuite y pratiquer un nœud. Fort intéressantes sont les expériences sur la

son chemin dans un couloir excessivement étroit, pourvu
seulement que le rétrécissement en soit graduel ; si, par conséquent, on donne libre accès au glacier dans le ravin en
taillant les flancs de ce dernier, il ne sera pas même nécessaire de rectifier le lit du torrent, le glacier se mouvant fort
bien dans le sens d'une ligne courbe, pourvu qu'elle ne soit
pas brisée. Les travaux nécessaires à faire dans ce but peuvent être déterminés par le relevé tachéométrique de l'extrémité du glacier et du lit de l'Amilichka sur un espace de
deux kilom. au plus ; ensuite, deux tangentes prolongées
depuis les bords du champ de glace jusqu'au point de
leur intersection au fond du ravin de l'Amilichka, à une distance de 600 m. de l'origine du ravin, serviront à déterminer
l'échancrure qu'il convient de faire pour faciliter la marche
du glacier.

M. Ernest Favre, géologue suisse (dont je m'honore d'être
l'ami), m'objecta [1], après avoir examiné ce glacier, que
j'avais tort de supposer pour le glacier de Deudoraki un
mouvement constamment régulier, alors que le glacier de
Rofen-Vernagt, qui descend du mont Vernagt, en Tyrol, prend
périodiquement (tous les soixante ans) un accroissement
extrêmement rapide, et, en atteignant la vallée latérale de
Rofen, la barre et produit des inondations dévastatrices,
lorsque cette digue vient à se rompre.

Je n'admets pas en général d'irrégularités dans la nature,
car toutes les irrégularités apparentes sont dues à l'action
de certaines lois. Je ne connais pas le glacier de Rofen-Vernagt, mais, quant au glacier de Deudoraki, il n'offre aucune
espèce d'anomalies, et partant, il n'y a pas lieu, pour expliquer ses chutes, de recourir à l'hypothèse d'une progression
exceptionnellement rapide, dont on serait bien embarrassé
de trouver la cause, alors que la véritable cause des éboule-

---

plasticité de la glace à une pression peu considérable. » *Mémoires de la Société
imp. russe de géographie*, t. VII, fasc. 1. *Recherches sur la période glaciaire*,
par J. Kropotkine.

1. Archives de la Bibliothèque universelle. Ernest Favre, note sur quelques
glaciers de la chaîne du Caucase et particulièrement sur le glacier de Devdorac.
Janvier 1869.

ments est toute trouvée sans l'aide de cette supposition gratuite. Mais en admettant même que, de temps à autre, le glacier de Deudoraki, de même que celui de Rofen-Vernagt, éprouve, pour des raisons inconnues, des velléités de progression rapide, cela ne serait non-seulement pas une réfutation de mon hypothèse, mais bien plutôt un argument en sa faveur, puisque dans ces conditions la formation d'une digue de glace serait encore bien plus explicable. Il n'y a guère qu'un point sur lequel l'hypothèse d'une progression exceptionnellement rapide puisse servir d'objection, c'est sur la question des mesures propres à prévenir les éboulements, mesures que, dira-t-on, nous n'aurons pas le temps de prendre. Mais, d'après M. Favre, en 1677, le glacier de Rofen-Vernagt parcourut, en quatre-vingt-dix jours, un espace de 1200 m., puis, d'octobre 1844 à janvier 1845, il avança de $1^m,69$ par jour, parcourut ensuite en douze jours un espace de 120 m. et alla barrer la vallée de Rofen. Charles Martins, en parlant de ce glacier, ne fait pas mention de la vitesse de son mouvement en 1677, trouvant apparemment que les mesures de ce temps-là ne méritent guère de confiance ; il estime la plus grande rapidité de mouvement de ce glacier à $9^m,92$ par jour, soit $0^m,413$ par heure, ce qui est un mouvement plus lent que celui de l'aiguille à minutes sur un cadran d'horloge d'un diamètre de $0^m,131$. Il est évident que même ce mouvement extrêmement rapide pour un glacier est encore assez lent pour que celui-ci, grâce à sa plasticité, puisse avancer sans encombre dans un couloir dressé pour lui, en prenant une forme de plus en plus rétrécie. Ce n'est pas parce qu'il se meut trop vite que le glacier de Rofen-Vernagt cause des inondations, mais c'est parce que dans son mouvement de progression il vient se mettre en travers de la vallée de Rofen qu'il barre de cette façon. C'est ce qu'il pourrait également faire en avançant d'un mouvement plus lent ; quant au glacier de Deudoraki, ne trouvant nulle issue, il grimpe forcément aux parois des rochers et s'amoncelle verticalement.

Opinion peu compréhensible de l'académicien Abich.

Ayant appris, en 1876, qu'il existait de vives alarmes sur
le danger dont le glacier de Deudoraki menaçait l'unique
voie de communication entre la Transcaucasie et le reste de
l'empire, l'académicien vint tout exprès de Vienne pour
visiter le glacier, après quoi il exposa son avis dans le Bulletin déjà cité de l'Académie des sciences et aussi dans une
lettre adressée au président de la Société technique du Caucase. Dans ce document, il est dit, entre autres :

« Ayant visité le glacier de Deudoraki dix jours après le
départ de la Commission chargée d'en explorer l'état, et
soumis à une nouvelle étude les phénomènes singuliers qui
constituent autant d'apparentes anomalies par rapport aux
lois établies pour les glaciers les plus explorés des Alpes,
j'ai acquis encore davantage la conviction que, dans le cas
présent, il convient de recourir à la géologie, et que l'étude
des conditions pétrographiques du Kazbek peut seule
fournir la clef des problèmes du glacier de Deudoraki. Je
présenterai des arguments à l'appui de ma thèse. »

Je laisse aux lecteurs le soin de prendre connaissance de
la manière, assez obscure d'ailleurs, dont l'académicien
éclaircit le brouillard qu'il a lui-même étendu sur le glacier
de Deudoraki, en leur souhaitant de tirer de cette lecture
une conclusion quelconque. Quant à moi, ici je me bornerai
à la remarque que je ne conçois pas quelles anomalies l'a-
cadémicien Abich a pu découvrir pour le glacier de Deudoraki qui n'existent pas également sur l'un ou l'autre des
quelques milliers de glaciers des Alpes, si variés et si bien
explorés. Quant à l'étonnante variété que présentent les
Alpes, on connaît la célèbre sentence de Saussure, ce savant
qui les a si longtemps et si bien étudiées : « Il n'y a dans
les Alpes rien de constant que leur variété. »

Lorsqu'en 1876 la Commission, dont il m'a été impossible
de faire partie, revint du glacier de Deudoraki, sans avoir
obtenu de résultats nouveaux, je crus devoir publier un
petit article intitulé : « *De l'éboulement attendu du Kazbek* »,

dans lequel, au moyen d'un simple calcul, je démontrai, avec plus de relief encore, l'erreur de la supposition qu'il suffit qu'une partie du glacier se détache de sa masse principale, pour qu'elle descende rapidement la pente du ravin et arrive jusqu'au Terek. Or voici comment M. Abich termine sa lettre : « Je pense qu'en effet il y a danger imminent que le glacier, qui actuellement (en automne 1876) présente encore une masse compacte et unie, ne se rompe sur un point quelconque, quand commenceront le dégel et les pluies, et qu'alors, glissant rapidement sur un sol boueux et vaseux, et arrivé, grâce à l'eau qu'il absorbe en abondance, à un état mi-liquide, le glacier ne produise le phénomène si déplorable par ses conséquences, qu'on redoute depuis longtemps. » Admettons que le lit du glacier soit réellement *boueux et vaseux*, mais, dès qu'il aura quitté son lit, il trouvera le lit rocailleux, étroit et sinueux de la rivière Amilichki, qui emporte rapidement toute l'eau provenant de la fonte du glacier. Ensuite on se demande de quelle manière l'extrémité du glacier, qui consiste en une masse de glace plus compacte que toute la partie supérieure, peut arriver à un état *mi-liquide*. Le contraire est prouvé par ce fait que la glace compacte de l'éboulement de 1832 forma pendant deux ans une voûte au-dessus du Térek avant de fondre. Toujours est-il que l'académicien Abich, en admettant aujourd'hui l'eau en qualité d'agent moteur, a fait une grosse concession comparativement à son opinion d'autrefois.

Lorsque, nommé en 1864 président de la commission chargée d'explorer les causes de l'éboulement du Kazbek, j'arrivai sur les lieux, j'eus d'abord des doutes sur la réalité de l'éboulement de 1832, tellement l'opinion de M. Abich me paraissait incompatible avec les lois de la dynamique. Mais quand j'acquis la conviction, d'après des documents officiels de l'an 1832, que non-seulement l'éboulement avait eu lieu, mais que deux semaines avant sa chute les indigènes avaient prédit la catastrophe d'après certains indices, j'éprouvai une surprise voisine de la stupéfaction. Pendant deux ans, ce problème me tourmenta; il me paraissait insoluble, bien que pendant ce temps j'eusse fait ample connaissance avec les travaux de différents savants relativement à l'exploration des glaciers. Enfin, lorsque j'eus déjà perdu tout espoir de trouver la clef de cette énigme, la solution se présenta d'elle-même, pour ainsi dire, à l'improviste, sous forme d'une montagne de glace décrite par les ingénieurs Myloff et Essaouloff, laquelle s'était formée en 1843 et 1855, alors que le glacier menaçait de produire des éboulements. La force motrice, c'était évidemment l'eau amassée derrière cette digue.

Toutefois, bien qu'alors même, après la lecture de mon mémoire dans la section caucasienne de la Société impériale russe de géographie, les mesures préventives proposées fussent approuvées et les dépenses de l'État pour l'envoi d'expéditions sur le glacier supprimées, — au bout de douze ans il s'éleva des doutes sur la justesse de mes aperçus, et l'on vint demander des crédits pour de nouvelles expéditions! Et pourquoi cela? Par cette raison, principalement, qu'aucun de nos savants, à l'exception du professeur Schtchourowski, ne daigna sanctionner mon travail de son approbation. M. Schtchourowski, président de la Société impériale des amateurs de sciences naturelles, d'anthropologie et d'etnographie, dans la 30ᵉ séance qui eut lieu à Moscou, fit un exposé succinct de mon mémoire dont il daigna faire l'éloge; quant à l'académicien Abich, il garde jusqu'à présent un silence obstiné sur mes travaux, et chez nous (au Caucase) chacun attend sa décision comme l'arrêt d'un oracle, mais je crains fort que cette attente ne soit éternelle. Dans mon mémoire, j'avais eu l'imprudence de dire que M. Abich se trompe en rapportant le glacier de Deudoraki à la catégorie des glaciers de second ordre, à l'exemple d'Agassiz, qui n'admet pas que le Caucase puisse posséder de glaciers de premier ordre et ne lui attribue que des glaciers suspendus aux flancs des montagnes, comme ceux des Pyrénées. Aujourd'hui l'académicien Abich a daigné enfin faire une concession sur ce chapitre, comme sur tant d'autres), en assignant aux glaciers de premier ordre du Caucase le rang qui leur est dû ; mais, pour ce qui est de la digue de glace, il est douteux que ce savant se décide jamais à en reconnaître la réalité. L'imprudence que je commis en contredisant M. Abich provoqua de sa part l'étonnante découverte[1] qu'il est dangereux de percer pour le chemin de fer des tunnels dans les montagnes du Caucase, à cause de l'existence possible de cavernes remplies d'acide carbonique amassé sous une forte pression ! dans des schistes argileux et ardoisiers !

**Glaciers du Passis-Mta, de la crête de Bogosse et du Shah-dag.
Température moyenne annuelle au niveau du tunnel projeté.**

Continuant la revue des glaciers énumérés par l'académicien Abich, nous avons d'abord le glacier sur l'affluent du Rion, qui descend la pente méridionale du **Passis-Mta** jusqu'au niveau de 2241 mètres. Or l'altitude de la limite des neiges de cette montagne ayant été déterminée par M. Abich à 2904^m,5, l'espace vertical occupé par le glacier n'est que de 664 m., fait qui, rapproché de ce que nous avons vu précédemment, prouve que ce glacier se trouve dans une période de décroissance.

Pour ce qui est des glaciers descendant de la crête de Bogosse et aussi de ceux du Shah-dag, nous n'avons rien de particulier à en dire, parce que leurs extrémités sont situées à une hauteur assez considérable et que d'ailleurs nous ne possédons que très-peu de données à leur égard.

Terminons ces études comme nous les avons commencées, c'est-à-dire en essayant de déterminer la température moyenne au niveau du tunnel projeté du Djomag, puisque nous sommes actuellement en possession de quelques éléments pour faire ce calcul.

L'altitude absolue moyenne du tunnel projeté est de.   1782,6 m.
Longitude E. . . . . 2^h 47^m
Latitude N. . . . . 42°,64

---

1. *Mémoires de la section Caucasienne de la Société technique russe*, t. V (1872-1873). Communication de l'académicien Abich sur *Les difficultés du percement d'un tunnel dans les montagnes du Caucase*.

Température moyenne au niv. de la mer.   14°,34
Dépression de tempér. jusqu'au niveau de la limite
des neiges. . . . .   16°,60

Le col de Djomag étant situé de 0°,06 au sud du Kazbek, nous pouvons, sans crainte d'erreur grave, admettre pour lui la même altitude de la limite des neiges, c'est-à-dire 3644 m. Nous déduirons, d'après la formule, la dépression de température aux niveaux de 1782,6 et de 3644 mètres, puis nous établirons la proportion : $16°,60 : X = 15°,59 : 8°,41$: d'où il résulte que la dépression jusqu'au niveau du tunnel est $X = 8°,92$, et la température à ce même niveau est égale à $14°,3 4 — 8°,92 = 5°,42$ C.

Sur le Saint-Gothard [1], l'altitude absolue de la station de Göschenen est 1102 m., la température moyenne annuelle 5°,45 ; à la station d'Airolo l'altitude est 1178 m. [2] et la température moyenne annuelle est 5°,79, ce qui donne pour les deux stations un niveau moyen de 1140 m. et une température moyenne de 5°,62, soit de 0°,20 C. de plus que pour le tunnel de Djomag. Le niveau moyen des débouchés nord et sud

du tunnel du Saint-Gothard est $\dfrac{1109 \text{ m.} + 1145 \text{ m.}}{2} = 1127$ m.,

c'est-à-dire à peu près le même que celui des stations météorologiques.

Des observations météorologiques ultérieures, faites sur les lieux mêmes, montreront jusqu'à quel point notre calcul se rapproche de la réalité, mais à juger à simple vue il doit en être loin, et cela pour les raisons suivantes :

Entre les villages de Göschenen et d'Airolo, situés au niveau des débouchés du tunnel du Saint-Gothard, il n'y a plus, excepté le village d'Andermatt (à 346 mètres en amont de Göschenen) et l'hospice, d'autres lieux habités ni de cultures. Les habitants s'occupent principalement de laiterie et

---

1. P. M. Stapff : *Ueber die Wärmevertheilung im Gothard*. Bern, 1877. L'auteur est un géologue suédois qui s'ocupe depuis longtemps d'investigations géologiques pendant les travaux du tunnel.

2. Toutes les altitudes se rapportant au col du Saint-Gothard sont d'une façon rigoureuse déterminées géodésiquement et extraites des mémoires techniques sur la construction de la ligne ferrée du Saint-Gothard.

de l'élevage des bestiaux, mais leur principale ressource sont les touristes, surtout les Anglais qui visitent en masse les Alpes tous les étés. Du reste, en jetant les yeux sur les calculs des savants, relativement à la limite extrême des champs labourables dans des localités voisines du Saint-Gothard, nous verrons que le même fait se reproduit ailleurs. Dans les Alpes bernoises, par exemple, sur le Finsteraarhorn (lat. N. 46°,53), M. Kasthofen[1] fixe cette limite au niveau de 1195 mètres, et M. Wahlenberg[2] la détermine à 1035 mètres pour Saint-Gall (lat. N. 46°,96). Or Göschenen est situé sous la latitude 46°,67, et l'issue septentrionale du tunnel est au niveau de 1145 mètres : par conséquent il ne faut pas s'attendre à trouver des champs sur le col du Saint-Gothard en amont du tunnel.

Or que voyons-nous sur le col qui sépare les bassins de la Liakhva et de l'Ardon? De nombreux villages dans tous les vallons, bien au-dessus du tunnel projeté, le long des ravins de la Jemtchna, du Ghinati-don, du Zaki-don, du Djomag, du Mag, du Rok, et du cours supérieur de la Liakhva ; et toutes les pentes des montagnes sont tapissées de champs d'orge! Prenons, comme exemple, le seul vallon du Zaki-don ; à partir du niveau du tunnel projeté, dont l'issue septentrionale sera au bord de cette rivière, à une altitude absolue de 1845 m., — en remontant le cours de la rivière on trouve onze villages dont le dernier, Zaki, est situé à 2290 m. au-dessus du niveau de la mer, comme il résulte de la triangulation de la Transcaucasie. Dans un vallon voisin, celui de la rivière Fiag-don, se trouve le village de Kolota, situé à une altitude absolue de 2353 mètres, et près duquel la limite extrême des champs d'orge a été déterminée par la triangulation à 2470. Nous voyons par là que, tandis qu'au niveau du tunnel du Saint-Gothard s'arrêtent non-seulement les champs, mais encore, sauf deux exceptions, les habitations humaines, au-dessus du tunnel

---

1. *Wälder und Alpen des Bernerischen Hochgebirges.*

2. Wahlenberg : *De vegetatione et climate in Helvetia septentrionali inter Arolam et Rhenum.*

projeté du Djomag la vie champêtre s'étend encore sur une zone de 507 mètres et les ensemencements ne cessent qu'à 600 mètres en amont du tunnel.

Pour compléter ce qui vient d'être dit, ajoutons que le point culminant du chemin de fer projeté se trouve à 158 m. plus bas que la station de poste de Kobi[1]; or, même entre Kobi et Wladikawkaz, les communications ne souffrent aucune interruption pendant l'hiver.

Pour les raisons ci-dessus énoncées et à défaut d'observations météorologiques, le plus important, pour le moment, c'est une exploration exacte et détaillée de tous les endroits exposés à des chutes d'avalanches. Les points offrant plus ou moins de danger ont été marqués sur les plans, d'après les indications des indigènes, lors des travaux d'investigation pour étudier le terrain. Outre cela, pendant les hivers de 1875 à 1876 et de 1876 à 1877, on étudia la direction de la ligne future, et ce fut surtout l'hiver de $\frac{1876}{1877}$ qui fournit à cet égard des renseignements précieux, grâce à l'abondance extraordinaire des neiges. Les indigènes, il est vrai, avaient pu donner des indications suffisantes, car les habitants des villages situés en amont du niveau de la ligue projetée connaissaient, grâce au besoin de communications, les endroits exposés aux avalanches; mais apparemment il n'y avait pas eu de longtemps un hiver comme celui de $\frac{1876}{1877}$, puisqu'il y eût nombre d'éboulements des neiges sur des points qui n'avaient pas été indiqués par les indigènes. Mais aussi, en tenant compte de tous ces points, l'on peut désormais être assuré que la future ligne fonctionnera sans interruptions. Quant à l'anomalie plus haut mentionnée, concernant la température moyenne au niveau du tunnel, nous l'expliquons par les considérations suivantes : La température moyenne de la station de Goudaour, située à peu près sous la même latitude que le tunnel projeté, est de 4°,03; la hau-

---

1. Calendrier du Caucase pour 1877. L'altitude absolue de la station Kobi est de 2003 mètres.

leur correspondant à une dépression de température à 1° C.
est de 208 mètres; or, Goudaour étant de $451^m,2$ au-dessus du niveau du tunnel projeté, la température de ce dernier devra être approximativement : $4^o,03 + \dfrac{451,2}{208} = 6^o,20$,
soit de $6^o,20 - 5^o,62 = 0^o,58$ plus élevée qu'au niveau du tunnel du Saint-Gothard.

Les glaciers des époques anciennes.

En parlant des glaciers du Caucase, comparativement à ceux de la Suisse, il faut bien dire quelques mots sur leur extension pendant les époques glaciaires. L'existence de deux époques glaciaires est reconnue par un grand nombre de savants [1].

En 1870, l'académicien Abich publia un mémoire très-intéressant, intitulé : « *Etudes sur les glaciers actuels et anciens du Caucase* », d'où il résulte que les anciens glaciers du Caucase descendaient dans la plaine de Kabarda jusqu'à peu de distance de l'emplacement actuel de la stanitza d'Ardon.

La limite inférieure de l'extension des glaciers du versant septentrional des Alpes suisses ne saurait être déterminée au juste, parce que les glaciers, en atteignant le lac Léman (375 m.), par exemple, ne pouvaient descendre plus bas, et il ne leur restait qu'à gravir les pentes des montagnes voisines. Mais, sur le versant méridional, d'anciennes morènes bordent les lacs de Lago-Maggiore, de Côme et d'autres, d'où on peut conclure que les glaciers descendaient jusqu'au niveau de 197 mètres pour le moins.

Alors, tout comme aujourd'hui, ces glaciers avaient une température moyenne de $-2^o,26$ C. au niveau de leur naissance et de $+4^o,26$ au niveau de leur extrémité inférieure. La température moyenne de Milan (V. p. 36) situé à l'altitude de 147 m., étant actuellement égale à $11^o,85$, et la hauteur correspondant pour 1° C. étant 116 m., l'emplacement de Milan devait à cette époque avoir une température de

---

1 . Ramsay, Morlat, Gras, Dausse, Lartet, Garrigou, Vezian, de Mercey, Calland, Heer, Escher dela Liuth, Martins, Lyell, d'Archiac et autres.

$$4^0,26 + \frac{197 \text{ m.} - 147 \text{ m.}}{116 \text{ m.}} = 4^0,69,$$ soit de $7^0,16$ plus basse que sa température actuelle.

Pendant l'époque glaciaire la température du Caucase était plus élevée que celle de la Suisse de la valeur de $1^0,18$ C. pour le moins.

La stanitza d'Ardon, suivant l'évaluation faite par l'académicien Abich dans le mémoire cité ci-dessus, est située à $159^m,5$ au-dessous du niveau de Wladikawkaz; or, la température actuelle de Wladikawkaz (p. 40) étant $9^0,03$ et la hauteur pour 1^0 C. étant 132 m., à l'époque glaciaire l'emplacement de Wladikawkaz devait avoir une température de $$4^0,26 - \frac{159,5 \text{ m.}}{132 \text{ m.}} = 3^0,05,$$ soit de $5^0,98$ inférieure à celle d'à présent. Par conséquent la différence des températures de Milan et de Wladikawkaz était alors : $4^0,69 - 3^0,05 = 1^0,64$ C. Or actuellement elle est $11^0,85 - 9^0,03 = 2^0,82$. Pourquoi donc la température, à l'époque glaciaire, était-elle de $1^0,18$ plus élevée à l'emplacement de Wladikawkaz qu'à celui de Milan? A quoi faut-il attribuer cette différence? A une erreur dans l'évaluation des limites extrêmes de l'extension des anciens glaciers ? Non pas, car alors il faudrait assigner aux glaciers du Caucase une limite d'extension plus abaissée de $132 \text{ m.} \times 1^0,18 = 156$ m., alors que l'académicien Abich, qui les a suivis pas à pas, n'a pu retrouver leurs traces que jusqu'à peu de distance en deçà de la stanitza d'Ardon. Quant à moi, je n'accepte cette stanitza comme limite extrême de l'extension des anciens glaciers qu'à défaut d'autres mesures hypsométriques de cette localité. Il est également impossible de supposer que, dans l'Italie septentrionale, les anciens glaciers n'aient pas atteint le niveau de 197 m. Au contraire, je suis plutôt porté à croire qu'ils étaient descendus en Italie plus bas que le niveau de 197 m , puisque la profondeur du Lac-Majeur est de 854 m. et qu'il y a controverse parmi les savants sur la question si ce ne sont pas les glaciers qui ont produit cette excavation du sol [1]. Quoi qu'il

---

1. Mortillet, Gastaldi, Ombini, Ramsay et Lory, sont pour cette hypothèse.

en soit, nul doute que, pendant les époques glaciaires, la température au Caucase ait été moins abaissée qu'en Suisse de la valeur de 1°,18 C[1]. pour le moins.

Cause de ce phénomène.

Pour expliquer ce phénomène, il faut se rendre compte de la cause même de l'abaissement général de la température pendant les époques glaciaires.

Je ne m'arrêterai pas ici à énumérer toutes les hypothèses admises (Poisson, Tyndall, etc.) — toutes plus ou moins arbitraires — relativement à l'abaissement de la température à ces époques ; je me bornerai à dire quelques mots sur la théorie remarquable (à quelques exceptions près) publiée par Adhémar[2] en 1843.

A l'époque actuelle, le printemps et l'été sont de huit jours plus longs dans l'hémisphère septentrional que dans l'hémisphère méridional. Pour le pôle boréal, l'année se compose actuellement de 4464 heures de jour et 4296 heures de nuit ; pour le pôle austral c'est l'inverse : le soleil est absent pendant 4464 heures et n'est visible que pendant 4296 heures. La proportion, selon laquelle la chaleur solaire est distribuée aux deux hémisphères, se modifie graduellement sous l'action combinée de la précession[3] des équinoxes et de l'oscil-

---

Marchison, Desor, Alph. Favre, Benoît, J. Ball, Cotta, contestent que les glaciers aient pu produire des excavations occupées, dans la suite, par des lacs.

1. Comme les anciens glaciers atteignaient le confluent du Rhône et de la Saône près de Lyon, il serait intéressant de vérifier ce chiffre, mais à mon regret je ne possède pas les données météorologiques nécessaires, relativement à Lyon.

2. Adhémar. *Révolutions de la mer.*

3. PRÉCESSION (du latin prœcessio). Mouvement progressif et très-lent des équinoxes qui, sans influer sur l'inclinaison de l'équateur à l'écliptique, en fait rétrograder les nœuds ou les équinoxes de 154″,63 par année, c'est-à-dire, fait que l'intersection commune des deux places ou la ligne des équinoxes décrit annuellement sur l'écliptique un arc de cette étendue, en sens contraire du mouvement propre de la terre. C'est ce même mouvement progressif qui rend l'année tropicale un peu plus courte que l'année sidérale, et qui occasionne les variations des étoiles en ascension et en déclinaison. Depuis qu'on a donné des noms aux constellations du zodiaque, le soleil, par précession des équinoxes, a rétrogradé d'un signe, et, quoiqu'on dise toujours qu'il entre au mois de mars dans le signe du bélier, il faudrait dire dans le signe des poissons.

lation de l'axe terrestre. Dans 21 000 ans, notre planète sera
revenue à la même position qu'elle occupe actuellement.
L'an 1248 de notre ère, le premier jour de notre hiver coïn-
cidait avec le passage de la terre par le périhélie, et cette
année correspondait à la plus haute température dans l'hémisphère boréal et par conséquent à la plus basse dans l'hémisphère austral. Depuis lors, la température de notre
hémisphère a commencé à baisser, et celle de l'hémisphère
sud à s'élever. La différence maximum de température, d'après
les calculs d'Adhémar, atteint 11° C[1]. Dans 10 500 ans après
l'an 1248, c'est-à-dire en l'an de grâce 11748, nous aurons
notre minimum et l'hémisphère austral son maximum de
température, et les glaciers, envahissant de nouveau le
nord de l'Europe, atteindront leur plus grande extension.
La répartition inégale de la chaleur solaire sur les deux
hémisphères leur donne des quantités inégales de glaces.
Les glaces de l'hémisphère septentrional vont graduellement occuper un espace de plus en plus grand comme étendue et comme épaisseur; leur masse constamment croissante et leur poids les feront descendre de plus en plus au-
dessous du niveau de la mer ; elles viendront s'appuyer sur
le fond de la mer et l'envahiront de plus en plus, en refou-
lant l'eau, et en même temps elles croîtront en hauteur sous
l'action des précipitations sans cesse croissantes de l'atmosphère. Ces montagnes de glace s'amoncelant de plus en plus
au pôle nord, et diminuant d'autant au pôle sud, doivent
forcément produire un déplacement vers le nord — quelque
petit qu'il soit — du centre de gravité du globe. Ce déplacement du centre de gravité de la terre aura une action
très-sensible sur le niveau des eaux, qui devront par degrés
mettre à nu bien des terres de l'hémisphère austral et en envahir autant dans l'hémisphère boréal. Suivant les calculs
de Croll (dont il sera question plus bas), la calotte de glace
du pôle austral a actuellement 2800 milles de diamètre et,

------

1. Milan étant situé sous la latitude 45°,47, l'abaissement moyen de la température dans l'hémisphère septentrional ne doit guère différer du chiffre de
7°,16 C., ci-dessus énoncé (Bescherelle).

au pôle même, l'épaisseur de glace atteint 24 et, selon Adhémar, même 60 milles. Dans l'océan glacial austral, on rencontre parfois des glaçons flottants de plus d'un mille d'épaisseur.

Dans l'explication d'Adhémar, il n'y a rien d'irrationnel, pourvu qu'on écarte (comme je le fais), la partie de son hypothèse où il suppose que les glaces accumulées au pôle finiront, grâce à leur immense poids, par s'éffondrer et être précipitées à la fois au fond de la mer, en produisant simultanément le déplacement du centre de gravité du globe et du niveau des eaux. Ce *saltus* de la nature a été admis apparemment par égard à la tradition biblique, afin de démontrer la possibilité du déluge.

A l'appui de son affirmation que la température va décroissant dans notre hémisphère, depuis l'an 1248, Adhémar cite nombre de faits plus ou moins concluants; je n'en mentionne qu'un, constaté également par Arago. Plusieurs familles du Vivarais ont conservé des actes de propriété avec inventaires remontant jusqu'à l'an. 1561, dans lesquels il est fait mention de vignobles, situés à des endroits où, de nos jours, la vigne ne mûrit plus. La chronique de la ville de Mâcon nous dit que des huguenots, en 1552, se retirèrent à Lanciey (village situé non loin de cette ville) et qu'ils y burent du vin de muscat de l'endroit; or, aujourd'hui le vin muscat n'atteint pas à Mâcon un degré de maturité suffisante pour en faire du vin. Les anciennes chroniques relatent que jadis la vigne prospérait en pleins champs dans la plus grande partie de l'Angleterre et qu'on en faisait du vin. Ces faits, dit Arago, me paraissent suffisants pour convaincre les plus incrédules qu'en France et en Angleterre l'été a perdu une partie considérable de sa chaleur[1].

---

1. Relativement à la température moyenne annuelle, Arago est d'un autre avis.

Dans un mémoire sur la température du globe (*Annuaire* 1834), Arago, comme preuve que la température de notre hémisphère n'a pas varié, fait remarquer que les dattiers exigent, pour pouvoir prospérer, une température moyenne qui ne doit pas être au-dessous de 21^0, tandis que la vigne ne supporte pas une chaleur au-dessus de 21 à 22^0; or, comme jadis le dattier et la vigne mûrissaient simultanément dans les vallées de la Palestine, il faut que sa température à

Il a été dit précédemment (p. 69) qu'à Poti les citronniers ont disparu, pour ainsi dire, sous nos yeux.

L'abaissement de la température durant les époques glaciaires étant d'autant plus considérable qu'on s'avance vers le nord, la théorie d'Adhémar nous explique parfaitement pourquoi dans le Caucase, situé plus méridionalement que la Suisse, l'abaissement de la température était moins grand. qu'en Suisse.

En admettant, comme le veut Adhémar, que le maximum de la décroissance de température à partir de l'an 1248 soit de 11°, pendant les 600 années écoulées depuis cette dépression, il n'a pu être que de $11^{\circ} + \dfrac{630}{10,500} = 0^{\circ},66$; il paraîtrait donc étrange qu'un abaissement si insignifiant de la température eût pu exercer une influence quelconque, sur les citronniers de Poti, par exemple. Mais, de nos jours, la température annuelle de Tiflis, entre autres, s'abaisse quelquefois de 1°,22 au-dessous de la moyenne normale ; l'écart de la température mensuelle va jusqu'à 16°,32 et celui de la température diurne atteint 21°,88 au-dessous de la moyenne annuelle ; or, un abaissement général de la température annuelle pour la valeur de 0°,66 correspond à un abaissement moyen extrême de 11°,83 pour les températures diurnes, ce qui suffisait assurément pour faire geler les citronniers.

Quelques savants, M. Sartorius de Walterhausen entre autres, attribuent les changements de climat à l'oscillation de l'écorce terrestre, en vue de quoi M. Sartorius a dressé ses tableaux dont j'ai cru pouvoir profiter. D'autres, à l'exemple

---

cette époque ait été comprise entre 21 et 22°. En rapprochant ce chiffre de la température du Caire qui est de 22° et en diminuant celle-ci de 1/2 ou 3/4 de degré, à cause de sa latitude plus septentrionale de deux degrés que celle de Jérusalem, nous obtenons à peu près cette même température de l'ancienne Palestine. Adhémar objecte à cette remarque d'Arago que, depuis l'antiquité, la température s'est élevée jusqu'à l'an 1248 et qu'actuellement elle est redescendue d'à peu près autant, et que par conséquent l'exemple cité ne prouve rien.

Aujourd'hui M. Glaisher s'efforce aussi de prouver qu'en Angleterre la température n'a pas changé depuis 2000 ans; mais je voudrais, dans ce cas, que ce savant expliquât la cause de la disparition des vignobles en Angleterre.

d'Adhémar, qui le premier émit l'idée de la possibilité d'un déplacement du centre de gravité de la terre par suite de l'entassement inégal de glaces aux pôles, ajoutent aux causes de changements de climat énoncées par Adhémar les influences cosmiques suivantes :

1° Une modification — présumée plus considérable — de l'angle formé par l'ecliptique avec l'équateur (hypothèse soutenue par Belt et Hirsch[1]), et 2° une altération de l'excentricité de l'orbite terrestre.

Cette dernière hypothèse a été, surtout dans ces derniers temps, l'objet de recherches de la part de nombreux savants[2].

Déjà Laplace avait exprimé cette idée en affirmant que les ellipses décrites par les planètes tantôt se rapprochent, et tantôt s'éloignent de la forme du cercle. Avant lui Lagrange, à la fin du siècle dernier, et Leverrier en 1839, avaient calculé la limite extrême de l'excentricité de l'orbite terrestre. Nous ne ferons ici qu'un résumé succinct des résultats de ces calculs.

Le premier jour de l'an 1800[3] l'excentricité de l'orbite terrestre, c'est-à-dire le rapport de la longueur de ses axes, était de 0,0168. Le minimum de l'excentricité qui eut lieu 900 000 ans avant l'année 1800 fut de 0,0102, et le maximum qui eut lieu 850 000 ans avant le commencement de ce siècle fut de 0,0747[4].

Dans le premier cas, la différence entre les distances maximum et minimum de la terre au soleil n'était que de 1 608 000 kilom., dans le second cas elle fut de 17 376 000 k. Plus l'excentricité de l'orbite terrestre est considérable, plus est grande la différence dans la durée des saisons. Actuellement l'hiver, pour notre hémisphère, coïncide avec l'époque où la terre se trouve au périhélie, c'est-à-dire où elle est plus près du soleil qu'en été, mais quand le solstice d'hiver

---

1. Hirsch. Bulletin de la société des sciences naturelles de Neufchâtel, sur les causes cosmiques des changements de climat.

2. Croll, Heath, Moore, Pratt. *Philosophical Magazine*, 1864, 1865, 1866.

3. Lyell. *Principles of Geology*.

4. Extrait du tableau dressé par MM. Stone et Croll d'après la formule de Leverrier.

(pour notre hémisphère) coïncidera avec l'aphélie et simultanément avec l'excentricité maximum de l'orbite, l'hiver
sera de 36, 4 jours plus long que l'hiver normal. La terre
alors devra, d'un mouvement plus lent qu'au périhélie,
franchir pendant l'automne et l'hiver un espace énorme de
son orbite; pendant le printemps et l'été, au contraire, elle par-
courra rapidement un espace beaucoup moins grand : aussi
l'été sera-t-il court, mais excessivement chaud. L'hémisphère
austral, selon Croll[1], jouira d'un printemps pour ainsi dire
continuel ; il n'y aura presque pas de différence entre les
saisons ; l'été et le printemps seront longs et frais à cause
de l'éloignement considérable du soleil ; l'hiver et l'automne,
au contraire, seront courts et relativement chauds, à cause
de la proximité du soleil. La température du mois le plus
chaud, il y a de cela 850000 ans, a dû être pour notre hémisphère, au périhélie, sous la latitude de Londres, de $52^0,22$, et
celle du mois le plus froid, à l'aphélie, de $21^0,68$. Que les
mêmes conditions cosmiques viennent à se reproduire, et le
Groënland et le Spitzberg verront de nouveau, comme jadis,
fleurir les arbres particuliers aujourd'hui à l'Europe centrale,
et l'Europe occidentale se couvrira d'une végétation quasi-
tropicale.

Nous nous arrêterons à ces chiffres et, sans nous préoc-
cuper davantage de ce qui aurait pu se passer à d'autres
époques, nous examinerons le degré de vraisemblance de
ce genre de déductions. Actuellement, suivant les calculs de
M. Sartorius, la température du mois le plus chaud, sous la
latitude de Londres, est de $14^0,03$, et celle du mois le plus
froid est de $5^0,56$; par conséquent, dans le premier cas, celui
d'une élévation extraordinaire de la température de l'hémisphère septentrional, la température du mois le plus chaud,
sous la latitude de Londres, serait plus élevée qu'actuellement de $38^0,19$, c'est-à-dire, suivant le calcul de M. Sartorius, de $8^0,05$ de plus qu'à l'époque de la formation dévo-

---

1. *Climate and Time in their geological relations : a theory of secular changes of the earth's climate.* By James Croll, of *H. M. geological survey of Scotland.* London, 1875.

nienne. Il est possible que, pour mieux prouver son idée, les chiffres de M. Sartorius pour l'époque dévonienne soient trop bas, mais dans tous les cas les chiffres qui précèdent sont fort exagérés. Nous voyons les traces d'une température très-élevée de l'hémisphère septentrional en Styrie, par exemple, où, comme il résulte des recherches de M. Ettinghausen, à l'époque de la formation tertiaire, les bananes et les palmiers croissaient à côté des chênes et des pins[1]; mais cette élévation de la température provenait de la température intérieure de la terre qui, à cette époque, exerçait encore de l'influence sur la température de la surface du sol; et enfin il suffisait, pour produire ces résultats, d'un excédant de chaleur égal à 8 degrés tout au plus.

Pour ce qui est de l'abaissement extraordinaire de la température, lequel, pour le mois le plus froid, serait allé jusqu'à $27^n,24$ au-dessous de la température actuelle sous la latitude de Londres, je suis d'avis que ces exagérations trouvent une réfutation éloquente dans l'existence des témoins historiques et indélébiles des anciennes époques glaciaires. L'étude des limites de l'extension des moraines et des débris glaciaires doit être particulièrement instructive à des latitudes peu considérables, comme, par exemple, dans la vallée de l'Ararat que les glaces flottantes des époques anciennes n'ont pu atteindre; ces glaces, par conséquent, n'ont pas pu mêler leurs sédiments aux formations glaciaires continentales. Les limites extrêmes des moraines serviront en même temps d'indication de la température extrême de ces époques.

Quelques savants, à l'appui de leur théorie sur l'abaissement extrême de la température, admettent qu'il ait existé des époques glaciaires même pendant la période des premières formations sédimentaires. Pour le démontrer, Ramsey[2] cite des vestiges glaciaires qu'il aurait découverts dans la brèche de

---

1. *Naturforscher*, 1874, n° 46, et 1875, n° 6.
2. De la découverte des cailloux anguleux, polis et striés, et de l'existence probable de glaciers et de glaces flottantes pendant l'époque de Perm. Quat. Journ. of the geol. Soc. of London.

conglomérats de Perm à Shropshire en Angleterre. Blanford
et Théobald [1] ont découvert que le groupe Talcheer qui termine la série de Perm de l'Hymalaya est composé jusqu'à une
hauteur de mille pieds : dans sa partie supérieure de couches
de marne, et dans sa partie inférieure d'un conglomérat
contenant des blocs erratiques dont quelques-uns sont tellement gros que cette partie a été nommée *la couche des
blocs erratiques* (*Boulderbed*). Marcou a remarqué que les
conglomérats cuprifères du lac Supérieur (dans l'Amérique
du Nord), appartenant à la formation de Trias, présentent les
signes caractéristiques des sédiments glaciaires. Ce même
savant a trouvé à Roubury, près de Boston, un conglomérat
de provenance glaciaire, appartenant à l'espèce du nouveau
grès rouge [2]. Le géologue Cotta considère, fort justement à
mon avis, toutes ces trouvailles comme sujettes à caution.

---

1. *Sur la structure géologique et les relations du charbon de Talcheer*.
Calcutta, 1856.

2. Marcou : *Dyas et Trias, ou le nouveau grès rouge en Europe, dans l'Amé
rique et dans l'Inde*. Archives des sciences de la biblioth. universelle, 1859.

IV

UTILITÉ PRATIQUE DES RÉSULTATS OBTENUS.
INFLUENCE DES ÉLÉMENTS DE L'ATMOSPHÈRE SUR LA
VIE EN GÉNÉRAL.
QUELLE ALTITUDE EST LA PLUS FAVORABLE
A LA SANTÉ DE L'HOMME.

**Mesurages des altitudes
des limites des neiges persistantes et des extrémités des glaciers.**

De tout ce qui précède, il est impossible de ne pas conclure combien il importe à chaque pays de posséder non-seulement des stations météorologiques, mais encore la mesure exacte de l'altitude de la ligne des neiges de ses montagnes et du niveau des pentes terminales de leurs glaciers. C'est le meilleur moyen et le plus sûr pour déterminer la hauteur normale correspondant à une dépression de température de un degré C. Lorsque nous savons trouver sur les montagnes le point juste qui a une température moyenne déterminée, [ce point, une fois son altitude connue, pourra toujours nous servir de guide pour déterminer les particularités climatologiques du pays. Mais pour cela il est indispensable de trouver ce niveau précis de la montagne où commence la formation de l'embryon glaciaire c'est-à-dire, pour nous servir d'une expression plus exacte, le niveau où la formation de l'embryon glaciaire ne peut plus avoir lieu; cela n'est pas difficile à faire, pourvu que, dans les excursions, on se munisse d'une pelle de fer, qui d'ailleurs sera parfois d'un bon secours pour nous aider à gravir les escarpements.

La connaissance du niveau des extrémités du glacier —

résultante de l'action combinée de tous les agents atmosphériques — est d'une importance capitale. Ici, toutefois, il
est indispensable de connaître la situation de ce niveau
d'une année à l'autre, et les chiffres à cet égard ne doivent
présenter aucune lacune, pas plus que les données recueillies
par n'importe quelle station météorologique. Dans ce but il
faut, avant tout, établir un repère à l'extrémité du glacier, ou
bien tailler dans les rochers voisins des signes indiquant
une fois pour toutes qu'en telle année, à tel endroit, le niveau de l'extrémité du glacier était à telle altitude déterminée. Les glaciers descendant très-bas, presque jusqu'au
niveau des lieux habités, il n'y a aucune difficulté particulière à les visiter annuellement, et à mesurer le niveau de
leurs pentes terminales. L'époque la plus agréable et la
plus commode pour les excursions dans les montagnes, c'est
le mois d'août ; à la fin de ce mois et au commencement de
septembre, la fonte des glaces est déjà moins considérable ;
parfois il gèle dans la matinée ; il tombe fréquemment de
la neige, qui, toutefois, disparaît encore plusieurs fois jusqu'à l'hiver ; mais, en général, à partir de cette époque de
l'année, l'accroissement, c'est-à-dire le mouvement progressif de l'extrémité du glacier, commence à contre-balancer la
fusion, c'est-à-dire le décroissement. Ce temps serait donc
le plus utile pour déterminer le résultat annuel fourni par
le glacier ; cependant, il n'y a pas lieu de tenir trop compte
de la saison, l'oscillation annuelle du bord inférieur du glacier étant en somme insignifiante. Il nous suffit de savoir
si le glacier est dans une bonne période de croissance ou
de décroissance ; dès lors, on peut calculer approximativement le niveau qu'il occuperait à telle époque, le 16 septembre [1], par exemple.

Si nous avions le relevé de tous nos glaciers plus ou moins
remarquables et, ce qui est plus important encore, celui
des glaciers voisins des contrées plus avancées en culture,

---

1. C'est vers cette date que tombent ordinairement les premières neiges
dans les montagnes. Ces neiges, il est vrai, disparaissent, toutefois l'automne
commence à affirmer ses droits.

la vérification annuelle du niveau des pentes terminales des
glaciers nous fournirait un élément non moins précieux que
les chiffres de la température moyenne et annuelle des stations météorologiques, obtenus avec tant de peine.

Il est évident que pour le niveau de la limite des neiges,
de même que pour celui de l'extrémité des glaciers, ce qui
importe avant tout, c'est une mesure aussi exacte que possible. Les mesures barométriques, actuellement pratiquées,
qui se rapportent à une station météorologique, éloignée
d'une centaine de kilomètres et quelquefois située au delà
de plusieurs crêtes de montagnes, peuvent présenter des
erreurs considérables. Néanmoins, sans recourir au procédé
géodésique, qui est fort coûteux, on peut déterminer d'une
façon fort exacte l'altitude absolue d'un lieu donné, par le
moyen suivant. Dans toute l'étendue du Caucase, il existe
nombre de points dont la hauteur absolue a été mesurée
par la triangulation. Quant aux hauteurs relatives, elles se
déterminent avec un degré suffisant de précision, à l'aide
de deux anéroïdes, préalablement rectifiés et dont les déviations relatives sont connues. Le nivellement au moyen de
deux anéroïdes n'est plus une nouveauté, et la pratique en
a démontré la précision et l'utilité. Ce mode de nivellement
n'a donné, sur 200 kil., à travers les taillis du gouvernement de Perm, qu'un écart de moins de 5 m. comparativement au nivellement topographique, fait avec le plus grand
soin. Par conséquent, si l'on a deux anéroïdes dont les
erreurs possibles sont déterminées et notées, il ne reste plus
aux deux observateurs qu'à convenir des heures auxquelles
ils enregistreront les indications de leurs anéroïdes, après
quoi ils partent d'un point donné, l'un à la suite de l'autre,
après s'être donné rendez-vous à l'extrémité du glacier ou
à la limite des neiges, pour contrôler les résultats obtenus. En l'absence d'un point trigonométrique, on prendrait
comme base des observations le seuil de l'église du village
le plus rapproché, ou un autre point exactement connu
qu'on pourra, dans le temps propice, déterminer après par
le nivellement ; toutefois, il ne faut pas que ce dernier but

fasse perdre le temps favorable aux observations. L'altitude
de l'extrémité du glacier une fois déterminée, l'emploi de
l'anéroïde devient superflu; il suffit dans la suite, de déterminer tous les ans le niveau de la nouvelle position du glacier, par rapport au point de repère antérieurement établi.
Pour cette opération, il suffit d'avoir dans sa poche un niveau
grec, composé d'un petit triangle en métal muni d'un plomb,
un cordon et un mètre à subdivisions. Après avoir rendu le
cordon d'une longueur arbitraire, on suspend au milieu le
triangle de métal au moyen des anses dont il est pourvu,
et le plomb indiquera de combien il faut élever ou abaisser
le bout inférieur de cordon, pour que les deux bouts forment
une ligne horizontale; la somme de toutes les indications
des subdivisions du mètre nous donnera la hauteur de
laquelle le glacier aura reculé ou avancé. En dressant la liste
des glaciers, il est indispensable d'y mentionner : de quelle
montagne descend le glacier; sur quel versant de la montagne; la direction du ravin au compas et, si faire se peut,
l'étendue qu'il occupe. Celle-ci peut être déterminée approximativement d'après le nombre de pas qu'il faut pour la parcourir; seulement il faut au préalable mesurer la grandeur
du pas normal lui-même. Il serait également utile de noter
aussi la nature du terrain des deux côtés du lit du glacier.

Mais, pourra-t-on se demander, qui donc se chargera de
cette besogne, alors que nous n'avons pas même de stations
météorologiques, faute d'observateurs? Pour résoudre ce
problème, nous aborderons tout d'abord la question la plus
importante, qui est, certes, celle des observations météorologiques.

**Où prendre des observateurs pour les stations météorologiques?
Frais d'installation de ces dernières.**

On nous dit qu'il n'y a pas de gens pour faire les observations : gratuitement, cela va sans dire, et non moyennant
salaire, car pour de l'argent on se procure tout ce qu'on
veut. Mais à quoi bon tout mettre à la charge de l'État qui,
pour subvenir à ces dépenses, devrait augmenter les impôts,

11

alors qu'à l'étranger ces choses se font sans obérer le trésor public? Chez nous, le gouvernement ne se voit que trop souvent dans la nécessité de jouer le rôle de tuteur; or, plus un enfant grandit, moins il devrait recourir à son tuteur. Dans toutes nos villes il existe des garnisons, des hôpitaux, des chefs militaires, des inspecteurs d'hôpitaux et des magasins d'approvisionnement, des médecins et des pharmaciens; outre cela, nous avons une foule de monastères, de postes d'octroi, d'écoles rurales, d'églises ayant chacune son prêtre, et enfin de stations télégraphiques. Tous ces établissements possèdent un personnel sédentaire et ayant plus ou moins d'instruction; pourquoi donc ce personnel-là ne se chargerait-il pas des observations météorologiques? C'est que la majeure partie de notre public n'a pas conscience des avantages immenses que présentent les observations météorologiques; en voyant de longues colonnes de chiffres, on se dit que tout cela n'est bon à rien. Les exemplaires, reçus en récompense de leurs travaux par les observateurs, de tomes volumineux de ces « sornettes » édités par l'académicien Wild, n'ont pour eux aucune valeur. D'attendre que le public en arrive à comprendre l'utilité de ces recherches, ce serait long; mais qu'il y ait encouragement officiel d'en haut; qu'on sache qu'en haut lieu on s'intéresse à ce travail; que les inspecteurs des hôpitaux, des magasins, et en général les autorités supérieures, en visitant, pendant leurs tournées, ces établissements, consacrent cinq minutes de temps à feuilleter les tableaux des observations ou tout au moins à s'informer de la marche des observations; qu'à leur retour à Tiflis l'autorité supérieure demande à ces inspecteurs s'ils ont visité les stations météorologiques, et tout le monde comprendra alors que ces notions sont nécessaires et ont leur importance. Puisqu'on oblige les parents d'envoyer les enfants aux écoles[1], pourquoi donc ne pour-

----

. Que mes observateurs supposés ne prennent pas en mauvaise part cette comparaison! Bien que les observations météorologiques se fassent depuis fort longtemps, ce n'est que depuis peu qu'on a appris à en tirer de l'utilité pratique. Lorsque, en 1855, M. Pouillet, rapporteur d'une commission de l'Aca-

rait-on pas rendre obligatoires des observations météorologiques pour des gens qui reçoivent un appointement de
gouvernement et qui jusqu'à présent ne comprennent pas
l'immense service qu'ils rendraient par là à leur pays ?

En cas de déplacement d'un observateur, il doit être
de règle qu'il remette avant tout à son successeur la station
météorologique avec toutes les instructions qui la concer-
nent; jusqu'à l'installation définitive du successeur, le
devancier devra aider celui-ci à faire les observations, pour
lesquelles il ne doit exister ni lacunes, ni interruptions.
En cas de maladie de l'observateur, il faut qu'il soit rem-
placé par son aide ou par la personne chargée de remplir
temporairement ses fonctions. Ce procédé qui ne coûtera
pas un sou au trésor, loin de détourner les employés des
devoirs du service, servira au contraire à leur donner des
habitudes d'ordre et de ponctualité. En bornant le nombre
des observations à trois par jour, à sept heures du matin, à
une heure après midi et à neuf heures du soir, cela demandera tout au plus cinq minutes de temps pour chaque fois
et autant pour enregistrer le résultat de l'observation, ce qui
fera en tout trente minutes par jour. En un mot, qu'on
accorde en haut lieu une attention sérieuse à notre idée, au
lieu de la considérer comme un propos en l'air, — et nous
aurons des stations météorologiques.

---

démie des sciences de Paris, déposa son rapport sur l'installation de stations
météorologiques en Algérie, l'illustre Regnaud lui-même exprima l'avis qu'il
ne voyait à cela aucun avantage pour l'agriculture. Cette opinion étonna les
membres de la docte assemblée qui, tout en sentant instinctivement ce qu'il y
avait d'erroné dans ce point de vue, n'eurent pas cependant à leur disposition
les données nécessaires pour le réfuter... La surprise des académiciens alla
croissant, lorsqu'un savant encore plus illustre, Biot lui-même, se rallia à
l'opinion de Regnaud. L'Algérie ne posséderait pas jusqu'à présent de stations
météorologiques, si le maréchal Vaillant, alors ministre, ne s'était mis de la
partie et n'avait, avec son coup d'œil pratique, reconnu la nécessité qu'il y a
pour les colons, les cultivateurs, à connaître l'époque des pluies, etc., etc. C'est
pourquoi le peu d'utilité pratique des observations météorologiques est impu-
table avant tout à messieurs les météorologistes eux-mêmes qui, étant en possession d'une masse de matériaux précieux, n'ont pas cru devoir se donner la
peine d'en tirer les résultats pratiques et d'utilité générale que ces matériaux
renferment.

Si l'on croit que la légion d'observateurs que je propose, comme étant composée principalement d'indigènes, s'acquittera mal de sa tache, on se trompe. Les indigènes, même ceux des classes inférieures, savent remplir leurs fonctions avec beaucoup de ponctualité, témoin les gardes du chemin de fer, recrutés presque exclusivement parmi les gens du pays. Il est vrai que les indigènes, à cause du climat local, sont moins actifs que les habitants du Nord; mais tout en manquant d'initiative, ils s'acquittent ponctuellement de ce qui leur est prescrit. La population indigène est fort sobre, ne faisant usage que de vin au lieu d'eau-de-vie; aussi les cas d'ivrognerie sont-ils moins fréquents ici que partout ailleurs; or, c'est là un argument sérieux en faveur de la supposition qu'on peut confier à des indigènes cette tâche, qui n'exige d'ailleurs, pour être remplie convenablement, qu'une instruction toute primaire.

La seule dépense qui tombera à la charge de l'État, ce sera l'acquisition des instruments; mais cette dépense est trop peu considérable pour former un obstacle sérieux à l'accomplissement de notre projet. Voici les objets nécessaires pour une station :

Un psychromètre	
Un hydromètre	240 fr.
Un thermomètre maxim. et minim.	
Deux pluviomètres	136
Une girouette	96
Un baromètre	320
Un évaporomètre	120
Une guérite pour placer les instrum.	100
Total, pour une station . . .	1012 fr.
Et pour 100 nouvelles stations . .	101200

Cette somme est calculée d'après les prix de l'Observatoire principal de physique; mais en faisant une commande en gros, directement chez les fabricants[1], il y aurait un rabais de 30 p. 100 au moins.

—————

1. Les instruments devront être commandés conformément à l'instruction générale de l'Observatoire principal de physique, et être tous du même modèle.

Outre cela, il faudrait une certaine dépense pour renforcer les moyens de l'Observatoire de Tiflis, et aussi pour indemniser les télégraphistes qui, à cause de l'exiguïté de leurs traitements, ne pourront faire gratuitement les observations; or il peut exister tels points où l'on ne trouvera pas d'autres observateurs que les employés de télégraphe. Enfin, sur quelques points particulièrement importants où il n'y a pas de personnes appartenant aux catégories ci-dessus énumérées, comme, par exemple, à la caserne située sur la chaîne principale, il faudra entretenir un observateur spécial.

Par qui seront mesurés annuellement les niveaux de tous nos glaciers.

Reste la question de savoir où prendre des gens de bonne volonté pour déterminer sur toutes nos montagnes l'altitude de la ligne des neiges et des glaciers, en tenir un registre détaillé et continuer ensuite à observer tous les ans le niveau des pentes terminales des glaciers. Ce problème, à mon avis, peut être résolu de la façon suivante :

Dans ce but jetons avant tout un coup d'œil sur l'activité des clubs alpins. Pour cela nous emprunterons quelques renseignements aux gros volumes de « l'Annuaire du club français ».

Depuis l'assemblée générale des membres du club alpin français, qui eut lieu le 30 avril 1875 (première année de l'existence du club) jusqu'au 1ᵉʳ mai 1876, le nombre des membres, d'abord de 845, s'était accru jusqu'à 1700; chaque membre fait une mise de fonds de 10 francs et verse annuellement 10 francs dans la caisse du club; en 1877 le nombre des membres alla jusqu'à 2221.

Le club alpin anglais en 1875 comptait 373 membres versant 1 livre sterling annuellement et autant comme mise de fonds.

Le nombre des membres du club alpin suisse dépasse 5000. Mise de fonds : 5 francs; versement annuel : 2 francs, et 7 francs pour ceux des membres qui désirent recevoir l'Annuaire.

Le club alpin italien en 1876 avait 34 sections comptant ensemble 3300 membres; le versement annuel était de 8 francs à Turin et de 12 francs à Florence.

Le club alpin autrichien (allemand) compte plus de 6000 membres, versant chacun 3 florins (7 1/2 fr.) annuellement.

En 1876, il existait encore les clubs suivants :

Le club viennois Wilde-Banda, comptant 6 membres;

La société pyrénéenne Ramon, composée de 6 membres;

Le club des touristes viennois, ayant 1200 membres dont le versement annuel était de 7 1/2 francs;

La société alpine de Trente, comptant 300 membres;

Le club de Styrie : 1378 membres versant chacun 2 florins annuellement;

Le club hongrois des Karpathes, comptant 1020 membres, payant 2 florins annuellement;

Le club de Tatra composé de 750 membres;

Le club des Vosges, comptant 950 membres; versement annuel : 5 francs;

Le club des touristes norvégiens, composé de 935 membres, versant chacun 5 fr. 60 par an;

Enfin le club américain des montagnes Rocheuses, fondé en 1875 par 5 membres; versement annuel : 1 livre sterling.

Selon toute probabilité, le nombre des membres des différents clubs alpins a atteint actuellement un total de 25 000 personnes.

Cet aperçu sommaire nous montre à quel point on s'intéresse dans l'Europe occidentale à l'exploration des montagnes; chez nous, au contraire, on dirait qu'il y a indifférence complète à ce sujet. Toutefois il n'en est pas ainsi : la nouvelle génération de notre pays, instruite, énergique et active — composée des fils des propriétaires du sol — est loin d'une pareille indifférence par rapport à nos montagnes, et d'ailleurs le public russe lui-même commence à y prendre intérêt. Jusqu'à présent, malheureusement, à cause de l'absence de moyens commodes de communication, ce public connaît mieux les montagnes de l'Europe occidentale que celles du Caucase. Mais aujourd'hui que la ligne ferrée de

Wladikavkaz est en pleine activité et que l'accès du Caucase est devenu plus facile, on se mettra à l'étudier de plus près : nous aurons, à notre tour, nos clubs alpins, dont les membres se répartiront les travaux, et le reste ira tout seul.

Nous aurons nos assemblées générales, notre bureau central où seront déposés toutes les communications, tous les travaux des membres, et qui fournira toutes les instructions, les renseignements et les instruments nécessaires pour les futures investigations des montagnes. Les touristes venant de Russie ou de l'étranger et qui exprimeront le désir de visiter telle partie du Caucase, recevront immédiatement toutes les informations nécessaires pour leurs excursions ; mais en même temps on leur fera connaître les lacunes de nos notions sur ces parties du Caucase avec prière de contribuer à les combler. Les excursions dans les montagnes, même sans but déterminé, présentent par elles-mêmes un grand attrait. Mais lorsqu'il y aura en outre un but bien défini, scientifique, d'une utilité incontestable pour une contrée qui a devant elle un grand avenir, il se trouvera des milliers d'émules, désireux de contribuer pour leur part à des travaux entrepris au profit de la science et du pays.

Nous avons déjà eu, au Caucase, la visite des membres des clubs alpins de l'Occident, accompagnés de leurs guides fameux : une première expédition explora les cimes du Caucase en 1868, une autre en 1874. Au grand étonnement des touristes étrangers, ces expéditions leur fournirent la certitude désolante que le roi des Alpes, le Mont Blanc, est détrôné et que le rang suprême parmi les montagnes de l'Europe appartient à Elbrouz ! En effet, l'Elbrouz est situé au nord du faîte et de la chaîne principale et par conséquent en Europe, et non pas en Asie [1]. Le rapporteur de la section de Paris

---

1. *Précis de géographie universelle*, par Maltebrun, 4e édition, p. 193. Voici ce que l'auteur dit de la limite entre l'Europe et l'Asie : Le désir de coordonner sur cette question les opinions des anciens et des modernes avait fait choisir pour limite le plus bas niveau indiqué par le cours de deux rivières, le *Manytch* et la *Kouma,* et comme la première se jette dans le Don, à 20 lieues au-dessus de l'embouchure de ce fleuve, une partie du Don ou Thanaïs conservait

ajoute à ce sujet qu'il ne se croit pas compétent pour décider de cette question. Mais quel sera le désenchantement des clubistes de l'Occident, quand ils sauront qu'à part l'Elbrouz la chaîne du Caucase possède plusieurs sommets plus élevés que le Mont Blanc et dont pas une goutte d'eau ne s'écoule au sud, mais exclusivement au nord. Tels sont :

Le Kachtan-taou. . .	5219 m.
Le Dykh-tau.	5160 «
Et le Kazbek.	5039 «
Tandis que le Mont Blanc n'a qu'une altitude absolue de.	4812 «

Du caractère peu scientifique des travaux des clubs alpins.

Nul doute qu'il ne se trouve beaucoup d'amateurs appartenant aux clubs de l'Occident pour venir visiter ces rois des sommets de l'Europe. Malheureusement les travaux des clubs alpins, par l'absence de but scientifique, présentent peu d'intérêt, à l'exception de quelques mémoires isolés.

J'ai de la peine à comprendre cette soif d'affronter des difficultés extraordinaires, escalader de hautes cimes au péril de sa vie, et tout cela dans quel but? Uniquement pour jouir de la vue et pour pouvoir dire ensuite qu'on a été à telle hauteur ! Tout autre chose est d'avoir un but sérieux, scientifique; alors on conçoit que même le plus indolent trouve en lui de l'énergie quand il y a moyen d'allier l'agréable à l'utile. A part l'intérêt qu'il y a à résoudre une question scientifique, chacun sera stimulé par la pensée que son nom figurera dans les annales des sciences et sera cité dans les travaux des savants auxquels il aura fourni des données utiles et propres à éclairer leurs recherches.

M. Freshfild, après avoir visité le Caucase et fait l'ascension du Kazbek et de l'Elbrouz, écrivit sur son voyage tout un gros volume [1] d'ailleurs complètement inutile au point

---

l'antique prérogative de séparer l'Europe de l'Asie. Mais plusieurs géographes ont choisi une frontière naturelle plus importante, plus facile à déterminer : c'est la ligne de faîte de la chaîne du Caucase. Ainsi, d'après cette opinion, qui a prévalu, le versant septentrional de cette chaîne est entièrement européen.

1. *Travels in the central Caucasus and Bashan, including visits to Ara-*

de vue de la science. Quel profit celle-ci peut-elle tirer, pour citer un autre exemple, de l'exploit inouï de mistress Stratton qui fit l'ascension du Mont Blanc en plein hiver, le 31 janvier 1875 ? Quels résultats scientifiques cette intrépide touriste a-t-elle obtenus par ce tour de force sans exemple? de quel profit cela est-il à l'humanité ? Elle n'a prouvé qu'une chose, c'est que l'organisme de la femme est capable de supporter des fatigues physiques et des dangers tout aussi bien que celui de l'homme; toutefois mistress Stratton a oublié ceci, c'est que, tout en obtenant pleine et entière justice quant à son énergie, elle a pour ainsi dire cessé d'être femme et que les hommes la considèrent comme un des leurs.

J'espère que quand le présent travail aura reçu l'approbation des savants, l'activité des clubs alpins s'élargira, et entre les descriptions de perspectives et la relation des difficultés surmontées pendant les ascensions, on trouvera moyen de rendre en même temps chaque excursion utile à la science. Une fois que l'agréable sera marié à l'utile, les gens de bonne volonté ne feront pas défaut.

Prédiction du temps.

Mais revenons aux observateurs des stations météorologiques. Le professeur Mendeleyeff, dans sa préface à la « Météorologie » ou « science du temps » du savant suédois Mon, traduite sous sa direction, fait remarquer avec beaucoup de justesse qu'il faut avant tout que l'observateur s'intéresse à son travail. En effet, la prédiction du temps est extrêmement importante, non-seulement pour les cultivateurs, mais aussi pour les besoins de la vie ordinaire. Par ce moyen bien simple, chaque observateur peut devenir l'oracle de son canton, ce qui doit l'encourager à être ponctuel et assidu dans ses observations. Avec un peu de pratique et en comparant sans cesse les résultats fournis par

---

rat and Tabreez, andascents of Kasbek and Elbruz, by Douglas, W. Freshfield, 1869.

ses instruments avec les variations de l'atmosphère, il pourra facilement prédire le temps à quelques jours d'avance.

Dans bien des localités, la direction des vents est un indice infaillible des changements du temps. Ainsi à Koutaïs, le moindre courant d'air venant de l'ouest présage invariablement de la pluie, et soufflant de l'est, il annonce un temps sec. Dans la vallée de la Koura, en aval d'Elisabethpol, le vent de l'ouest a reçu des indigènes le nom de « karaïel » (vent noir), parce qu'il leur apporte la pluie, quelquefois la neige et souvent les fièvres.

Afin d'intéresser à leur tâche les observateurs des stations météorologiques, dont le personnel est si difficile à recruter, il faut les aider à devenir prophètes dans leur pays. C'est l'affaire des stations centrales où affluent les résultats recueillis par les autres stations. Pour cela, il faudrait distribuer aux observateurs des renseignements qui pussent leur apprendre à quelle pression barométrique, à quelle direction des vents, à quelle température et à quelle quantité d'humidité de l'atmosphère correspond approximativement tel ou tel temps et quelles variations dans les membres de cette fonction provoquent tel ou tel changement du temps. En possession de cette formule aussi brève que claire, l'observateur prendra intérêt à sa tâche; il voudra établir ses propres calculs qui seront probablement erronés d'abord, c'est-à-dire peu en rapport avec la réalité; mais il y apportera des rectifications, ou bien enregistrera les anomalies qu'il aura constatées; il correspondra avec la station centrale, demandera des explications. La station centrale à son tour trouvera des éclaircissements dans les indications des stations voisines; elle fournira des renseignements complémentaires plus détaillés, en voyant qu'elle a affaire à un observateur qui a pris sa tâche à cœur. De cette manière, le réseau de stations météorologiques fournira des résultats d'une utilité réelle, concrète, immédiate, et non plus d'un intérêt purement abstrait. Avec un peu de persévérance, nous transformerons les calculs erronés en prédictions de plus en plus rapprochées de la réalité; cela appellera la confiance, et avec le temps chacun voudra avoir le bulletin quotidien sur l'état de l'atmosphère et sur les changements prévus du temps. Les stations, installées dans des centres populeux possédant des typographies, publieront tous les jours leurs bulletins qui trouveront un débit nombreux et deviendront ainsi une source de revenu. Les stations centrales devront vérifier ces bulletins et les annoter en cas de besoin. De plus, les stations centrales, recevant des télégrammes quotidiens, seront en mesure de prévoir de longue date l'approche des orages, ce qui dépasse les moyens de stations ordinaires. Dans ces cas exceptionnels, les stations centrales devront immédiatement avertir par le télégraphe les stations intéressées. De cette façon, en prédisant deux ou trois orages par an, les observateurs passeront aux yeux du vulgaire pour de vrais sorciers. Aussi bien les météorologues ont déjà trouvé les moyens de prévoir les tempêtes et d'en avertir à l'avance les ports[1]; mais jusqu'à présent on fait peu d'attention aux besoins journaliers de la vie qui occupent cependant une place si importante dans notre existence. Bien souvent cette simple question : « Le temps est-il fixe ? » ou bien : « Aurons-nous de la pluie demain ? » a pour nous une importance considérable. Eh bien, les météorologues sont peu enclins à prédire le temps dans les circonstances ordinaires; il leur est désagréable d'être exposés aux railleries, ne fût-ce que de la part des ignorants, et ils préfèrent passer pour infaillibles; mais comme on n'arrive à rien sans erreur, j'insiste pour qu'on aborde la tâche de prédire le temps et qu'on s'en acquitte comme on pourra, tant bien que mal, plutôt que de ne pas s'en acquitter du tout. Rien de plus inutile que les gens infaillibles : c'est en vain qu'on attendrait des résultats utiles de leur activité. Qu'on se mette résolument à l'œuvre, et le public tout entier s'intéressera aux stations météorologiques et, voyant leur

---

1. Toutefois ils paraissent se trouver quelque peu sous l'influence des paroles suivantes d'Arago : « Jamais, quels que puissent être les progrès des sciences. les savants de bonne foi et *soucieux de leur réputation* ne se hasarderont de prédire le temps. »

utilité pratique, ne leur marchandera pas son concours pécuniaire.

Je crois inutile d'insister longuement sur la nécessité de la prévision du temps; c'est là un besoin général attesté par les propos journaliers sur la pluie et le beau temps. Je me bornerai à mettre en vue ce qui peut contribuer à décupler la richesse du pays. Nul n'ignore que, labourée et ensemencée à temps, la terre produit des moissons plus abondantes. La récolte des blés, la rentrée des foins exigent une certaine prescience du temps. Le cotonnier, arrivé à un certain degré de maturité, périt, si la récolte ne se fait pas avant la pluie. On conçoit donc que les stations météorologiques, guidées par les observations des années précédentes et profitant des indications de leurs instruments, peuvent fournir des renseignements précieux aux cultivateurs.

Le plus pratique des peuples — le Français — a tiré de son expérience journalière tout un fonds de dictons contenant des prédictions très-justes du temps; nombre de ces dictons sont parfaitement applicables à bien des contrées de notre vaste empire; c'est pourquoi je recommande le petit livre du marin Labrosse[1] à celles de nos stations météorologiques qui suivront mon conseil et publieront des bulletins prédisant le temps.

Dans ce même petit traité, on trouvera tout un tableau indiquant, eu égard aux différentes latitudes, quels changements de temps correspondent à telles indications simultanées du baromètre et des thermomètres sec et mouillé.

Coulvier - Gravier.

Je recommande également aux stations météorologiques de prendre note, pour leur gouverne, de ce qui suit : Dans son ouvrage intitulé : « La pluie et le beau temps ». M. Laurencin dit : « M. Coulvier-Gravier, atronome et directeur de l'observatoire du palais du Luxembourg, savant bien connu par ses études relatives aux étoiles filantes, croit pouvoir

---

1. Prévision du temps, par Labrosse.

affirmer qu'en se rendant compte du nombre, de l'aspect et surtout de la direction des étoiles filantes, on peut arriver à prédire le temps quelques jours à l'avance, et qu'en prenant la moyenne ou résultante des directions suivies du 1er janvier au 1er mai, on connaîtra l'état général de l'atmosphère pour le reste de l'année; autrement dit, on pourra, dès la fin d'avril, annoncer si le reste de l'année sera chaud ou froid, sec ou pluvieux.

« D'après les observations de M. Coulvier-Gravier, les étoiles filantes ne suivent pas toutes la même direction ; la marche de ces astéroïdes est modifiée par les courants d'air, d'intensité variable, qui règnent dans les hautes régions atmosphériques. Les mouvements lents de l'étoile filante, sa course étendue sont l'indice d'un grand calme dans les régions qu'elle parcourt; ce calme se perpétue jusque sur la terre et maintient le beau temps. Les mouvements brusques, saccadés, d'une vitesse excessive, la coloration des étoiles filantes, leur forme globuleuse, leur défaut d'éclat, sont, au contraire, des signes visibles de la force des courants d'air qui les influencent. Or, il est reconnu aujourd'hui que les courants aériens se propagent de haut en bas, que les vents soufflant dans les régions supérieures de l'atmosphère deviennent, quelques jours après, ceux qui dominent à la surface du sol. Par conséquent, la direction qu'ils impriment aux étoiles filantes nous fait reconnaître à l'avance de quel point de l'horizon ils soufflent et nous permet de prévoir le temps probable qu'il fera trois ou quatre jours plus tard, puisque ces vents domineront dans les régions inférieures et, selon leur provenance, seront humides ou secs, nous amèneront la pluie ou le beau temps.

« Les étoiles filantes sont donc considérées avec raison par M. Coulvier-Gravier comme de véritables girouettes et en même temps des anémomètres nous indiquant la direction et la force des courants supérieurs. D'un autre côté, les étoiles filantes dites *mouillées* peuvent tenir lieu d'hygromètre.

« On désigne ainsi celles de ces étoiles qui ne font qu'apparaître et s'éteignent aussitôt sans décrire dans l'air aucune ligne ou trajectoire droite, courbe ou sinueuse. L'apparition de ces étoiles est un signe non douteux de l'humidité des courants atmosphériques au sein desquels elles se meuvent et, par conséquent, un indice de pluie prochaine.

« En prenant la moyenne des directions suivies par les étoiles filantes pendant les mois de janvier, février, mars et avril, déterminant ce qu'il appelle leur résultante, M. Coulvier-Gravier peut prévoir, dès le 1ᵉʳ mai, la physionomie générale de l'année, indiquer si elle sera sèche ou pluvieuse, froide ou chaude. Supposons, par exemple, que, durant l'hiver, la direction des étoiles filantes ait dénoncé l'existence des courants aériens venus de l'est et du nord, la résultante ou direction moyenne de ces vents se trouvera sur la ligne intermédiaire du nord-est. Le vent venu de ce point de l'horizon sera donc celui qui dominera durant la seconde partie de l'année, et, comme ce vent est froid et sec, l'année sera plutôt froide et sèche que pluvieuse et chaude.

« Ce système de prévision, qui concorde assez bien avec les faits accomplis, n'est, du reste, que l'énoncé scientifique d'un phénomène depuis longtemps remarqué par les agriculteurs, qui savent qu'un hiver froid est généralement suivi d'un été modéré, et réciproquement. »

Je ne m'étendrai plus ici sur les prédictions du temps à l'aide de la lune qui joue un si grand rôle dans les pronostics populaires, mais qui est discréditée aux yeux des savants, bien que le plus autorisé de ses adversaires, Arago, ait dit : « Si l'on découvre comment la lune, par une action physique, produit ces changements de direction dans les vents, les phénomènes concernant la pluie se trouveront par cela même expliqués. » Nul doute que si la lune exerce son influence sur les eaux de l'Océan, il est impossible qu'elle n'agisse pas aussi sur l'atmosphère qui est un milieu plus fluide que l'eau. Tout ce qui a rapport à l'influence de la lune sur la vie de l'homme ne provoque ordinairement que des sourires de la part de messieurs les savants. Cependant, l'une des influences mystérieuses de cet astre, l'action sur les plantes de ce qu'on appelle la *lune rousse* est désormais complétement éclaircie par les savants, non toutefois sans qu'il ait fallu pour cela une intervention des puissants de ce monde. Voici ce que c'est que la *lune rousse :*

Lorsque la pleine lune tombe à la fin d'avril ou au commencement de mai, elle est ordinairement rousse; on l'appelle ainsi, parce qu'elle roussit et fait périr toutes les jeunes pousses des plantes potagères. En France où le jardinage est tellement développé, on se plaignait depuis longtemps de la lune rousse; mais les savants ne tenaient aucun compte de ces plaintes, et allaient répétant après Arago que la lune ne peut exercer aucune influence sur la végétation terrestre. Or, un beau jour Louis XVIII eut l'idée de demander à Laplace quelle était son opinion sur la lune rousse. A cela le roi reçut d'abord la réponse que la lune rousse n'avait pas de place dans les théories existantes; toutefois les savants se décidèrent alors à lui donner une place dans leurs investigations et ils trouvèrent alors : 1° que la pleine lune au printemps a une immense influence sur la dispersion des nuages, et 2° qu'à l'époque de la pleine lune, quand le ciel est sans nuages, le rayonnement est très-actif, si bien que la température peut descendre au-dessous de zéro, et le vent du sud-ouest, soufflant ordinairement à cette époque, achèvera de faire périr les plantes potagères. Il ne s'agit donc que de soustraire les plantes aux rayons de la lune en les couvrant du voile le plus léger, et cette influence cessera. Pour cela il suffit de produire des nuages artificiels en brûlant des tas de fumier dont la fumée préservera les plantations des rayons de la lune. Actuellement en France, on dénonce à l'avance les gelées de printemps attendues et l'on conseille de prendre des mesures contre la lune rousse.

Ce petit exemple suffit pour démontrer quelle influence salutaire peut avoir la sollicitude d'en haut pour les besoins du peuple. Depuis longtemps les marins disaient qu'au printemps la lune « mange les nuages »; personne ne daigna faire attention à leurs paroles; or, du moment où le roi se fut intéressé à la question, Laplace lui-même démontra l'influence de la pleine lune du printemps sur la dispersion des nuages, et les savants ne crurent plus au-dessous de leur dignité d'étudier le fondement de cette croyance populaire. Eh bien, dans le cas présent, je doute fort que les météorologues veuillent bien condescendre à s'occuper de la prédiction du temps au jour le jour, à cause des incertitudes qui règnent encore sur ce sujet et des nombreuses chances d'erreur. Toutefois j'espère que, quand même il n'y aura pas d'impulsion d'en haut et que les stations centrales refuseront leur concours à ces prédictions, les observateurs eux-mêmes se chargeront de la tâche, d'autant plus que l'initiative — bien qu'en théorie seulement — en est déjà prise par un professeur estimé (V. p. 169).

Nécessité de connaître le climat de son pays.

Outre les grands services journaliers que peuvent rendre les stations météorologiques, elles ont une autre utilité, reconnue aujourd'hui de tous, c'est de déterminer le climat du pays que nous habitons. Cette connaissance, en dehors de sa haute importance scientifique, est indispensable pour la médecine, l'industrie, les manufactures, l'agriculture, la production des produits bruts et en général pour toutes les branches de l'activité humaine.

Plus haut (p. 172) j'ai indiqué la nécessité, pour le cultivateur, de savoir l'état du temps pour quelques jours d'avance; or, la connaissance du climat de la localité qu'il habite a pour lui une importance plus grande encore. Je ne citerai qu'un exemple[1]. Il y a de cela quelques ans, M. Gruven, directeur de la station agronomique expérimentale de Salzmünden, invita quelques autres stations semblables et quelques cultivateurs à procéder à des expériences, d'après une méthode identique, sur la croissance de la betterave, en vue de résoudre la question : Lequel des facteurs

---

1. Emprunté à l'ouvrage de M. V. Kovalevski sur l'*importance des stations agronomiques pour le développement de l'agriculture*.

de la culture — climat, sol ou engrais — a le plus d'influence
sur la bonne venue de cette plante? L'expérience montra
que c'est au climat que revient le principal rôle à cet égard ;
après avoir rassemblé tous les résultats obtenus, Gruven
établit pour ainsi dire la formule des conditions climatologiques de la betterave à sucre. En 1875, on proposa de
résoudre de la même manière la question de la latitude
géographique la plus favorable à la culture des céréales du
nord. Dans le Caucase, nous avons les climats de toutes les
latitudes possibles, à partir des tropiques jusqu'à celui de
la Laponie, et avec cela nous ne savons pas à quelle attitude
des montagnes il faut chercher le climat dont nous avons
besoin !

Sans un nombre suffisant de stations météorologiques il
est impossible d'arriver à une notion complète du climat
d'une contrée. Plus haut (p. 83), nous avons vu que la
demi-station de Choucha, qui ne fut en activité que pendant
peu de temps, il y a de cela une trentaine d'années, éclaira
d'une vive lumière un vaste coin du Caucase. Elle nous
fournit l'explication de ce phénomène énigmatique que le
sommet du mont Kapoudjikh est presque constamment couvert de neige, tandis que le mont Alagheuz, situé à peu
près d'un degré demi et plus au nord et dont le sommet est
plus haut de 180 mètres, en est dénué pendant l'été.

Nous examinerons l'un après l'autre les éléments, mesu-
rables par les stations météorologiques, qui déterminent le
climat d'un pays, ainsi que l'influence de chacun d'eux sur
la végétation et sur la vie des hommes.

Température moyenne et extrême.

Nous avons besoin de connaître non seulement la température moyenne annuelle, mais aussi les températures
extrêmes. En Angleterre, par exemple, sur les côtes du
Devonshire, des plantes qui ne supportent pas le froid, telles
que le camélia, le myrthe et autres peuvent croître en plein
air, tandis que la vigne qui a besoin en été d'une température élevée n'y prospère pas, bien qu'elle puisse supporter

des froids assez vifs. En Hongrie, où les hivers sont plus rigoureux que dans le nord de l'Écosse, de même qu'à Astrakan, où la température moyenne de l'hiver est la même qu'au cap Nord, les vignes viennent à merveille, grâce à la situation continentale de ces régions qui leur procure une température élevée en été. Irkoutsk offre un exemple encore plus frappant des particularités climatériques dues à la situation continentale d'une localité. La moyenne de la température de l'hiver y atteint —30°; par contre, en été elle va jusqu'à +30°, et durant cet été aussi court que chaud, le seigle et le froment mûrissent sur un sol constamment glacé et qui ne dégèle qu'à un mètre de profondeur.

Degré d'humidité de l'air.

Ce qui est très-important à connaître, en dehors de la température, c'est le degré d'humidité de l'air. Quelque utile que soit l'humidité à toute végétation, il existe certaines plantes auxquelles un excès d'humidité est nuisible. Ainsi en Iméréthie et en Mingrélie, la pomme de terre, ce légume si utile, n'est bonne à rien, tellement elle est aqueuse et insipide. Du reste, n'étant pas agronome, je crains que je ne sois mis dans le cas de rétracter mes paroles, de même que je me suis vu dans la nécessité de modifier mon opinion relativement à l'influence du climat de ces provinces sur les fruits.

Pendant un séjour prolongé en Iméréthie et en Mingrélie, je fus frappé par l'abondance de toute espèce de fruits; mais ce qui me surprit tout autant, c'est que ces fruits, des poires de très-belle apparence par exemple, ne sont mangeables qu'au moment même de leur maturité, après quoi elles deviennent noires à l'intérieur. Aussi en étais-je arrivé à la conclusion que les fruits de ce pays ne sont bons que pour une seule espèce d'animaux, petits de taille en Iméréthie, mais dont la viande est fort succulente et peut être mangée sans crainte de trichines, vu que ces animaux rôdent librement dans les forêts, s'y nourrissent de châtaignes et de fruits; à force de courir par monts et par vaux, ils ne sont

guère gras et leur chair acquiert une certaine dose de créa-
tine qui lui donne un certain goût de gibier. Je recommande
particulièrement aux gastronomes les flèches fumées de
Ratcha, fournies par ces intéressants quadrupèdes, et aussi,
puisque nous sommes sur ce chapitre, les chapons du pays
qui ne le cèdent à leurs confrères français ni pour la taille
ni pour le goût.

Certain Anglais s'établit, il y a de cela quelques années,
en Mingrélie. Avec une persévérance toute britannique, il se
mit à cultiver un petit lopin de terre à lui concédé et prouva
de la façon la plus brillante quels résultats on peut atteindre sous ce climat, en y mettant quelque peu de travail et
de savoir. Notre Anglais obtint toute espèce de fruits :
poires-duchesses, melons, fraises, etc., le tout d'une saveur
exquise et de dimensions extraordinaires. L'unique cause
de la mauvaise qualité des fruits de la Mingrélie et de l'Iméréthie est dans les coefficients que j'ai déduits (p. 85), à
savoir dans l'abaissement extrêmement rapide de la température avec l'altitude croissante, et qui exerce aussi une
influence considérable sur les hommes. La nature pourrait
leur donner tout ce qu'ils voudraient, mais ils préfèrent se
contenter de ce qu'elle leur accorde gratuitement, sans
travail de leur part. Les arbres sont tapissés de vigne sauvage qui leur donne du raisin et du vin. Les forêts regorgent
de châtaigniers et de noyers de dimensions énormes, au
point que certains arbres donnent jusqu'à 150 kilogrammes
de noix. Les indigènes abattent les noyers qu'ils vendent à
l'étranger, grâce à la proximité de la mer; mais il y a telle
abondance de biens que cette spoliation des forêts est à peine
sensible. Sur la côte, des loupes des noyers de la dimension de
1 mètre cube se vendent à raison de 1 franc par kilogramme.
Poires, prunes, pommes, pêches, abricots, figues, cerises,
tout cela vient sans culture. Le cotonnier croît librement
sur les montagnes, sans avoir besoin d'irrigation. La nature
fournit tout aux indigènes, et cependant l'élevage du bétail
est complètement négligé, uniquement parce qu'il faudrait
faire provision de foin pour l'hiver; pendant tout l'hiver, le

bétail maigre, exténué, se nourrit tant bien que mal de
restes de feuilles de maïs, ou bien va rôder mélancoliquement dans les chaumes de maïs et dans les forêts, rongeant
les jeunes pousses ou l'écorce des jeunes arbres, ou recher-
chant la nourriture de Saint-Antoine. On dit qu'il y a peu
de prairies et de pâturages en Iméréthie. En effet, il y en a
fort peu, mais cela vient de ce que d'immenses étendues de
terrain, couvertes de ronces et de broussailles attendent vainement d'être défrichées et transformées en prairies, qui don-
neraient par an *trois* récoltes de foin et *cinq* récoltes de luzerne
et de trèfle. Voilà pourquoi en Iméréthie et en Mingrélie, ces
contrées si richement douées par la nature, on ne trouve pas
de lait, de beurre, de fromage, ni surtout les beaux draps
lesghiens et osséthiens. Les fruits pourrissent en masse dans
les forêts, empestant l'air, sans que personne se soucie de
les employer pour distiller de l'esprit de vin, alors qu'en
Kakhétie les résidus de raisin même sont mis à profit. Du
reste, dans ces derniers temps, il y a eu quelques essais,
mais malheureusement notre système d'octroi peu pratique
et fort tracassier a étouffé dans le germe cette industrie, de
même que la culture du tabac. Sous le régime actuel, il faut
avoir un gros capital pour s'occuper de la production en
grand, et quant à la petite production, qui est la source du
bien-être de la population, il ne faut pas même y songer. Et
cependant une multitude de petits capitaux forment la masse
principale de la richesse publique, comme en France par
exemple, de même que les centimes finissent par former des
milliards. Quoi qu'il en soit, le mal ne saurait être imputé au
seul coefficient de la dépression de température, ni aux
indigènes que ce serait calomnier.

Le degré d'humidité de l'air exerce encore d'autres
influences sur l'homme. L'air est mauvais conducteur de la
chaleur, d'autant plus mauvais qu'il est plus sec et d'autant
meilleur qu'il est plus humide; c'est pourquoi tout courant
d'air humide prive l'organisme d'une partie de sa chaleur
et nous fait éprouver une sensation de froid. C'est la raison
pourquoi en hiver nous souffrons bien plus du froid dans

les rues de Poti ou de Naples que dans celles de Moscou[1]. En voyage, nous supportons plus facilement une forte gelée qu'une tourmente de neige. Un vent humide nous transit de froid jusqu'à la moelle des os. Pendant un pareil vent, il est fort difficile de travailler dans les champs, et il est bien plus agréable de rester dans une chambre bien sèche et de se chauffer à la cheminée tout l'hiver, comme font nos indigènes. Nous trouvons étonnant que ces derniers supportent plus facilement un froid humide que nous autres habitants du Nord. Mais cela s'explique par des particularités héréditaires de leur organisme, habitué d'ailleurs dès l'enfance à cette sorte de froid.

Causes du typhus dans nos troupes.

La chaleur du corps humain, c'est la somme des procès chimiques qui s'accomplissent dans l'organisme et qui l'entretiennent constamment à un seul et même niveau entre $36°,25$ et $37°,5$ C. Cette amplitude insignifiante des changements de la température de notre corps dépend de l'organisme et de l'heure du jour. La tâche fort difficile des dits procès chimiques consiste à entretenir invariablement le même niveau de température par des chaleurs tropicales aussi bien que par des froids polaires ; sinon il y aura maladie dans l'un et l'autre cas. Toute perte de chaleur sous l'influence du froid extérieur doit être compensée soit par une activité plus énergique des procès chimiques d'échange de matières, soit par le feu. Quand la température extérieure est très-élevée, les procès chimiques sont moins actifs ; pour que la chaleur soit moins sensible, il faut alors donner moins de travail à l'estomac et moins de mouvements aux mem-

---

1. Une maison bâtie d'une matière conductrice de la chaleur, par exemple en fer, ne vaut rien, parce qu'il y fait chaud en été et froid en hiver. Le bois est mauvais conducteur de la chaleur aussi les maisons en bois sont-elles plus chaudes même que des maisons en pierre, pourvu, bien entendu, que les parois soient suffisamment épaisses. L'air humide qui est bon conducteur de la chaleur, en pénétrant à travers nos vêtements et en étant sans cesse renouvelé, nous enlève de la chaleur et nous laisse sans défense contre un froid que le thermomètre accuse être de 8 et même 10 degrés (au-dessous de zéro).

bres. On conçoit par là qu'il faut beaucoup d'énergie et de bonne volonté pour travailler autant à Tiflis qu'à Kodjori pendant les chaleurs de l'été. Chez les enfants, à cause de la croissance, l'échange des matières s'opère plus activement que chez les vieillards; cela explique pourquoi nous les habillons plus légèrement que ces derniers. Tous ceux qui reviennent actuellement du corps d'armée échelonné entre Kars et Erzéroum et qui ont passé l'hiver au milieu des neiges, ont l'air extrêmement amaigris. Cet épuisement de nos militaires ne provient nullement de la fatigue, car l'été dernier ils ont eu à supporter bien plus de fatigues physiques que pendant l'hiver où ils étaient immobiles dans leurs cantonnements; il provient de ce qu'ils avaient sans cesse à compenser les pertes de chaleur par les ressources de leur propre organisme et cela faute de bois de chauffage. Cet épuisement de l'organisme, venant à se prolonger, peut dégénérer en typhus. Les Turcs qui rendirent les armes à Plewna en sont un témoignage éloquent. En hiver, le meilleur préservatif contre le typhus, c'est une bonne pelisse [1] et du bois à chauffer, et en seconde ligne, une bonne nourriture.

Combien il faut peu de nourriture à l'homme pour entretenir son organisme à l'état normal, c'est ce qui est démontré par le nouveau système pénitentiaire adopté dans quelques prisons de l'Angleterre, où l'on ne donne aux détenus qu'une quantité de nourriture correspondant tout juste au poids chimique des substances nutritives indispensables au fonctionnement de l'organisme. Ils souffrent beaucoup de la faim, et cependant ils ne perdent ni leurs forces, ni leur santé, malgré les travaux auxquels on les contraint.

Le typhus a enlevé les meilleurs de nos généraux, les chevaliers de l'ordre de Saint-George : Heymann, Solovieff, Goubski, Chelkovnikoff, Tolstoï, qui cependant, me dira-t-on, étaient en mesure de se procurer tous les préservatifs sus-

---

1. Giuseppe Colosanti a prouvé par des expériences fort intéressantes que l'échange plus actif des matières se remarque à peu d'intervalle après tout abaissement de la température du milieu ambiant. (*Naturforscher*, IX *Jahrg.*, n° 52.)

nommés. Mais c'est que leur organisme était déjà ébranlé
avant la guerre, et malgré cela leur naturel actif et les
exigences du service leur faisaient un devoir de passer les
journées en plein air, exposés au froid, et les nuits sous la
tente ou dans les maisons dépourvues de poêles qui les
abritaient mal du froid ; leur organisme en souffrit et devint
de plus en plus accessible à l'épidémie ; si des hommes
connus comme jouissant d'une santé robuste et florissante
nous reviennent des environs d'Erzeroum amaigris et exté-
nués, c'est qu'alors des gens d'une constitution faible auraient
dû quitter ces lieux aussitôt que l'épidémie s'y fut déclarée.
Nos généraux, au contraire, braves en face de n'importe
quel ennemi, accueillirent dans leurs logements des malades
du typhus, afin d'alléger leurs souffrances en les faisant
jouir d'un certain confort relatif. Les malades recouvrèrent
en effet la santé, mais leurs généreux hôtes succombèrent
au fléau. Il peut y avoir de l'agrément pour des gens de forte
encolure à se défaire d'une partie de leur graisse pendant
les grands froids, mais ceux qui sont déjà amaigris doivent
se ménager autant que possible. Je ne me serais pas arrêté
si longtemps à cette question purement médicale, si, comme
nous le verrons dans la suite, il n'y avait controverse
parmi les médecins sur la question de savoir quelle altitude
favorise le plus le développement du typhus. Il résulte de ce
qui vient d'être dit qu'en hiver les hommes sont plus exposés aux atteintes de cette maladie dans les lieux élevés que
dans des endroits plus chauds, et qu'en été, au contraire,
l'air est moins pur et par conséquent moins sain dans les
basses régions que sur les montagnes.

Rapidité de l'évaporation.

Le degré auquel l'air est saturé de vapeurs d'eau se fait
constamment sentir à notre organisme. Plus la température
est élevée, plus l'atmosphère peut absorber de vapeurs ; par
conséquent, plus l'air est sec et plus l'évaporation est abondante.

Franklin remarqua qu'en Pensylvanie, pendant la moisson, les travailleurs ne ressentent pas la chaleur des rayons brûlants du soleil, tant que dure la transpiration abondante. La chaleur s'en va ensemble avec la sueur; mais lorsque l'air est saturé de vapeurs, la transpiration s'arrête, et nous nous plaignons de la chaleur, de l'air étouffant qui est ordinairement le précurseur de la pluie ou d'un orage

Oppenheimer dit que pour constater la quantité de chaleur que notre organisme perd dans la transpiration, il a mesuré combien il faut de chaleur pour sécher les bas après que nous nous sommes mouillé les pieds. En supposant qu'à la promenade nous ayons mouillé 38 grammes de la laine de nos bas, il faudra pour la faire sécher, autant de chaleur qu'il en faut pour faire fondre une demi-livre de glace. Ceux qui ne se soucient nullement d'avoir les pieds mouillés ne consentiraient pas cependant à faire fondre une demi-livre de glace par la chaleur de leurs propres pieds. Cet exemple explique suffisamment pourquoi il est si nuisible à la santé de ne pas changer immédiatement de bas et aussi de linge dès qu'ils sont devenus humides par une transpiration abondante après un fort exercice. Or, à Tiflis, pendant les grandes chaleurs, il suffit d'un faible exercice pour que tout le linge soit complétement mouillé; aussi les refroidissements sont-ils très-fréquents.

Le vent.

La direction des vents dominants est en rapport intime avec le degré d'humidité de l'air, parce que ce sont eux qui apportent ou emportent les vapeurs d'eau et exercent ainsi une influence très-considérable sur l'organisme humain. Dans l'Europe occidentale, le vent d'ouest est toujours humide et le vent d'est est sec; sur la côte orientale de l'Amérique du Nord, au contraire, le vent d'ouest, après avoir parcouru l'immense étendue du continent, est extrêmement sec, tandis que le vent d'est soufflant de l'Atlantique est humide. De là une différence essentielle entre les climats de la vieille et de la nouvelle Angleterre, différence se reproduisant également dans le caractère des peuples qui

ont cependant la même origine. Le vent dominant le sud-
ouest apportant en Amérique un air sec, tous les objets qui
contiennent de l'humidité la perdent très-rapidement : les
Américains peuvent sans inconvénient s'installer dans des
maisons nouvellement bâties; le blé en grains se dessèche
si rapidement qu'il peut devenir impropre à l'usage, si l'on
ne l'expédie sans retard dans les ports pour être vendu; le
linge et toutes sortes d'objets perdent aussi très-rapidement
leur humidité, et l'on n'a pas besoin d'attendre longtemps
pour qu'ils sèchent. Aussi les Américains ne peuvent-ils
comprendre la lenteur des Européens et ne s'habituent-ils
que difficilement à nos mœurs.

Quantité de neige et de pluie.

En dehors des données ci-dessus mentionnées, relatives à
l'humidité de l'air, il est encore nécessaire de savoir quelle
quantité d'humidité, sous forme de pluie et de neige, nous
fournit l'atmosphère et à quels intervalles. Nous avons
déjà eu l'occasion de dire qu'il existe au Caucase nombre de
plaines qui furent jadis des jardins et qui ne présentent
aujourd'hui que des déserts arides. Pour les transformer de
nouveau en jardins, on procéda, du temps de l'administration
du feld-maréchal prince Bariatinsky, à l'étude de toutes les
rivières du pays, afin de déterminer combien d'eau elles
peuvent fournir à l'irrigation de ces plaines. Mais nous
voyons qu'en été toutes les rivières du gouvernement d'Élisabethpol sont sans eaux, parce que les habitants l'emploient à l'irrigation de leurs champs et que la quantité en
est insuffisante. Afin de compléter ce qui manque à nos
rivières pour fournir à l'irrigation complète de toutes nos
plaines, il s'agirait de mettre à profit les masses d'eau qui
s'en vont inutilement à la mer après chaque pluie d'averse
ou à la fonte des neiges. Mais pour ne pas faire inutilement
de trop grands travaux dans le but de former des réservoirs,
il est indispensable de savoir, du moins approximativement,
à quels intervalles les pluies visitent notre pays et quelle
quantité d'eau elles nous procurent. Or, toutes ces données

nous seront fournies par les stations météorologiques. Elles nous renseigneront sur la fréquence des pluies, sur leur abondance et sur la rapidité de l'évaporation de l'eau tombée; de là nous pourrons conclure quel maximum d'eau peut s'amasser dans telle rivière, quelle quantité nous en devons retenir et à quels intervalles, afin que les champs et les jardins n'éprouvent pas de manque d'eau.

Influence de la diminution de la pression atmosphérique.
Sur la végétation. — Sur le règne animal. — Sur les hommes.

Tout ce qui a été dit jusqu'à présent de l'influence des divers éléments de notre atmosphère — éléments dont chacun peut être isolément déterminé, quant à son action, même par des demi-stations météorologiques — se rapporte aux régions voisines du niveau de la mer ou du moins situées à des altitudes peu considérables. A mesure qu'on s'élève plus haut, la pression atmosphérique diminue insensiblement pour nous, mais la première chose qui frappe nos regards, c'est un changement dans la végétation. Plus nous nous élevons vers les hautes régions, plus nous remarquons un appauvrissement du règne végétal, semblable à celui que l'on constate en se dirigeant de l'équateur vers le pôle. Humboldt a exprimé d'une manière très-pittoresque l'influence sur la végétation de la pression décroissante de l'air, en comparant notre globe (au point de vue du règne végétal) à deux montagnes soudées ensemble dont les bases sont à l'équateur et les cimes neigeuses aux pôles. Les mêmes variétés de plantes qui marquent la fin du règne végétal aux limites des neiges, la marquent également au Spitzberg.

La diminution de la pression de l'air exerce sur les animaux une influence d'un tout autre genre. Tandis qu'à des altitudes modérées nous voyons des troupeaux de lourdes vaches, d'énormes ours aux mouvements lents, d'indolents blaireaux, des oiseaux au vol lourd et terre à terre tels que outarde, perdrix, tétras, que le plomb du chasseur atteint facilement, sur les hauteurs nous voyons planer l'aigle;

le chamois, bondissant de rocher en rocher, nous étonne par
son agilité; la dinde des montagnes ne peut être atteinte que
par la balle du plus intrépide chasseur. Même pour une
seule et même espèce d'animaux, le caractère change. L'ours,
si féroce et si dangereux dans la plaine quand il est blessé,
sur les montagnes du Caucase, où il atteint l'altitude de
1500 mètres (c'est-à-dire la limite des arbres fruitiers), fuit
l'homme, et beaucoup de chasseurs affirment qu'il est beaucoup moins redoutable sur nos montagnes que dans les
plaines de la Russie d'Europe. Des taureaux — ces cham-
pions des combats chers aux Espagnols — furent transpor-
tés à Paz, ville de la Bolivie (située à 3780 mètres d'altitude);
eh bien, eux, si féroces en Espagne, incapable de supporter
la vue d'un adversaire ou d'un drap rouge, ils refusèrent le
combat malgré tous les efforts des organisateurs du spectacle. Les chevaux et les bœufs, importés des basses terres,
maigrissent et ne vivent pas longtemps; leur descendance
acclimatisée change d'apparence. Les chevaux de race mon-
tagnarde sont très-robustes et endurants; mais dans une
atmosphère raréfiée, tout effort physique considérable les
fatigue très-vite et jusqu'à complet épuisement des forces:
c'est ce qui explique les petites dimensions des champs de
course au Mexique, circonstance qui amusa tant les Anglais.
Importés à Paz, les chats périssent immédiatement, les
chiens en peu de temps; les poules y périssent, les lapins
restent en vie, mais deviennent stériles. L'influence de la
pression atmosphérique décroissante sur les hommes est
aussi très-considérable. Ne pouvant entrer dans des détails
à ce sujet, je recommande aux lecteurs la belle édition de
l'ouvrage du docteur Jourdanet[1], et également les études des
docteurs Lombard[2] et Oppenheimer, dont il a été déjà ques-

---

1. Influence de la pression de l'air sur la vie de l'homme par D' Jourdanet.

2. Les climats des montagnes considérés au point de vue médical, par le
docteur H. C. Lombard. Traité de climatologie médicale comprenant la météorologie médicale et l'étude des influences physiologiques, pathologiques, pro-
phylactiques et thérapeutiques du climat sur la santé, par le docteur H.-C.
Lombard.

tion. Le docteur Lombard dit : « Les habitants des montagnes, comparés à ceux des plaines, sont remplis d'énergie et incapables de supporter aucun joug, ou, comme le disaient les anciens : *fortes ac indomiti*. Honnête, dévoué et fidèle à la foi jurée, tel est le montagnard de l'Écosse, de la Suisse, de la Savoie et de la France. »

Plus haut (p. 85), en parlant du climat humide et chaud de la Mingrélie et de l'Iméréthie, nous avons mentionné l'opinion du professeur Oppenheimer sur l'influence énervante du climat des Antilles, qui rend les habitants de ces îles indolents et insouciants. Toutefois l'influence du climat des basses-terres (plaines) se manifeste diversement dans différentes contrées. Nous citerons ici l'avis du docteur Jourdanet relativement à l'action du climat sur les Mexicains (t. I, p. 336) :

« Le caractère du Mexicain du niveau de la mer diffère de celui des habitants du plateau central. Mais si la température élevée imprime, en général, aux hommes une vivacité qui les rend susceptibles d'un mouvement violent, prompt, souvent irréfléchi ; le trait parti, l'arme reste sans puissance. L'agitation durable de l'âme, les calculs permanents dictés par la passion, les délires de l'esprit et du cœur, ce sont là choses plus communes en France que sous les tropiques. Les passions vives sont en rapport avec la civilisation et les éducations exquises, nullement avec les variations thermométriques. La sensibilité morale ne se mesure pas dans un traité de physique ou de météorologie.

« Il n'en est pas moins vrai que le Mexicain des niveaux inférieurs comparé à celui des hauteurs est plus actif, plus résolu ; il veut davantage et cherche avec plus d'obstination ce qu'il a désiré. Du reste, prévenant et poli pour ceux qui l'abordent, il est comme ses frères de l'Anahuac, affectueux dans ses relations sociales ; mais il a plus d'expansion et le jeu de sa physionomie vous traduit sa pensée d'un air qui respire plus de franchise. Le geste est plus vif. Je ne déciderai pas si le cœur est meilleur...

« L'habitant de la zone chaude, stimulé par un climat

ardent, s'agite volontiers et s'émeut au récit des progrès qui
brillent dans notre époque. Sa pensée n'ira pas à leur
recherche, certainement, car la méditation séduit peu son
esprit; mais il en adoptera volontiers l'application à son
bien-être et au contentement de son imagination avide.

« L'agitation mercantile et industrielle se trouvera à l'aise
dans ce caractère remuant poussé vers les satisfactions matérielles. Les transactions hasardeuses, les voyages témé-
raires, le désir de communiquer avec les hommes en abré-
geant les distances et en favorisant ses intérêts et ses goûts,
tourneront son esprit vers les améliorations utiles susceptibles de multiplier les contacts et les échanges. Il sera
marchand, économiste, industriel, voyageur, plein d'initiative.

« L'homme de l'Anahuac, au contraire, n'aime à voir et
à chercher que ce qui est aisément accessible. Séduit par le
repos et par l'éclat du beau ciel qui le couvre, il abandonne
volontiers son âme aux ineffables douceurs de la vie con-
templative. Il est vrai que trop souvent les petites passions,
l'envie, les plaisirs faciles, le jeu qui perd ou gagne sans
trouble, traversent paisiblement le calme de son existence;
mais les sentiments qui honorent le plus le cœur de
l'homme n'abandonnent jamais ses nobles aspirations. Il
professe l'estime et le respect de son semblable et, s'il est
quelquefois soucieux avec envie de la fortune d'autrui, il est
toujours compatissant pour le malheur. L'amitié le trouve
docile jusqu'au sacrifice, et ce n'est pas chose aisée de voir
le bien qu'il fait, car il met peu d'intérêt à l'éloge qui
pourra le suivre; de sorte que, si sa générosité est souvent
un mystère pour tout le monde, on peut dire qu'elle passe
inaperçue pour lui-même, tant elle lui paraît naturelle. » —
C'est là le portrait de notre montagnard du Daghestan.

Les habitants du Daghestan et de la Tchetchenia.

Établissons un parallèle entre les habitants des montagnes
du Daghestan et ceux des plaines de la Tchetchenia.

Après la prise de Gounib, qui termina une guerre sanglante et acharnée, les montagnards du Daghestan reprirent paisiblement leurs travaux accoutumés, et les chrétiens qui voyageaient dans le Daghestan y étaient plus en sûreté que dans la vallée d'Élisabethpol. Mais lorsque des émissaires turcs vinrent persuader aux indigènes que les Russes avaient l'intention d'abolir leur foi, ils quittèrent de nouveau leurs occupations paisibles et nous auraient causé de sérieux embarras, si deux circonstances ne nous avaient été d'un puissant secours : premièrement, le nouveau système d'armement de nos troupes, grâce auquel les montagnards se trouvèrent pour ainsi dire désarmés, et secondement, le réseau des voies de communication déjà établies. A présent qu'ils ont reconnu leur erreur et que leurs appréhensions relativement à la religion se sont calmées, on peut être complètement assuré que ce peuple sérieux et laborieux n'abandonnera plus ses occupations paisibles pour un motif futile, à l'exemple des Tchetchènes, habitants de la région située au pied des montagnes du Daghestan. Tous ceux qui connaissent bien le Daghestan sont frappés en songeant à la somme de travail et d'énergie qu'il a fallu au milieu de cette nature sauvage et rude, pour atteindre le degré de culture que les habitants ont su donner au sol. Ils ont transformé des rochers nus en jardins, en construisant des terrasses, qu'ils durent d'abord garnir de terre ; pour l'irrigation de ces terrasses ils ont, sans un morceau de fer et malgré la disette de bois, établi des conduits d'eau en bois passant par-dessus des escarpements et de profonds ravins. Tandis que le Tchetchène jouit des dons gratuits de la nature, l'habitant du Daghestan est obligé de se procurer tout à la sueur de son front, et cependant il a de meilleurs fruits que le Tchetchène et son intérieur est bien mieux aménagé.

Après ces préliminaires, il ne sera pas sans intérêt de savoir à quels changements sont soumis les divers éléments de l'atmosphère qui exercent une si grande influence sur le règne animal.

Degré d'humidité de l'air des montagnes.

Plus nous nous élevons au-dessus du niveau de la mer, plus le froid augmente, par conséquent la quantité absolue d'humidité va diminuant, c'est-à-dire que l'air chargé d'humidité jusqu'à saturation complète en contient cependant moins que dans les couches inférieures, où la même quantité d'humidité délayée par une température élevée ferait paraître l'air à peu près sec. Quant à la quantité relative de l'humidité exprimée ordinairement par le taux de la saturation complète de l'air, elle est extrêmement diverse. Gay-Lussac et Biot trouvèrent l'air de plus en plus sec, à mesure qu'ils s'élevèrent plus haut ; Saussure, sur le col du Géant (2410 mètres), et Humboldt, sur les Andes, le trouvèrent plus sec que dans la plaine ; Kaemtz, Martins et Bravay, par contre, constatèrent que sur le Righi et sur le Faulhorn l'air contient le même taux d'humidité que dans les couches inférieures de l'atmosphère ; le professeur Plantamour arriva à la même conclusion après des observations faites à Genève et sur le Saint-Bernard.

Quantité des précipitations de l'atmosphère.

D'après les observations de Gasparin dans les vallées du Rhin, du Pô et du Danube, la quantité des précipitations de l'atmosphère augmente à mesure qu'on s'élève plus haut au-dessus du niveau de la mer. Gasparin en tire la conclusion que, sauf quelques exceptions, cette quantité est d'autant plus grande qu'on s'élève davantage vers les sources qui ont donné naissance à ces rivières. Toutefois cette règle n'est vraie que jusqu'à une certaine altitude ; dans les hautes régions des montagnes et sur les pics élevés il tombe moins de neige que dans les couches inférieures ; aussi s'agit-il de trouver le niveau précis jusqu'au quel la règle de Gasparin est juste. Remarquons en passant que sur les montagnes la fréquence des pluies est proportionnelle à l'humidité relative de l'atmosphère, tandis que dans les plaines chaudes il tombe parfois des masses considérables d'eau sous formes d'averses dévastatrices, après quoi une nouvelle pluie se fait longtemps attendre. Il y a des hauteurs où il tombe moins de pluie que dans les bases régions ; il y en a d'autres où c'est le contraire : ainsi sur le Saint-Bernard et le Saint-Gothard il en tombe bien plus qu'à Genève. La répartition de l'humidité qui tombe dépend naturellement de la position de la chaîne de montagnes par rapport à la direction des vents qui l'apportent. Si une chaîne arrête le mouvement d'une couche d'air humide, celle-ci remonte forcément vers une région plus froide où l'air, en se comprimant laisse échapper l'humidité qui tombe dans les couches inférieures. D'autres crêtes de montagnes retiennent toute l'humidité que leur apportent les vents et n'en laissent point pour les hauteurs suivantes. Dans le Caucase septentrional, comme nous l'avons vu plus haut, les vents de l'est et du nord-est, bien que secs et froids à l'origine, mais réchauffés dans les steppes de l'Asie et ayant avidement absorbé l'humidité de la Caspienne [1] viennent, en arrivant au pied de la chaîne principale, déposer cette humidité sur toute l'étendue de la zone des versants septentrionaux des montagnes, large de près de 10 kilomètres et qui va jusqu'à la région où les sommets atteignent déjà une altitude de 1800 mètres. Au delà de cette zone, en s'avançant vers le faîte de la chaîne, les vents n'ont plus rien à déposer. A cela il convient d'ajouter une autre circonstance très-importante, c'est que plus on se rapproche du faîte, plus le sol devient dépouillé de la végétation et aride ; les rochers nus — surtout les nôtres qui sont noirs, en ardoise — se réchauffent fortement ; et la température de l'air y est plus élevée que sur les pentes inférieures, couvertes de forêts et d'une végétation abondante, entretenue par ces pluies mêmes. En hiver, quand les rochers sont

---

1. Il en est de mêmes des vents du nord-ouest qui apportent l'humidité de la mer d'Azow.

Dans les parties basses de la Ssounja, il y a des vents secs et brûlants, mais ce phénomène, à mon sens, doit être attribué aux foehns dont il a été question (V. p. 87).

couverts d'un voile de neige reflétant les rayons solaires,
les courants aériens peuvent leur apporter plus d'humidité
qu'en été; et alors les circonstances changent.

Évaporation.

A mesure de l'altitude croissante, l'évaporation devient
plus active; ainsi, alors qu'au niveau de la mer il faut 100°
pour mettre l'eau en ébullition, il suffit pour cela de 93° sur
le Saint-Gothard et de 84°,3 sur le Mont-Blanc. Les rayons
solaires, traversant une couche moins profonde et moins
dense de l'atmosphère, agissent avec plus d'énergie et
sèchent plus rapidement le sol et l'air. En ajoutant ces nouvelles causes de la siccité de l'air sur les hauteurs à celles
qui ont déjà été constatées, nous arrivons à la conclusion
que, dans les régions montagneuses, il existe à certain niveau
une zone où il tombe plus de neige et de pluie que dans
les basses plaines et sur les hauts sommets. Pour la Suisse,
de même que pour le Caucase septentrional, on peut assigner comme limite supérieure de cette zone, sur le versant
nord des chaînes, l'altitude de 1000 à 1500 mètres. Quant au
versant méridional du Caucase, les vents du sud-ouest y
apportent une telle abondance d'humidité que les pentes
qui la reçoivent sont couvertes de forêts et d'une riche végétation jusqu'au faîte et qu'en partie cette végétation trouve
même moyen d'enjamber le faîte. Malheureusement cette
surabondance de richesse végétale ne s'étend qu'à un coin
du Caucase occidental. Plus loin, à mesure qu'on avance
vers l'est, les propriétés des vents deviennent tout autres
et ceux-ci apportent moins d'humidité.

L'absence de stations météorologiques est cause que nous
ne pouvons dire rien de positif ni sur la direction des vents,
ni sur la quantité de pluie et de neige, et que relativement
à des espaces très-vastes du Caucase, en dehors des routes
de poste, nos notions sont tout aussi confuses que celles
relatives à la Perse, à l'Afghanistan, à l'Anatolie, etc. Des
récits de voyageurs, des relations plus ou moins véridiques
de fonctionnaires ayant résidé dans ces régions, — voilà tout

ce que nous en savons, si l'on excepte quelques rares
données statistiques recueillies par l'administration locale.

Nuages.

Les pentes des montagnes sont presque constamment
couvertes de brouillards et de nuages, et cela d'autant plus
que la différence des températures de la vallée et des hauteurs est plus considérable. Cependant il arrive souvent que
le touriste, gravissant de la plus mauvaise humeur du
monde, à cause de l'air humide et brumeux, une montagne
où le brouillard l'empêche de distinguer sa route à
dix pas devant lui, émerge soudain de ce brouillard et se
voit sous un ciel complètement serein et ensoleillé. Sous
ses pieds une mer de nuages et autour de lui un temps
splendide; toutes les montagnes environnantes sont inon-
dées de lumière, dans les airs retentit le chant de l'a-
louette; le voyageur respire un air vivifiant et sa mauvaise humeur se dissipe comme par enchantement. Un jour
—c'était au printemps de 1861—séjournant dans une caserne
de cantonniers sur le plateau de Kaïchaour, j'attendais pour
trois heures du matin mon collègue qui demeurait à Mlety
(à 460 mètres plus bas) et qui devait venir avec deux chefs de
bataillon pour conférer avec moi sur les travaux. Il faisait
un soleil splendide; je prenais mon thé sur le perron; les
montagnes étaient sans voiles, mais tout le ravin de l'A-
ragva, qui me séparait de mon aide, était noyé dans un
épais brouillard, si bien qu'au delà des bords de la verte
pente qui s'étendait devant moi on voyait flotter toute
une mer de nuages blancs et pelotonneux (cumulus). Je ne
pouvais m'expliquer la cause du retard de mes hôtes, qui
devaient arriver à neuf heures précises, et il était passé dix
heures. Enfin les nuages commencèrent à se dissiper et vers
dix heures et demie mes hôtes arrivèrent. Il se trouva qu'en
chemin ils avaient été surpris par une forte averse qui les
avait mouillés jusqu'aux os, et ce n'est qu'en arrivant au
cinquième zigzag de la route qu'ils ont trouvé un abri. Des
faits fréquents de ce genre m'ont été racontés par des mili-

taires : en gravissant la montagne, il leur arrivait de faire halte avec l'avant-garde sur une des terrasses supérieures ; puis tout à coup les troupes qui suivaient étaient dérobées à la vue par un épais voile de brouillard, et en rejoignant la tête de la colonne les hommes étaient mouillés jusqu'aux os, tandis que l'avant-garde n'avait cessé de jouir du plus beau temps.

Suivant les observations faites en Suisse [1], l'époque où le ciel est le moins couvert est l'été pour les basses régions et l'hiver pour les hauteurs. Quant au nombre de jours sereins à Genève (407 mètres), il est en moyenne de 26 journées complétement sereines pendant l'été ; à Peissemberg (1023 mètres) il est de 17 et sur le Saint-Gothard (2093 mètres) de 23, c'est-à-dire à peu près le même qu'à Genève. Ainsi donc, en disant que sur les montagnes un ciel découvert est plus rare que dans les vallées, il convient d'ajouter que cela n'est vrai que pour une certaine zone, variant, selon les saisons, de 500 à 1500 m. d'altitude, au-dessous et au-dessus de laquelle le ciel est plus serein. Pour le Caucase central, ces chiffres devront être modifiés en plus, soit de 800 à 1800 mètres.

Électricité.

Là où il y a un plus grand entassement de nuages, les orages sont naturellement plus fréquents et plus violents. D'après des observations faites sur le Saint-Gothard et le Saint-Bernard, le nombre des orages y est deux fois moindre qu'à Peissemberg, parce que ces sommets se trouvent ordinairement au-dessus des nuages. Mais il existe telles hauteurs et tels pics qui ont la propriété particulière d'attirer la foudre, qui y laisse sa trace sous forme de rochers vitrifiés. En 1850, sur le col de Tchouboukhli, entre Déligeane et le lac de Goktcha (environ 2000 mètres), un transport fut surpris par l'orage à un endroit où l'on fait ordinairement halte, à cause de l'abondance de pâturage, pour faire paître les

---

1. Voir l'ouvrage du docteur Lombard.

buffles et les bœufs, et je vis moi-même les cadavres de neuf buffles et d'un conducteur tués la veille par la foudre. Sur le mont Djadjour que traverse la route allant à Alexandropol, il y eut, à ma connaissance, un cas semblable, si ce n'est que le nombre des victimes fut moindre. Les données statistiques recueillies en France sur les cas de mort dus à la foudre, constatent également que le nombre en est beaucoup plus grand dans les montagnes que dans les vallées.

Grêle.

En parlant des orages, nous ne pouvons passer sous silence la grêle qui, au Caucase, dévaste si fréquemment les champs et les jardins, et tue des moutons, des agneaux et des veaux. Faute de données exactes, je ne puis fournir ici de renseignements positifs ni sur la fréquence de la grêle ni sur les localités qui y sont le plus exposées, comme l'a fait si bien pour la Russie l'académicien Vessélovski ; je me bornerai à signaler un détail dont j'ai été témoin. Pendant mes nombreuses tournées à cheval dans les montagnes, sur les cols du mont de la Croix (Krestovaïa), de Kvinamt, du Roki, du Mag, du Djomag, de l'Echak-Maïdane et autres, je n'ai jamais vu de gros grêlons à des altitudes dépassant 2000 et 1800 mètres, tandis que sur le Petit Caucase, à Déligeane, dans les environs des colonies de sectaires russes, sur les hauts plateaux entre le lac de Goktcha et Elisabethpol, à Djelal-Oglou, à Borjôme, à Gombory, à Biély-Kloutche, et entre Alexandropol et Kars, il m'est arrivé de voir des grêlons de la grosseur d'un œuf de poule et même au delà. A Tiflis et dans les environs de cette ville, jusqu'à une altitude de 755 mètres, j'ai eu également l'occasion de me trouver sous la grêle, mais jamais les grêlons n'ont eu ces dimensions, et même dans des cas exceptionnels, — tels que la grêle de l'année 1877, ils n'atteignirent que le double de la grosseur d'un œuf de pigeon. Cette grêle de l'année passée cassa tant de vitres à Tiflis, que les traces en sont visibles jusqu'à présent, à cause de la cherté des vitres, due à la guerre et au blocus de la mer Noire.

La grêle se renouvela le lendemain, à la même heure, et avec une violence à peu près égale. La plus forte grêle que j'aie eu occasion de voir, durant un séjour de trente ans dans ce pays, eut lieu vers le 20 juin 1854; pendant que notre colonne, sous les ordres du prince Béboutoff, opérait une reconnaissance de la position de Kurouk-Dara, je fus blessé à la tête par un grêlon qui avait la grosseur—ou peu s'en fallait—d'un œuf d'oie. J'en étais arrivé à me persuader que, pour la grosse grêle, il existait une zone située entre 750 et 1800 mètres d'altitude absolue; or cette conclusion se trouve confirmée, par le témoignage de l'académicien Vessélovski, selon lequel dans le gouvernement de Mohilew, à Kharkow et dans le district de Tiraspol il serait tombé des grêlons des plus grandes dimensions; cependant il semblerait qu'en avançant vers le nord la grêle dût être moins forte, comme cela résulte d'ailleurs des recherches de l'académicien Vessélovski lui-même, conformes à l'opinion de beaucoup de savants. Cette contradiction apparente semblerait confirmer une thèse nouvelle qui s'est présentée à mon esprit et qui explique les deux faits. Bien qu'en général la théorie de la formation de la grêle soit encore assez obscure, que plusieurs admettent, tandis que d'autres nient l'influence de l'électricité comme agent principal, néanmoins les physiciens sont généralement d'accord sur ce point que, dans les régions supérieures des montagnes, la grêle est d'un calibre moins fort que dans les régions inférieures, comme au Spitzberg et au Groënland, où les grêlons ont l'apparence de menus grains; sous les tropiques, ensuite, la grêle est extrêmement rare, et Humboldt raconte que les habitants des contrées tropicales la considèrent comme un phénomène aussi insolite que le sont pour nous les aérolithes, et le Pentateuque cite même la grêle au nombre des sept fléaux infligés par Dieu aux Hébreux comme châtiment de leur idolâtrie. Si nous considérons la grêle au point de vue d'une comparaison entre l'altitude croissante de la montagne et la latitude plus ou moins éloignée de l'équateur d'un lieu donné, nous arrivons au résultat que voici : au pied des montagnes, de même que sous les tropiques, puis à leur cime, de même qu'au Spitzberg, la grêle est menue, et c'est dans la zone moyenne qu'elle atteint les plus fortes dimensions [1].

On ne sait pas au juste pourquoi la grêle est plus fréquente dans un lieu plutôt que dans un autre. Sur le versant méridional des Alpes du côté de Milan, les cultivateurs évaluent à 10 pour 100 la perte annuelle de fruits détruits par la grêle. Il ne se passe pas une année où les colons russes des villages situés entre le lac de Goktcha et Elisabethpol ne se plaignent des dégâts causés aux blés par les grêles; aussi s'occupent-ils principalement de roulage au lieu de la culture du sol. Ce phénomène ne trouverait-il pas son explication dans le fait suivant communiqué par Dove (*Meteor. Unters.*, p. 69)? A Cazalbero, dans la province de Irpini du ci-devant royaume de Naples, on ne connaissait la grêle que de nom aussi longtemps que les montagnes du côté nord-ouest furent couvertes de forêts; mais depuis que ces pentes ont été transformées en champs de labourage, il ne se passe guère d'année qu'il n'y ait des grêles. Bec-

---

1. Il convient de remarquer que les récits sur la grosseur des grêlons sont généralement fort exagérés. Guilbert reproduit (*v. l'Annuaire XVI*, p. 75) un récit emprunté aux gazettes, d'après lequel, le 8 mai 1802, pendant un orage, il serait tombé en Hongrie, près du village de Putzmischel, un morceau de glace mesurant trois pieds en longueur et en largeur et deux pieds en hauteur, et tout à côté un autre grêlon de dimensions un peu moindres. Munke, qui trouva la chose peu vraisemblable, s'empressa de publier la nouvelle qu'à Mysore il était tombé des nuages un bloc de glace de la grosseur d'un éléphant! Jusqu'à quel point le vulgaire est enclin à de ces sortes d'exagérations et à y ajouter foi, c'est ce qui est mis en relief par l'anecdote suivante se rapportant à Frédéric le Grand. Étant à Potsdam, ennuyé des propos qu'on tenait à Berlin sur la guerre imminente, le roi eut l'idée de détourner l'attention du public sur autre chose et ordonna à une personne de confiance d'insérer dans deux gazettes de Berlin le récit d'une grêle extraordinaire qui était censée avoir eu lieu à Potsdam : les grêlons — était-il dit dans cette relation — étaient gros comme des citrouilles; ils avaient tué nombre de bœufs, arraché le bras d'un homme et brisé toutes les vitres à Potsdam. L'effet fut complet; on cessa de parler politique pour se livrer à des discussions sans fin sur les causes d'une grêle pareille et sur les dégâts qu'elle avait produits. On refusa même d'ajouter foi aux démentis arrivés de Potsdam, uniquement pour ne pas se priver de ce sujet de conversation qui offrait aux badauds un passe-temps si agréable et si commode.

querel a également constaté en France que les orages avec
grêle ont la propriété de longer certaines vallées et chaînes
de montagnes en évitant les forêts. L'académicien Abich a
publié un ouvrage remarquable sur « la grêle cristallique
dans les montagnes de Trialet, et sur la dépendance des
hydrométéores de la structure physique du sol[1]. »

Ozone.

Cent parties d'air atmosphérique contiennent en
moyenne : 24 parties d'oxygène; 76,5 d'azote; 0,45 de vapeur d'eau et 0,05 d'acide carbonique; la présence d'autres
substances ne peut être déterminée par centièmes. De ces
éléments constitutifs de l'air, c'est l'oxygène qui joue le rôle
le plus important pour la vie de l'homme. Il a été remarqué
que pendant le fonctionnement de la machine électrique
dans les expériences de physique et pendant la décomposition de l'eau au moyen de la pile voltaïque, il se dégage
toujours une odeur particulière; on l'attribue à la présence
d'une substance énigmatique à laquelle on a donné le nom
d'ozone (du grec : ὄζειν, avoir une odeur). Les chimistes sont
d'avis que l'ozone n'est pas une substance particulière, qu'il
n'est que l'oxygène dont les molécules, sous l'action de l'électricité, de O^2 se sont transformées en O^3. Avec les papiers
ozonoscopiques de Schönbein[2] on mesure la quantité d'ozone
contenue dans l'air. D'après les observations de Schönbein,
l'atmosphère en contient le plus en hiver, pendant qu'il
neige, et le moins en été; l'ozone est plus abondant de nuit
que de jour, hors des villes plus que dans leur enceinte.
Sur le Jura, il trouva le plus d'ozone près de la région des
nuages et constata que la quantité en est en raison directe

---

1. *Ueber kristallinischen Hagel im Trialetischen Gebirge und über die
Abhängigkeit der Hydrometeore von der Physik des Bodens.* II. Abich, Tiflis,
1871.

2. Actuellement existent les ozonomètres de Moffat, de Clarke et autres. Le
docteur E. Lancastre a construit un ozonomètre (dit *registering ozonometer*)
qui, adapté aux stations météorologiques, peut marquer heure par heure la
quantité d'ozone qui se trouve dans l'atmosphère. *Negretti and Zambra, a
treatise on meteorological instruments,* p. 134.

de la quantité d'électricité contenue dans l'air. Dans les lieux d'aisances, les fosses et en général dans les endroits de décomposition de substances organiques, végétales ou animales, il y a absence complète d'ozone. Schönbein conclut de ces observations que l'ozone s'unit avidement à tous les gaz oxydants, qu'il purifie l'air de miasmes, de même que le chlore et que dans les lieux bas et insalubres il détruit le gaz de marais, surtout lorsque, pendant l'orage, il y a affluence d'air frais dans lequel l'électricité crée des masses de nouvel ozone. En été 1854, au plus fort du choléra qui sévissait à Oran, Wolf constata un manque extrême d'ozone dans l'air. Le même phénomène fut observé en Angleterre par Hunt, et en Belgique par Quetelet, au temps du choléra : d'où il est permis d'inférer que ce fléau est d'autant plus énergique que l'air est plus pauvre d'ozone.

Tout ce qui vient d'être dit nous fait conclure que, dans les montagnes, la région où s'amasse le plus de nuages et d'électricité est celle qui est la plus riche en ozone, et par conséquent celle où l'air est le moins saturé de différents gaz nuisibles à la santé de l'homme.

**Les changements de température
sont plus modérés sur les montagnes que dans les vallées.**

La station de Goudaour est située à un niveau trop élevé (2234 m.) pour pouvoir donner une idée juste de l'action salutaire de l'air des montagnes sur la vie de l'homme, comparativement avec l'air des plaines; néanmoins se trouvant presque à l'extrême limite des demeures humaines, elle peut servir à donner plus de relief à cette comparaison. D'après des observations faites (avec des lacunes) pendant quatre années à cette station :

La température moyenne annuelle y est. $+$ 4°,35 C.
—   — de l'hiver. . . $-$ 4°,65
—   — du printemps. $+$ 2°,91
—   — de l'été. . . . $+$ 12°,85
—   — de l'automne. . $+$ 6°,30

Pour établir la comparaison avec la Suisse, nous prendrons dans le tableau de Dollfus-Ausset les neuf stations consécutives suivantes : Andermatt, Plata, Reckingen, Weissenstein, Remus, Churwalden, Kloster, Chaumont et Beatenberg, — qui ont une température moyenne annuelle de +4°,41, soit à peu près la même que celle de Goudaour. L'altitude moyenne de ces stations est de 1267 m.; la température moyenne :

$$
\begin{aligned}
&\text{De l'hiver.} \ldots \ldots - \quad 3°,7 \\
&\text{Du printemps} \ldots + \quad 4°,47 \\
&\text{De l'été.} \ldots \ldots + \ 12°,30 \\
&\text{De l'automne.} \ldots + \quad 4°,63
\end{aligned}
$$

En comparant Goudaour avec les provinces de l'intérieur de la Russie, nous trouvons que l'hiver à Goudaour est plus chaud :

$$
\begin{aligned}
&\text{Qu'à Kiew} \ldots \ldots \text{de} \quad 0°,58 \\
&\text{— Ekaterinoslaw.} \qquad 1°,08 \\
&\text{— Taganrog} \ldots \qquad 0°,48 \\
&\text{— Novotcherkassk} \qquad 1°,08
\end{aligned}
$$

La température moyenne annuelle de Goudaour est plus élevée que celle de Saint-Pétersbourg de 0°,65 et égale à celle de Dorpat, de Vitebsk, de Smolensk, de Kalouga et de la ferme de Samara. Quant à l'été il est plus froid à Goudaour :

$$
\begin{aligned}
&\text{Qu'à St-Pétersbourg. de} \quad 3°,25 \\
&\text{— Kazan} \ldots \ldots \qquad 5°,08 \\
&\text{— Vologda} \ldots \ldots \qquad 4°,65 \\
&\text{— Viatka} \ldots \ldots \qquad 4°,35 \\
&\text{— Irkoutsk} \ldots \ldots \qquad 5°,55 \\
&\text{et même — Berézov} \ldots \ldots \quad 0°,98
\end{aligned}
$$

où l'on se réjouit plus de l'apparition du corbeau qui y annonce le printemps que nous autres du retour des hirondelles. C'est précisément ce caractère tempéré de l'air vivifiant des montagnes qui en fait le charme principal. Tous ceux qui en ont les moyens, vont passer l'été dans les montagnes, pour rétablir leur santé affaiblie dans la plaine et pour se mettre à l'abri des chaleurs de l'été. Pendant cette saison nous rencontrons partout dans les Alpes des Anglais poitrinaires et non poitrinaires avec leurs familles, et chez nous la plupart des fonctionnaires quittent Tiflis, Erivan et Elisabethpol pour passer l'été en villégiature. Les Tatares des vallées chaudes se hâtent de récolter les blés (dès le milieu de mai), expédient leurs familles avec tous leurs troupeaux dans les montagnes, ne laissant que des gardes champêtres pour arroser les champs de maïs et de riz, et puis s'en vont rejoindre leurs familles sur les montagnes, d'où ils ne reviennent qu'en automne, au temps de la vendange.

Pour faire ressortir avec plus d'évidence encore le caractère tempéré de l'air des montagnes et l'absence de changements brusques, rappelons-nous les chiffres obtenus par Dollfus-Ausset (V. p. 77) sur les températures extrêmes mensuelles pour 70 stations suisses, chiffres résultant d'observations simultanées faites en 1864.

Moyenne des températures mensuelles minima :

	Hiver.	Tem. moy.	Max.	Été.	Différ.
Altit. moyen. de 2477 m. à 2008 m.	— 8,77	«	« «	+ 8,65	17,42
— 1881 « 910 «	— 7,38	«	« «	+ 13,32	20,70
— 874 « 275	— 5,46	«	« «	+ 18,09	23,55

De tout ce qui précède nous pouvons tirer les conclusions suivantes :

A mesure de l'altitude croissante, 1° la température, de même que la pression atmosphérique, décroît;

2° La quantité absolue de vapeur d'eau contenue par l'atmosphère diminue;

3° En général l'humidité relative des couches supérieures de l'atmosphère diminue ; toutefois cette diminution est subordonnée à la situation géographique des montagnes, et, dans certains cas, l'humidité est plus grande dans les couches supérieures que dans les inférieures;

4° Il existe dans les montagnes une zone moyenne où les nuages voilent plus souvent le ciel que dans les basses régions et sur les hauteurs. Dans cette zone, l'humidité relative est plus grande, l'air est plus souvent chargé d'électricité et contient plus d'ozone, les orages sont plus fréquents, il tombe une plus grande quantité de pluie et la grêle est plus forte que dans les couches inférieures et supérieures. C'est en même temps la zone où la végétation est

la plus abondante. Cette zone est, comme nous le verrons
plus bas, la plus salubre pour l'homme. Au Caucase, elle
occupe tout l'espace compris entre 750 et 2000 mètres d'altitude absolue;

5° En général l'air des montagnes est plus froid, plus
léger, et la différence des températures extrêmes est moins
considérable que dans les plaines.

Comparaison de la flore suisse avec celle du Caucase.

On subdivise la flore de la Suisse en 5 zones ou régions.
Nous citerons ici les paroles du docteur Lombard :

« 1° *Région basse*. La plupart des vallées de notre pays
sont situées à plusieurs centaines de mètres au-dessus du
niveau de la mer, en sorte que cette région basse qui occupe
le pied de nos montagnes participe, à certains égards, des
climats alpestres. Néanmoins la végétation ne diffère pas no-
tablement de celle des plaines de la France ou de l'Allemagne.
L'on y rencontre la vigne sur les coteaux bien exposés où
croissent les vins estimés de la Côte, de Lavaux, d'Yvorne,
de Cortaillod et du Valais. La culture du maïs et des arbres
fruitiers y est aussi répandue que dans d'autres pays situés
près du niveau des mers. Les seules différences que l'on
puisse signaler, c'est une plus grande vigueur de la végétation sous l'influence d'un climat plus tempéré et plus fréquemment arrosé par les pluies. L'on peut observer également
que les arbres fruitiers sont d'une taille remarquable; il en
est de même des hêtres et des noyers; ces derniers surtout
acquièrent un développement prodigieux et ajoutent, par
leurs formes élancées et leurs vastes ombrages, à la beauté
du pays. Y a-t-il rien de comparable, à cet égard, aux environs de Montreux, Bex, Saint-Gingolph ou Interlaken? Et
peut-on trouver une plus riche végétation que celle des
noyers séculaires qui entourent ces villages? Nous avons
déjà remarqué que le fond de nos vallées est bien plus élevé
que les plaines de l'Europe, et l'on comprend dès lors que,
pour nous, la *région basse* soit à plusieurs centaines de mètres au-dessus du niveau des mers ; c'est ainsi que, en pre-

nant la hauteur des lacs, l'on connaît l'élévation de la partie la plus basse de nos vallées. Or celui de Genève est à 375 mètres, et ceux de Brienne à 434, de Neuchâtel à 435, de Constance à 397 ; en sorte que, en prenant la moyenne de ces diverses hauteurs, l'on voit que la *région basse* dont nous avons donné la description doit varier entre *trois* et *cinq cents* mètres.

« 2° *Région moyenne*. Immédiatement au-dessus commence une autre région, qui s'étend jusqu'à *sept cents mètres* et qui présente de nouveaux caractères botaniques. La culture de la vigne ne se voit que dans les lieux les plus abrités et les mieux exposés. Les noyers et les arbres fruitiers se rencontrent encore, mais ils ne présentent plus cette végétation surabondante que l'on admirait dans les régions moins élevées, et ils ne tardent pas à être remplacés par les châtaigniers, qui eux-mêmes cèdent la place aux chênes, aux bouleaux et aux hêtres. Enfin, l'on voit apparaître les premiers sapins (*abies pectinata*) qui ne tarderont pas à tout envahir. C'est dans cette région que l'on commence à rencontrer çà et là quelques plantes alpestres, ou dans les portions rocailleuses, ou dans celles qui ont une exposition septentrionale, ou sur les bords des torrents qui en ont transporté les graines en descendant des régions supérieures ; mais c'est par exception, en quelque sorte, que l'on voit apparaître les gentianes, les orchys, les aconits, les cacalia et quelques autres plantes qui caractérisent la végétation des Alpes ; tandis que, dans cette région moyenne, l'on trouve encore des céréales et prairies artificielles ; mais l'on approche de la lisière des forêts et la scène ne tarde pas à changer.

3° *Région montagneuse* (*de* 700 *à* 1300 *mètres*). Ici nous sommes en pleine végétation alpestre ; le maïs et le froment ont disparu ; l'orge et l'avoine sont seules cultivées ; le noyer ne réussit presque plus ; les arbres fruitiers sont rares et presque sauvages ; le chêne est isolé, le hêtre encore fréquent ; le sapin (*abies pectinata*) se rencontre partout et vers les régions supérieures l'épicéa (*abies excelsa*) fait son apparition ; les pâturages occupent déjà de grands espaces et les tourbières se montrent sur plusieurs points. C'est la région

des forêts et des prairies. Si l'on s'engage dans ces sentiers
tracés au milieu des sapins séculaires, l'on est frappé de la
grandeur du spectacle : de toutes parts s'élancent des troncs
majestueux qui s'élèvent jusqu'aux nues, et dont les branches entrelacées forment un dôme impénétrable aux rayons
du soleil, et cette atmosphère humide facilite le développement des lichens sur les rochers environnants aussi bien
que sur les branches des sapins, tandis qu'une épaisse
couche de mousse couvre le sol ; c'est là que se développent
dans ce demi-jour l'orobanche aux pâles couleurs, la *Coral-
lorhizza Halleri,* le *Neottia cordata,* le fraisier dont les fruits
réjouissent la vue et rafraîchissent le palais, et tant d'autres
plantes qui redoutent l'action directe et trop vive de la lumière solaire.

« Puis, lorsqu'on approche de la lisière des forêts, l'on voit
paraître les larges feuilles du *cacalia alpina,* l'élégante vo-
lute des fougères, les belles cloches de la digitale, et les aco-
nits-napels, et d'autres encore qui cachent le sol sous une
épaisse couche de verdure et de fleurs. Mais les rochers et
les bois n'occupent pas tout l'espace dans cette région montagneuse : une grande partie est recouverte de riches prairies,
et c'est là que les bergers conduisent leurs troupeaux, dès
que la chaleur du printemps a fait disparaitre les neiges ; ils
y séjournent jusqu'à ce que l'été ait rendu les hautes régions
accessibles, et lorsque l'automne ramène les frimas, ils y
reviennent prendre place dans leurs modestes chalets, et l'on
entend de nouveau le bruit des clochettes sur ces riants pâturages. C'est au milieu de ces prairies que l'on voit briller
les fleurs azurées et pourprées des gentianes, les couronnes
dorées de l'*Arnica montana* et du *Senecio doria,* et les élé-
gantes pyramides des orchys.

« Mais déjà la végétation n'est plus si puissante que sur la
lisière des forêts, et l'on s'aperçoit que l'atmosphère est devenue plus froide et que l'on approche des régions où les
plantes ne tarderont pas à disparaître, après s'être contrac-
tées et desséchées sous l'influence d'un climat aussi rigoureux que celui de Sibérie

« 4° *Région alpestre :* s'élève de 1300 à 1800 mètres et son aspect devient de plus en plus sauvage. Les pâturages et les rochers dénudés remplacent les forêts ou tout au moins alternent avec elles ; il n'y a plus ni hêtres ni chênes, ni bouleaux, mais seulement des sapins et des épicéas qui couvrent des espaces de moins en moins grands, jusqu'à ce que l'on atteigne la région alpine où l'on ne rencontre plus aucun arbre. C'est là qu'au milieu des pâturages et dans le creux des rochers se rencontrent des trésors de plantes rares qui font battre le cœur du botaniste, lorsqu'il voit briller les fleurs pourprées du Rhododendron, si bien nommées la rose des Alpes, les corolles éclatantes des gentianes, des renoncules, des anémones et des saxifrages. Toute cette végétation alpestre contribue à égayer ces solitudes où l'on n'entend d'autre bruit que la clochette des vaches, le bourdonnement des insectes ou le murmure des ruisseaux. Mais à mesure que l'on s'élève, on voit les plantes se rapetisser, leur tissu s'endurcir, leurs racines s'étaler sur le sol ou s'y enfoncer profondément, et lorsqu'on atteint la région supérieure, l'on ne rencontre plus qu'une végétation appauvrie et rabougrie, incapable désormais de lutter à armes égales contre le froid et les autres causes de mort qui l'enserrent de toutes parts et qui ne tarderont pas à remporter la victoire.

« 5° *Région alpine :* s'élève depuis 1800 mètres jusqu'aux plus hautes sommités ; mais c'est là que la vie végétale rencontre une limite infranchissable : celle des neiges éternelles. Cependant telle est la résistance qu'opposent certaines plantes à cette cause de destruction, qu'on les voit paraître partout où le sol se découvre pour quelques instants et jusque sur des rochers tout entourés de neiges et de glaces... »

Nous allons examiner à présent quels niveaux occupent dans les montagnes du Caucase les cinq régions dont nous venons de reproduire l'esquisse pour la flore de la Suisse.

La *première* région ou zone inférieure s'étend en Suisse jusqu'à l'altitude de 500 mètres ; comme limite on peut lui assigner celle des vignobles ; or, dans le Caucase la vigne croît (selon l'académicien Vessélowski, p. 46) jusqu'à l'altitude de 1090 mètres (village de Kourta en Osséthie). Néanmoins je suis d'avis qu'il convient de borner cette zone pour le Caucase à 750 mètres. C'est l'altitude à laquelle sont situées, dans la vallée de l'Alazane, les villes de Télaw et de Scighnakh qui fournissent nos meilleurs vins de Kakhétie. Cette partie de la vallée de l'Alazane peut, sous le rapport de richesses naturelles et de la densité de la population, rivaliser avec les plaines de la Lombardie. Les noyers (*Juglans regia*) se rencontrent encore en grande abondance dans les environs du village de Djava (dans la vallée de Liakhva), à une altitude absolue de 1071 mètres. Néanmoins, à des hauteurs au-dessus de 750 mètres, on remarque déjà un changement assez prononcé dans l'air.

La *seconde* région, qui en Suisse s'étend jusqu'à 700 mètres, y est bornée par la limite du froment, tandis qu'au Caucase celui-ci atteint jusqu'au niveau de 2000 mètres [1]. Dans cette région, le maïs ne croît plus; il s'arrête au niveau d'environ 900 mètres; mais par contre c'est la région des céréales; on y trouve des colonies russes, les quartiers des états-majors de nos régiments et quelques-unes des colonies allemandes dont la plupart, toutefois, ont préféré s'établir dans la région de la vigne.

La *troisième* région s'étend en Suisse jusqu'à 1300 mètres; c'est dans ce pays la zone de l'orge et des arbres à feuilles aciculaires. Or, dans le Caucase, l'orge atteint le niveau de 2470 mètres (village de Kalota en Osséthie). C'est la zone où viennent camper en été les habitants des plaines avec leurs troupeaux.

La *quatrième* région qui s'étend en Suisse jusqu'à 1800 mètres, est celle des pâturages; chez nous, si l'on rapporte les pâturages de bétail et de chevaux à la région de l'orge, celle-ci est peuplée par des centaines de milliers de moutons et de chèvres qui vont jusqu'aux limites supérieures des espaces libres de neige.

---

1. Acad. Vessélovski (p. 46). Le village de Bajegat en Osséthie, limite du froment.

Enfin la *cinquième* et dernière région est celle où, de même qu'en Suisse, les espaces libres de neige sont occupés par quelques plantes, derniers représentants du règne végétal - et congénères aux espèces particulières à cette région des montagnes de la Suisse.

En comparant les différentes régions des flores suisse et caucasienne, d'après leur distribution en sens vertical, il me reste à dire quelques mots relativement à la seconde région ou région moyenne. En Suisse, elle commence à l'altitude de 500 mètres, à la limite des vignes et des noyers et se termine à la limite du froment, au niveau de 700 mètres. Au Caucase, cette région commence au niveau de 700 à 750 mètres et ne se termine qu'à l'altitude de 1800 mètres. C'est dans cette région que se trouvent les quartiers généraux de nos troupes, les colonies russes, Kisslovodsk, le mont Machouck, les eaux minérales de Borjome, d'Abbas-Toumane, d'Ouravel[1], tous nos lieux de villégiature, et c'est là, comme nous le verrons dans la suite, la région la plus salubre. Quant aux agents atmosphériques de cette région, nous en avons déjà fait mention (V. p. 202, § 4).

Assurément cette esquisse rapide des principales régions de la végétation est loin de présenter un tableau complet de la nature du Caucase. Pour cela il faudrait entrer dans le détail des contrastes, souvent fort tranchés, de chaque partie

---

1. Un spécialiste distingué, M. Jules François, invité par le gouvernement russe à venir étudier le groupe des eaux minérales de Piatigorsk, de Gelèsnovodsk, d'Essentouky et de Kisslovodsk et d'élaborer un programme pour l'amélioration de ce groupe, dit dans ce document :

« Je reviens sur l'exposé que j'ai fait plus haut de ressources hydro-minérales non encore exploitées.

« Cet exposé témoigne que l'ensemble de ces ressources et des sources des quatre groupes comprend non-seulement les types analogues à certaines eaux magistrales de l'Allemagne et de l'Europe occidentale, tels que ceux d'Ems, de Marienbad, d'Aachen, d'Enghien, Spa, Schwalbach, etc., mais encore des types nouveaux qui rappellent avec avantage les sulfatées sodiques de Karlsbad, les chloro-sulfatées magnésiennes et sodiques de Luchon et de Cauterets (Pyrénées centrales).

« Je le répète, on peut dire sans crainte d'être contredit que le Caucase renferme, sur un espace relativement restreint, un ensemble de types hydro-minéraux variés, qui n'a pas d'analogue aussi accusé dans l'Europe occidentale. »

de cette contrée en particulier ; mais ce vaste travail, surtout
en ce qui regarde la région basse, serait déplacé ici, lors
même qu'il ne serait pas au-dessus de mes forces.

Toutefois il serait temps d'entreprendre ce travail, afin de
mettre en évidence quelles richesses naturelles peuvent produire nos vastes plaines le jour où elles seront pourvues d'un
système rationnel d'irrigation ; quels fruits et quels vins nous
fourniront les pentes des montagnes tapissées de grenadiers
et d'arbres fruitiers sauvages. Quand des hommes entre-
prenants sauront quels trésors récèle la nature du Caucase,
cette contrée se transformera en grenier d'abondance de
l'Empire et en deviendra la plus riche colonie, située non
pas au delà des mers, où le colon succombe soit à l'influence
d'un climat meurtrier, soit aux coups de sauvages, mais,
sous la main avec pleine facilité pour les colons de s'abriter contre les chaleurs de l'été sur les montagnes et de se
réchauffer en hiver dans les plaines, tout en s'adonnant à
l'exploitation des richesses naturelles du pays. C'est alors
que les montagnes du Caucase se couvriront de lieux de villégiature où l'on reviendra en foule passer l'été et qu'il y
aura affluence de malades aux sources d'eaux minérales disséminées sur toute la surface du Caucase.

Pour donner une idée de la richesse végétale de quelques
parties du Caucase, nous emprunterons à l'ouvrage du docteur Toropoff : « Essai de géographie médicale », la description de la flore dans la vallée du Rion et sur la route menant
au col d'Adjar.

Vallée du Rion et route du col d'Adjar.

« ..... Pour causer de la flore du Caucase, il n'y a pas à
ce qu'il me semble d'endroit plus propre que Koutaïs ; eh
bien, c'est mon cas en écrivant ces lignes. Devant mes fenêtres, à vingt pas, au delà de son bord plat, tout couvert de
pommiers épineux, de camomille (*Anthemis cotula*) et de
xanthe, le Rion, gonflé par la pluie de cette nuit, roule ses
eaux bourbeuses et charrie des arbres entiers, avec racines
et feuillage. Plus loin la rive opposée s'élève en rampes qui

14

vont se confondre au loin avec les montagnes boisées. Ce bord est occupé par des bâtisses et des jardins ; on y remarque aussi les vestiges d'une forêt récemment coupée. Aussi voit-on côte à côte, avec le vieux noyer touffu, se dresser le pauloronia ombreux ; derrière le mince peuplier se détache la cime arrondie du tilleul ou le panache élancé du cyprès ; ici, le figuier projette ses rameaux noueux, là l'arbuste vert foncé du grenadier aux fleurs couleur de feu s'adosse à une haie. D'ailleurs, il n'y a qu'à parcourir deux ou trois rues de la ville pour voir encore bien d'autres spécimens des représentants du règne végétal. Ainsi, sans parler des odorants acacias blancs, vous vous émerveillerez plus d'une fois à l'aspect du développement extraordinaire des tilleuls d'ici (*Tilia europæa grandiflora*), dont plusieurs paraissent être vieux de plusieurs siècles, tandis qu'en réalité ils n'ont été plantés qu'il y a quelques dizaines d'années. L'acacia blanc (*Rubinia pseudoacacia*), le bignonia aux larges feuilles (*Bignonia catalpa*) et le remarquable acacia soyeux[1], avec ses fleurs roses en forme de grappes, forment l'ornement le plus ordinaire des rues de Koutaïs. Il n'est pas rare non plus de voir dans les rues des grenadiers ou des buissons d'aubépine (d'épine blanche) et parfois même des figuiers passant leurs rameaux à travers les fentes d'une haie ; ce qui est relativement le moins abondant, c'est la végétation herbacée ; ainsi n'est-il pas surprenant qu'à Koutaïs, qui est littéralement noyé dans la verdure, le foin soit hors de prix.

« Par contre la végétation des jardins est faite pour attirer l'attention des amateurs, non toutefois par les arbres fruitiers, qui sont de médiocre qualité, à cause de l'humidité tant de l'air que du sol. Merisiers, cerisiers, pruniers, pommiers, amandiers, abricotiers, pêchers, cognassiers, grenadiers et figuiers, — tout croît en abondance ; on rencontre même des oliviers, mais tout cela est mal cultivé, et ne sert qu'à embellir les jardins, en été par la verdure et au prin-

---

1. L'*Acacia julibrissin* qui, à part la vallée du Rion, ne croît à l'état sauvage qu'à Lenkoran.

temps par les fleurs, alors qu'au mois de mars, encore avant l'apparition des feuilles, les amandiers se revêtent de fleurs blanches, et puis les pêchers de fleurs roses. C'est vainement qu'on rechercherait ici des fruits de bonne qualité, bien venus, succulents, d'une saveur et d'un arome exquis, comme en produisent, par exemple la Transcaucasie et le Daghestan.

« Le plus bel ornement des jardins de la vallée de Rion, ce sont les bignolias aux larges feuilles et les paulownias (*Paulownia imperialis*). Ces derniers croissent ici avec une telle exubérance qu'en un seul été ils projettent des branches longues d'une toise, et donnent un ombrage complètement impénétrable aux rayons du soleil, grâce aux dimensions de leurs larges feuilles dont les plus grandes ne trouveraient place dans aucun herbier. Mais quand viennent à souffler les vents impétueux des montagnes, il ne reste souvent des tendres feuilles du paulownia que des lambeaux, à tel point ces vents les maltraitent. Dans quelques jardins, on voit aussi deux variétés du magnolia (*Magnolia grandiflora*), un trèsbel arbre avec d'énormes fleurs blanches et odorantes. Un attri_ but invariable de tous les jardins, c'est ensuite le noyer, parfois très-vieux, vestige des anciennes forêts ; puis le châtaignier, le mûrier blanc et quelquefois le platane (*Platanus orientalis*). Parmi la verte feuillée de ces arbres se dresse le plus souvent le cône pointu du sombre cyprès, fort répandu ici, ou bien quelques variétés du thuya et d'arbres à feuilles aciculaires, sans en excepter le pin d'Italie. C'est peut-être parce que les arbres exotiques et rares viennent si bien en plein air qu'on néglige complètement dans les jardins la culture des fleurs. C'est tout au plus si l'on tient à honneur les rosiers qui restent ici éternellement en fleur, mais on ne va pas au delà.

« On voit d'après tout ce qui vient d'être dit que, dans ce pays, il n'y a guère de différence essentielle entre les jardins et les forêts. Et ce n'est pas qu'il n'y ait aussi des spécimens rares, même dans les forêts riveraines du Rion, entre autres : le zelcowa crenata qui ne croît qu'ici et fournit un bois rou-

geâtre et précieux pour les travaux de menuiserie (à Vartzikh
il existe une maison faite d'un seul zelcowa); puis l'*Abies
nordmanniana* forme, vers le cours supérieur du Rion, toute
une forêt large de 13 kilomètres ; enfin en Gourie on trouve
en grande abondance le cèdre d'Italie (*Pinus pinea*), arbre
excessivement riche en résine.

« Toutefois dans les jardins il existe des plantes encore
plus rares, dont l'acclimatation a évidemmen réussi. On
y rencontre, entre autres, l'olivier, et dans le jardin appartenant actuellement à l'établissement de Sainte-Nina on voit
un exemplaire de camphrier (*Laurus camphora*) et un liège
(*Quercus suber*) qui se sont acclimatés à merveille ; cependant l'hiver passé ils ont quelque peu souffert, pas tant des
froids qui cependant atteignirent un degré inusité, que de la
masse de neige qu'ils eurent à supporter. En Gourie croît,
fleurit et produit des semences le véritabla arbre à thé de la
Chine, dont la parfaite authenticité a été constatée par l'académicien Ruprecht. Puisque ces arbres, le liège, le camphrier
et l'arbuste à thé supportent si bien l'hiver de cette contrée,
n'y aurait-il pas lieu de s'adonner à leur culture ? Et n'est-il
pas évident que bien d'autres plantes exotiques encore pour-
raient prospérer ici et fournir de grands avantages à ce paradis de verdure éternelle [1] ? Ce qui donne à la vallée du Rion
un droit incontestable à l'épithète « d'éternellement ver-
doyante », ce sont ces plantes immarcessibles qui, sur les
pentes des montagnes avoisinantes et jusque sur les bords
du Rion, forment de véritables fourrés : ce sont des rhododendrons, les myrthes, les lauriers ordinaires et lauriers-
cerise, différents lierres, même des variétés odorantes ; puis
ce sont des buissons d'yeuses (de chênes verts) (*Ilex aquifo-
lium*), puis le buis ou vulgairement arbre à palmes (*Buxus*

---

1. Parmi les plantes exotiques qui viennent bien dans ce pays, il convient
de nommer encore les suivantes : Photonia serrata, Bignonia radicans, Melia
acedera, Liriodendron (nommé ici arbre à tulipes), Stercularia criptomeria,
cedrus deodora de l'Himalaya, le Xanthoceros de Chine, le Lagerstroemia indien,
et aussi le Chimonantes, le Gunninghamia, le Sequoia taxodium, etc. Quant au
cotonnier (gossypium herbaceum), il prospère à merveille.

sempervirens) et autres, tels que le ruscus, le taxus, le daphné, etc., etc.) sans compter les arbres à feuilles aciculaires énumérés plus haut, les cyprès et les thuyas. Notons en passant cette particularité des zones sylvestres de cette région, que le plus souvent elles consistent en taillis inextricables de rhododendrons, d'azalées et de jasmin sauvage ; c'est là ce qui charme le plus le touriste peu habitué encore à cette végétation exubérante.

« Il suffit, ce me semble, de ces indications pour en venir à partager l'avis des auteurs qui appellent la Transcaucasie occidentale une des plus belles contrées du monde. Je parle de toute « la Transcaucasie occidentale » : car ce même spectacle nous le voyons non-seulement dans la vallée du Rion, en Imaréthie, en Gourie et en Mingrélie, mais encore sur tout le littoral de la mer Noire, qui vient d'être définitivement pacifié cette année seulement[1] et qui, après l'émigration de la partie turbulente des populations, est devenu un pays complétement russe. La puissance de la végétation sur tout le littoral, au sud de la chaîne principale, est si grande qu'il est difficile de prédire quelles dimensions atteindra la culture le jour où l'homme se sera rendu entièrement maître de cette nature vierge. Une chose qu'on peut dire dès à présent, c'est que le temps n'est pas éloigné où cette contrée redeviendra ce qu'elle était jadis, la Colchide de la toison dorée.....

« ... Je me suis quelque peu écarté de mon sujet, désirant montrer combien il serait facile à la Transcaucasie occidentale de devenir un pays de production abondante, grâce uniquement à l'étonnante richesse de sa végétation. Dans toute l'étendue de l'isthme du Caucase nous n'en trouvons un autre exemple, bien qu'à un degré quelque peu moindre, que dans une seule localité, à savoir à l'extrémité méridionale du littoral de la Caspienne, sur cette étroite bande de terre qui s'étend entre la crête du Talyche et la mer, des deux côtés de Lenkoran. Nous parlerons plus loin des causes

---

1. Écrit en 1864.

de l'étonnante exubérance végétale de ces deux régions ; pour le moment je tenais seulement à montrer pourquoi j'ai tant insisté sur la végétation de la vallée du Rion, à laquelle aucune autre région du Caucase ne peut disputer le prix sous ce rapport.

« Tout ce qui vient d'être dit suffit pour montrer combien est abondante et variée la flore de la plaine même du Rion. Maintenant nous allons voir comment cette végétation change d'aspect, à mesure de l'élévation du terrain. En s'éloignant du Koutaïs, dans la direction des montagnes de l'Adjara, nous retrouvons encore la même végétation dans les environs de Vartzikh, c'est-à-dire au confluent de la Kvirila et du Rion, où la température est même un peu plus élevée qu'à Koutaïs, l'embouchure de la Kvirila n'étant qu'à 77 mètres au-dessus du niveau de la mer (tandis que Koutaïs est à 146 mètres), et la vallée de la Kvirila étant d'ailleurs mieux abritée contre les vents qui soufflent des hauteurs, couvertes de neiges éternelles, de la chaîne principale. Ce luxe de végétation aux environs de Vartzikh détermina, il y a de cela quarante ans, le chevalier Gamba, qui connaissait si bien le Caucase, à acquérir en cet endroit de vastes terrains et à y établir une très-belle ferme. Mais le climat ou plutôt les fièvres dont le traitement à cette époque était encore bien arriéré, ruinèrent toute l'entreprise, en décimant les colons qu'il avait fait venir ; Gamba lui-même en devint la victime, et ses héritiers vendirent à vil prix toutes les terres avec bâtisses et installations. Après lui ces beaux lieux restèrent pendant longtemps en friche, et ce n'est que tout récemment qu'un riche capitaliste en a repris la culture, avec un grand succès, à ce qu'on dit. Il paraît donc que les fièvres ne sont plus aussi pernicieuses dans cette localité qu'elles le furent jadis, du temps du chevalier Gamba.

« Non loin de Vartzikh, la Kvirila reçoit la petite rivière de Khanis-Tzkhali qui descend des montagnes d'Adjara. Le chemin du col d'Adjara longe cette rivière. A partir de Kvirila le terrain, presque partout boisé, commence à s'élever. Les rares éclaircies dans les bois sont l'œuvre de la main de

l'homme et ensemencées de maïs et de gomi (*sorgum vul-
gare*), le mil à larges feuilles qui remplace pour les indigènes
toute autre espèce de blé. Les vignobles sont très clair-
semés; par contre les ceps grimpent librement au premier
arbre venu, de là se projettent en pont volant sur un autre,
puis sur un troisième, redescendent à terre, vont étreindre
un autre arbre, et de cette manière enguirlandent et fes-
tonnent quelquefois tout un groupe d'arbres. D'ailleurs nulle
culture, la nature se charge de tout. Faut-il s'étonner après
cela de la paresse de l'indigène? Et d'ailleurs que lui
manque-t-il? Il demeure dans la forêt, près de son champ;
il a sa cabane proprette en bois, faite de planches et sur-
montée d'un toit pointu, tout comme la cabane du paysan
russe, — ce qu'on ne rencontre nulle part ailleurs qu'au
Caucase; la seule chose qui fait défaut dans cette cabane,
c'est le poële, d'ailleurs assez inutile : les hivers ne sont
pas rigoureux, et il suffit d'une cheminée, pratiquée en
dehors, derrière la cloison de planches. Près de la cabane,
sous des noyers touffus et le plus souvent festonnés de
vigne, se trouve un petit terrain défriché couvert d'une
riche moisson de maïs ou de gomi, plantes qui ne deman-
dent guère de soins et donnent des récoltes dont on ne se fait
pas une idée dans les pays septentrionaux; il suffit de dire
que le gomi donne 100 pour 1! L'on conçoit après cela que
le paysan indigène ne ressente pas le besoin de se donner
beaucoup de mal à cultiver le seigle, l'orge, etc., comme
cela se fait ailleurs. Tout le champ formant l'apanage d'une
famille de dix personnes, par exemple, peut être embrassé
d'un seul coup d'œil, bien qu'il y ait là des arbres épargnés
par la hache soit à cause des fruits qu'ils donnent, soit
comme supports de la vigne. Tout autour de cet enclos, c'est
encore la forêt, puis vient une autre cabane flanquée d'un
petit champ et ainsi de suite. S'il vous arrive de rencontrer
un groupe de plusieurs cabanes, vous pouvez être sûr que
ce ne sont pas des habitations de paysans, mais des dou-
khans (cabarets) qui, seuls dans cette région, s'assujettissent
au principe de l'association. Sur toute l'étendue de la Trans-

caucasie occidentale vous ne trouverez guère de villages ; les habitations sont isolées, éparpillées, chacun pour soi sur son lopin de terre, et votre route va toujours à travers forêts.

« Mais qu'elle est splendide, cette forêt, à travers laquelle on a à se frayer son chemin en allant à Bagdat, en longeant le bord du Khanis-Tzkhali. Même par la journée la plus chaude, il fait frais sous la voûte élevée de ces arbres séculaires : chênes, châtaigniers, frênes, charmes, khourma (*diospiras latus*), tilleuls, noyers et aunes. Apparemment que le dôme ombreux de cette forêt est par trop touffu et qu'il ne laisse pénétrer ni assez de lumière, ni assez de chaleur pour l'expansion de cette végétation sur laquelle le regard a tant de plaisir à s'arrêter, quand l'épais taillis vient à s'éclaircir et que sur les collines tapissées de sureaux, de ronces (mûres sauvages) et de fougères, on voit apparaître des représentants moins gigantesques des régions sylvestres : le hêtre, le laurier, le cornouiller, le pêcher, le poirier, le jasmin, le grenadier, pêle-mêle avec d'énormes châtaigniers ou noyers tout enguirlandés de vigne, de chèvrefeuille et de cuscute, ou bien de houblon. Il en est de même dans les environs de Bagdat qui cependant, comparativement à Vartzikh, est situé à une hauteur assez considérable, la différence des niveaux pouvant bien être de 220 mètres.

« A partir de Bagdat, la contrée commence à prendre un aspect montagneux. Çà et là du milieu de la verdure surgissent des rochers de pierre calcaire ou de grès, tantôt tapissés de lierre ou d'autres plantes grimpantes, tantôt flanqués de bosquets de laurier-cerise, d'aubépine et de jeune aunaie ; le robinier aux baies bleues et son inséparable satellite le sureau, de même que la jusquiame, la pomme épineuse et l'arroche bordent invariablement routes, enclos, en un mot tout lieu où l'homme a passé avec la cognée ou la bêche.

« Mais voilà que la contrée devient tout à fait montagneuse ; les montagnes viennent border de plus en plus près la route et resserrer le lit de la rivière écumante ; tantôt il faut gravir un sentier pierreux et étroit surplombant un précipice, tantôt le chemin redescend jusqu'à la rivière. Ici l'on remarque que l'homme commence à attacher du prix au moindre lopin de terre quelque peu uni ; partout où apparaissent de ces terrasses, elles sont depuis longtemps déboisées, défrichées et ensemencées de maïs ou même de froment. Cela repose l'œil après le spectacle d'une végétation par trop abondante et uniforme, après la verdure ininterrompue et sauvage'des forêts obstruant et encombrant tout. Désormais il y a plus de variété : la rivière mugissante roule une écume blanche et non plus jaune ; c'est que ses eaux ne charrient pas d'argile et coulent sur des rochers nus et non sur un sol argileux ; vous foulez le plus souvent le gravier et les galets ou la terre végétale, reste d'une forêt, et non plus l'argile uniforme et jaune de la région inférieure des molasses. Le bord opposé de la rivière s'élève en paroi verticale et la structure par couches des grès fauves ou verdâtres révèle que nous avons laissé loin derrière nous la région de la formation tertiaire et sommes entrés dans le domaine des montagnes crayeuses, couvertes jusqu'au sommet d'une sombre verdure, parmi laquelle se détache par ses formes arrondies le hêtre si cher aux Allemands, et parfois même déjà la cime pointue d'un sapin, de taille médiocre. A partir d'en haut tout est forêt, forêt continue dessinant les sinuosités de toutes les hauteurs et inondant de sa verdure toutes les pentes jusqu'au bord de la rivière ou jusqu'au haut des talus abruptes, au pied desquels le Khanis-Tzkhali roule ses eaux rapides. Ce n'est que de loin en loin, quand les pentes offrent un endroit quelque peu moins escarpé, que le terrain est déboisé et présente une éclaircie toujours ensemencée de maïs. Mais le tableau sauvage de la gorge profonde et sinueuse commence à changer d'aspect de plus en plus fréquemment. Vous avancez maintenant au-dessus d'une roche grise, par un chemin pierreux et étroit surplombant un talus haut et abrupte bordé uniquement d'herbes chétives et sans caractère. Bien loin, à vos pieds, la bruyante petite rivière bondit, limpide sur son lit de pierres. Pendant quelque temps vous ne faites que monter, ne voyant que de nues parois de rochers à gauche et le précipice quelque peu inquiétant à droite. Mais voilà qu'au détour d'un rocher qui était comme suspendu sur votre tête, vous voyez tout à coup la gorge s'élargir. Devant vous verdissent de nouvelles montagnes, encore plus élevées et toutes boisées; leurs pentes sont sillonnées d'éclaircies ensemencées de maïs, et çà et là apparaissent des maisonnettes; là-bas, à vos pieds les moissons couvrent le large fond de ce vallon encaissé; la rivière, moins impétueuse dans ce coin paisible, en cotoyant les champs se porte vers la rive opposée, plus rocheuse. Cependant le chemin des *arbas* (chariots indigènes à 2 roues) fait un détour, allant perdre ses méandres dans la verdure touffue de l'aunaie qui tapisse toute la côte, et votre guide, pour abréger la route, prend un sentier escarpé qui descend tout droit à travers bois, et voilà que, ayant mis pied à terre, vous vous frayez votre chemin à travers l'épais feuillage, en vous accrochant aux buissons d'aubépine, aux rameaux des aunes, des châtaigniers, des lauriers, tantôt évitant, tantôt enjambant les blocs de pierre dont le sol est semé; après une descente rapide vous vous trouvez de nouveau sur la grande route, des deux côtés de laquelle s'entrelacent aux lauriers-cerises des fouillés d'aunaie, de chênaie, de châtaigneraie, de rosiers de grande taille, et parfois des buissons d'obier ou bien de notre noisetier. Ici, comme dans tout le Caucase, on voit les traces de la hache sur les plus gros arbres. Qui n'a rencontré ces énormes troncs de vieux chênes, de vieux charmes et de vieux aunes dont les indigènes, trop paresseux pour les couper à la racine, se sont contentés de tailler et d'enlever les grosses branches? après quoi les jeunes pousses viennent recouvrir d'une calotte touffue l'extrémité des branches coupées, le plus souvent d'ailleurs toutes revêtues et enlacées d'un lierre vert foncé. C'est évidemment le hêtre qui commence à prédominer dans la forêt, témoignant par les dimensions grandioses de son tronc qu'il est ici complètement chez lui.

Nous sommes déjà à une altitude de 1000 mètres ; or voici ce
qui est le plus curieux : malgré ce niveau élevé, le laurier-
cerise éternellement vert, l'yeuse et la vigne sauvage deviennent pour ainsi dire plus fréquents encore que dans la
vallée ; il se peut que ce ne soit là qu'une apparence ; car à
une telle distance de la vallée, à une hauteur où l'on s'attend
le moins à rencontrer, côte à côte avec le hêtre et le sapin,
ces représentants de la flore du sud, ils doivent naturellement attirer davantage l'attention. Du reste, voici une autre
circonstance qui vous rappelle d'une façon plus marquée
que vous entrez dans une autre région végétale : les jeunes
forêts sont tapissées, au pied des arbres, d'une végétation
herbacée touffue, pleine de sève et variée, composée de graminées, d'ombellifères, de lis, de mauves et autres ; et le
plus bel ornement de la flore de cette région, ce sont les
grands lis jaunes et surtout blancs, dont les charmantes
fleurs forment des bouquets entiers au pied des arbres.

« C'est cette végétation hétérogène que le voyageur a le
plus longtemps sous les yeux. Durant près du tiers de la
route, la flore reste la même, si bien qu'à l'altitude de
1400 mètres on ne remarque pas encore de différence notable
dans le caractère général de la végétation, et ce n'est qu'aux
approches du village de Khani, qui apparaît sur une hauteur
à gauche de la route, que la forêt d'arbres à feuilles aciculaires, le pin et le sapin, commencent à prédominer d'une
manière visible ; là on ne voit plus ni noyer, ni châtaignier ;
mais parmi les chênes, les érables, les tilleuls, les ormes,
apparaît toujours encore le cornouiller et l'yeuse, de même
que l'if et le laurier-cerise. C'est une chose curieuse que de
voir rapprochés ici et croître côte à côte les habitants toujours
verts de climats tout différents, le pin et le sapin du nord
ensemble avec le laurier-cerise et l'yeuse des pays méridio-
naux. Mais ce qui est encore plus digne de remarque, c'est
que le laurier-cerise croisse en pleine liberté sous le 42e degré
de latitude, à une hauteur de 1400 mètres, tandis que non loin
d'ici et presque sous la même latitude (43°), mais dans la
plaine, au cap de Pitzounda, la mer Noire baigne les racines

d'un bosquet de pins. D'où il résulte que la chaleur seule
ne suffit pas pour faire prospérer et multiplier les plantes
et que la quantité de lumière et les conditions du sol jouent
un rôle pour le moins tout aussi important. Plus loin, en
Transcaucasie, le laurier-cerise ne croît pas sur les hauteurs
des deux côtés de la Koura, bien qu'il y fasse plus chaud
qu'ici et à cette altitude. Déterminer les conditions qu'exige
telle plante pour pouvoir prospérer, c'est la tâche dont la
solution positive peut seule empêcher les acclimatateurs
d'errer à tâtons et d'éprouver des échecs et des déceptions.

« Au delà de Khani la montée devient plus raide, la gorge
plus étroite; la rivière est encaissée plus profondément
entre les rochers et la végétation change rapidement d'aspect. Les graminées atteignent ici leur maximum de sève,
de développement et d'éclat de couleurs. Partout où la terre
recouvre une roche unie à pente inclinée, où les arbres ne
peuvent se développer, vous voyez invariablement de l'herbe,
et une herbe si luxuriante qu'on fait bon gré malgré une
nouvelle halte, pour laisser paître sa monture ; le cheval
qui n'était pas habitué à une pareille chère dans la vallée,
cligne des yeux de plaisir en s'enfonçant jusqu'au ventre
dans les herbes dont il ne broute que les succulentes extrémités, tout en se battant les flancs de la queue, par habitude
sans doute : car ici il n'y a plus pour le tourmenter ni
mouches, ni guêpes, ni taons. Dans l'air règnent la fraîcheur
et le silence qui n'est pas même interrompu par le chant
des hôtes ailés habituels des forêts ; les oiseaux manquent
presque complètement. C'est tout au plus si de loin en loin
vous entendez un petit gazouillement, puis tout se tait de
nouveau ; quelque pie, en passant près de vous, vous rappelle que même ici elle est chez elle et qu'il doit y avoir
une habitation dans le voisinage. Et c'est tout. Quelle différence, par exemple, avec les forêts d'Olonetz ou même avec
la Finlande ! Vous souvient-il, lecteur, — si toutefois vous
avez fréquenté ces régions, — de quel bruit et de quel
vacarme la gent ailée y remplit les forêts quand, par une
matinée calme, on se lève avec le soleil, et qu'on va au

bord du lac bordé d'un épais taillis et de montagnes, moins
grandes, il est vrai, que celles du Caucase. Du reste là tout
est autre qu'ici. Là vous pouvez d'un seul regard embrasser
plusieurs paysages tout unis, tout achevés, champs et pâturages, maisonnettes disséminées et bétail paissant sur les
collines, lacs et pêcheurs, bosquets et montagnes uniformé-
ment boisées. Et ici? Ici dans les montagnes tout est comme
écrasé par les masses énormes qui vous entourent de toutes
parts et dont l'œil n'atteint pas les sommets; ici tout est
grandiose et formidable, excepté nous-mêmes ; ici vous êtes
comme un brin d'herbe au fond d'un énorme entonnoir. Ce
n'est qu'au-dessus de vos têtes que resplendit l'azur du ciel;
à droite, à gauche, devant vous, derrière vous, partout se
dressent de hautes masses de montagnes, toujours prêtes, à
ce qu'il semble, à s'effrondrer sur l'étroite gorge ; même les
sombres forêts tapissant tous les flancs des montagnes ont
l'air de vouloir glisser sur leurs pentes et venir ensevelir
sous leur masse le voyageur qui avance modestement par
l'étroit sentier longeant un précipice au fond du quel roule
la rivière, toujours fort bruyante, bien que peu large. Que
votre cheval fasse un faux pas, et vous disparaissez dans le
sombre abîme; mais cela n'arrivera jamais tant que vous
vous fierez complètement à votre bête, d'assez chétive apparence, mais qui est accoutumée aux montagnes et à l'absence
de chemins, et vous fera franchir des endroits où un cheval
de race, coûtant des milliers de francs s'effaroucherait et ne
manquerait pas de s'abattre. Non; nulle comparaison à faire
entre les paysages calmes et en miniature de la Finlande et
les sites grandioses du Caucase! Il faut s'élever ici à des
hauteurs dépassant 1300 à 1500 mètres pour se faire une idée
des beautés sauvages de cette nature majestueuse et vierge.

« Mais contemplons-la à une altitude encore plus grande,
à 1650 mètres par exemple. Là vous êtes décidément dans la
zone de la végétation du nord. Autour de vous vous n'aper-
cevez plus que le sapin, le pin, et par-ci par-là un hêtre; il y
a bien aussi des érables, mais le plus souvent ce sont de
vrais habitants du nord; l'obier, le cormier, la brunelle, le

sureau vivace, et puis des buissons de framboises. Seuls les
rhododendrons croissant le long des talus avec leurs bouquets violets et blancs, et toujours' les splendides lis, et
par-dessus tout les formidables cimes environnantes vous
rappellent que ce n'est pas ici une forêt des environs de
Saint-Pétersbourg, mais bien des montagnes du Caucase.
C'est ce que nous dit aussi la fraîcheur humide qui nous
enveloppe, le ciel d'une transparence immaculée, et puis cet·
air tout particulier qu'on a tant de plaisir à respirer à
pleins poumons. Ce qu'il y a de plus attrayant sur ces hauteurs, c'est justement cet air si riche d'oxygène et libre de
tout mélange, qui ne ressemble pas à celui de la plaine où
l'air est toujours imprégné des exhalaisons narcotiques de
plantes vénéneuses, telles que la jusquiame, la pomme épineuse, le sureau fétide et autres. Or ici sur les hauteurs ces
plantes sont absentes, comme aussi l'homme ; il n'y a pas
non plus de ces fosses où puissent s'accumuler les gaz dé-
létères, tandis que la végétation qui absorbe ces gaz se
trouve en abondance ; au surplus il y a partout écoulement
libre en aval pour les exhalaisons malsaines ; en un mot,
toutes les conditions se trouvent réunies pour rendre l'air
d'une pureté irréprochable. Mais voici que la route redescend jusqu'au bord de la rivière. Ici vous ressentez plus
d'humidité, et l'aspect de toute la végétation riveraine trahit
une surabondance de sève. Ainsi les feuilles du tussilage
vulgaire (*Tussilago*) atteignent des dimensions gigantesques
égalant ou peu s'en faut celles d'une feuille de papier grand
format. Toutefois l'humidité seule ne saurait produire de
tels résultats. Arrosez outre mesure telle plante que vous
vous voudrez ; ce n'est pas cela qui lui donnera ce développement ; la plante ne fera que s'allonger et pâlir, à moins
qu'elle ne périsse, ce qui est le plus probable. D'ailleurs le
tussilage croît partout, aux endroits les plus humides, et
n'atteint cependant nulle part ailleurs ce développement ;
aussi suis-je d'avis que la croissance extraordinaire de cette
plante ainsi que des autres, si riches de sève au fond de la
gorge, provient de ce que c'est précisément ici que s'accu-

mule la plus grande quantité des gaz qui descendent de toutes les pentes environnantes. C'est donc au fond de la vallée que les gaz se concentrent le plus, et comme après le sol et l'humidité ils forment l'élément principal de la nutrition des plantes, il est tout naturel que celles-ci atteignent un développement si insolite. Il me semble donc que cet excès même de développement de la végétation au fond de la gorge est la meilleure preuve qu'à cet endroit, c'est-à-dire justement au-dessus de la rivière, il s'accumule une grande quantité de gaz affluant de tous côtés, tandis que les flancs des montagnes formant les parois de l'entonnoir en sont libres ou tout au moins n'en retiennent qu'une si faible quantité que l'air peut être considéré comme absolument pur ; voilà pourquoi cet air se respire si librement.

« Certes ces gaz proviennent de la décomposition des détritus végétaux et forment ainsi de véritables miasmes, sources des fièvres. Or nous savons bien combien la végétation de ces lieux est luxuriante ! Comment donc se fait-il qu'il n'y ait pas de fièvres sur ces hauteurs ?

« Cela provient, premièrement, de ce que ces gaz, étant lourds, descendent, aussitôt formés, vers la vallée ; puis, suivant le cours de la rivière, ils vont gagner la plaine où ils s'épanchent, s'agglomèrent et deviennent ainsi un foyer d'infection. Ce qui contribue encore à faciliter ce courant continuel de miasmes, ce sont les vents qui dans ces gorges de montagnes soufflent toujours des sommets froids vers le fond de la vallée. Secondement, quelque abondante que soit la vie organique, la chaleur n'est pas assez grande sur les hauteurs pour favoriser une décomposition rapide qui rend seule possible la formation, dans un espace de temps relativement restreint, d'une quantité considérable de gaz. Aussi la décomposition s'opérant lentement sur les montagnes, il ne s'y forme que peu de miasmes, et ceux-ci s'écoulent si rapidement qu'ils ne sauraient exercer sur la santé de l'homme une action aussi délétère sur les hauteurs que dans la plaine, où ils s'accumulent comme au fond d'un entonnoir..... »

La description dont nous venons de citer quelques extraits nous ramène tout naturellement à notre sujet. Après avoir exposé l'influence de la pression atmosphérique décroissante sur les règnes végétal et animal, comme aussi sur les phénomènes météorologiques, il nous importe de savoir quelle altitude offre le séjour le plus salubre, surtout pour ceux qui visitent pour la première fois nos montagnes. Dans ce but et sans entrer dans des détails, nous nous permettons de citer les conclusions suivantes du docteur Lombard.

« Lorsque j'ai signalé le climat des montagnes comme peu favorable à la propagation des maladies miasmatiques, j'ai peut-être été trop affirmatif en ce qui regarde le choléra et la fièvre typhoïde, mais bien certainement pas en ce qui regarde la fièvre intermittente et la fièvre jaune, qui ne dépassent presque jamais une certaine altitude...

« Jamais je n'oublierai l'impression pénible que j'éprouvai en voyant arriver, à l'hôpital militaire de Marseille, un convoi de ces victimes du climat algérien ; leur faiblesse était telle, que plusieurs succombèrent en débarquant : leur teint était plombé, leur visage amaigri, leurs membres, appesantis par l'enflure, pouvaient à peine les porter, et toute leur apparence annonçait une constitution profondément détériorée, quoique la plupart d'entre eux fussent encore dans la première jeunesse, ou tout au moins dans la force de l'âge..... C'est alors qu'un séjour de montagne peut être suivi d'une prompte et salutaire amélioration, et l'on ne tarde pas à voir la pâleur, la faiblesse et l'anorexie être remplacées par la coloration du visage, par le retour des forces musculaires et par le rétablissement d'une bonne digestion, ainsi que d'une puissante assimilation.....

« Il existe, en effet, dans les Indes orientales des *sanatoria* situés à de grandes hauteurs. Dans la présidence de Bombay, nous avons celui de Malcompelt (1372), situé dans les montagnes de l'est ; celui d'Ontacamund (2257) dans les Neilgherries, où le Dr Baikie a vu bien des cas de phthisies même

très-avancées, sinon guéries, du moins très-améliorées par
le séjour. Dans l'Himalaya, le plus élevé est celui de Dittin-
ghur (4700); ensuite viennent ceux de Darjeling (2442); de
Murree (2280); Simla (2135); Landour (2070); Sanauer ou
Lawrence Asylum (1830); Nynee Tal (2074); Almora (1647).
Au Pérou, en Bolivie et dans la république de l'Équateur,
c'est un usage universel d'envoyer les phthisiques du littoral séjourner dans les villes des Cordillères, comme par
exemple à la Paz, en Bolivie, qui est à 3780 mètres, et l'on
comprend qu'on ait été tenté de le faire, puisque le Dr Micol
déclare n'y avoir pas soigné un seul tuberculeux pendant
dix années de pratique médicale. La même observation
s'applique à la ville de Quito (2908), où l'on ne voit d'autres
phthisiques que ceux qui sont venus de la côte pour respirer l'air des altitudes. Nous en dirons autant des villes de
Potosi (4166), de Calamarça (4141) et de Santa-Fé-de-Bogota
(2661), qui sont toutes recherchées comme séjour favorable
aux phthisiques. J'ai pu constater tout dernièrement les bons
effets de cette méthode chez une dame originaire de Lima
qui avait été guérie d'une maladie de poitrine par le séjour
des altitudes. Dans l'Amérique du Nord, nous trouvons la
même coutume pour les Mexicains du littoral qui viennent
chercher du soulagement sur le plateau de l'Anahuac et qui
en trouvent à la Puebla comme à Mexico (2277). C'est dans
cette dernière ville que le docteur Jourdanet a fait un long séjour et a pu constater non seulement l'effet préservatif, mais
encore l'influence favorable du climat sur les phthisiques
qui venaient des basses régions et qui trouvaient, sur ce haut
plateau, le soulagement et souvent la guérison de leur maladie, et si cette heureuse terminaison n'était pas obtenue,
le plus souvent la marche fatale était enrayée et la vie se
prolongeait fort au delà de ce qui serait arrivé si les malades
avaient continué à séjourner dans les régions basses. »

Le docteur Lombard résume ainsi ses conclusions, en les
formulant dans les 5 points que voici :

« *Résumé*. 1° Nous avons vu que l'atmosphère des hauteurs exerce une influence vivifiante qui facilite l'hématose,

rend la digestion plus complète, rétablit les forces et ramène le calme dans le système nerveux cérébro-spinal. 2° Nous avons reconnu que ce genre de climat prédisposait aux inflammations, aux hémorrhagies et à l'asthme[1]. 3° Après avoir passé en revue les localités les plus favorables aux malades, nous avons pu les classer d'après leurs caractères météorologiques, ayant reconnu à quelques-unes un climat tonique et adoucissant, à d'autres une atmosphère fortifiante, et aux dernières un air essentiellement vif et excitant. 4° Nous avons déduit de l'observation des faits que le climat des hautes Alpes exerçait une influence favorable sur la marche de la phthisie dont elle amenait quelquefois la guérison, éloignant les phthisies en développant l'emphysème pulmonaire[2]. 5° Enfin, ayant appliqué ces données de l'expérience, nous avons pu conclure par quelques directions sur le meilleur choix à faire, en ayant égard à la saison et au genre de mal que l'on désire combattre. »

Animé que je suis du désir de diriger vers le Caucase les malades de l'intérieur de la Russie et de rétablir leur santé à l'aide de l'air des montagnes, je crois inutile d'énumérer ici les indications du docteur Lombard, relativement aux endroits de l'Europe occidentale les plus favorables pour le traitement de telle ou telle maladie. Sous ce rapport, les meilleurs directions pour le Caucase pourront être données par la Société Impériale de médecine à Tiflis, dont l'activité a déjà été si utile et qui certes ne tardera pas à s'occuper de cette question.

---

1. Le docteur Leroy nie que l'asthme et l'emphysème soient fréquents dans le climat des montagnes, se fondant sur ce que le docteur Jourdanet ne rencontra que peu de malades asthmatiques et emphysématiques dans la ville de Mexico, située à une altitude de 2277 mètres.

2. Tous les médecins sont d'accord sur le premier point; mais quant au second, il y a divergence d'opinion. Pendant un séjour prolongé parmi les Osséthiens qui habitent les régions les plus élevées de la chaîne du Caucase, je n'ai jamais remarqué chez eux ni asthme ni emphysème.

Concernant le goître et d'autres infirmités propres aux crétins des Alpes suisses, Saussure dit (1795) : « Aux abords de Bellinzona la vallée commence à prendre un aspect moins uni. Les bords du lac sont très-beaux et très peuplés, mais on y remarque un grand nombre de goîtres, infirmité ordinaire des vallées basses, chaudes et marécageuses. »

Si je renonce à énumérer ici les « sanitoria » de l'Europe occidentale cités par le doctenr Lombard, je prie le lecteur de ne pas attribuer cette omission à un sentiment égoïste ou à un excès d'attachement pour le Caucase. J'agis de bonne foi en m'inspirant des considérations suivantes :

Boussingault[1], qui atteignit sur le Chimboraço une altitude de 6000 mètres, dit : « Il se peut que cette insensibilité à l'action d'un air raréfié doive être attribuée à notre séjour prolongé dans les villes situées à de grandes altitudes dans les Andes. Qui a eu l'occasion de voir le mouvement qui règne à Bogota, à Potosi et en d'autres villes, situées à une altitude de 2600 à 4000 mètres ; qui a été témoin de la force et de l'agilité des toréadors dans les combats de taureaux à Quito, à 3000 mètres d'altitude ; qui a vu comment des femmes jeunes et délicates se livrent à la danse durant des nuits entières, à une altitude égalant celle de Mont Blanc, où l'illustre Saussure eut à peine la force d'observer ses instruments et où ses guides, de robustes montagnards, tombaient de lassitude sur la neige ; enfin, qui se souvient qu'une mémorable bataille eut lieu près de Pichincha à une altitude correspondant à peu près à celle du Mont-Rose (4736 m.), — celui-là, je l'espère, sera d'accord avec moi, que l'homme peut s'habituer à respirer l'air le plus raréfié, tel qu'il n'existe que sur les plus hautes montagnes. »

Dans ce cas, Boussingault attribue un rôle considérable à la neige : « Pendant toutes mes excursions dans les Cordillères, dit-il, j'éprouvais toujours, à des altitudes égales, une sensation incomparablement plus pénible en gravissant une pente couverte de neige que des rochers nus. Nous soufflrimes bien plus en faisant l'ascension du Kotopaxi qu'en escaladant le Chimboraço, par cette raison que sur le Kotopaxi nous étions continuellement sur la neige. Des Indiens d'Antizani nous assurèrent qu'ils éprouvaient des suffocations en marchant longtemps sur une plaine couverte de neige,

1. Boussingault. Sur le rayonnement de la neige. Extrait d'une lettre à M. Arago.

et j'avoue qu'en considérant tous les désagréments qu'é-
prouva Saussure sur le Mont Blanc, à une altitude ne dépassant pas 3888 mètres, je suis porté à attribuer tout ceci, du
moins en partie, à une influence non explorée encore de la
neige. En effet, cette altitude n'égale pas même celle des
villes de Calamarca et de Potosi. »

Nous trouvons l'explication de ce phénomène chez le docteur Jourdanet. Ce n'est pas la neige, mais bien le froid qui
en est la cause. Les rochers, non recouverts de neige, absorbent les rayons solaires et s'en réchauffent fortement, tandis
que la neige les répercute, par suite de quoi l'air est chaud
sur les rochers nus et froid au-dessus de la neige.

Le docteur Jourdanet (p. 311), résume ses conclusions
par rapport aux bons et aux mauvais effets de l'air raréfié sur
la santé de l'homme, en constatant qu'avec l'altitude croissante la perte de chaleur s'augmente par un rayonnement
et une évaporation plus actifs, tandis que les ressources
échauffantes de l'atmosphère diminuent de plus en plus. De
là un refroidissement sensible des parties extérieures du
corps et même une sensation d'abaissement de température
sous les aisselles, bien que suffisamment recouvertes. Généralement sur les hauteurs de même qu'au niveau de la mer,
la température du corps sous les aisselles est de $37^0,36$; mais,
à de grandes altitudes, elle descend parfois jusqu'à $35^0,5$, et
cet abaissement de température provoque un singulier état
de malaise particulier à ces lieux élevés. De là le docteur
Jourdanet conclut que ce n'est pas tant l'extrême rareté de
l'air que le refroidissement excessif de l'atmosphère qui est
nuisible à la santé. Tandis que sous les tropiques les
hommes s'habituent parfaitement à vivre à des altitudes de
3 à 4000 mètres, les moines du mont Saint-Bernard, à une
altitude de 2400 mètres, atteignent rarement l'âge de quarante ans.

En parlant de l'établissement de sanitoria, le docteur Lombard ajoute : « Nous ne trouvons en Europe aucun endroit
où nous puissions envoyer les malades à des altitudes dépassant 2000 mètres, comme cela a lieu en Asie et en Amé-

rique. » Or la conclusion forcée à tirer de cet aveu est
celle-ci : Sans contester la salubrité de l'air des montagnes
de la région d'altitude moyenne de la Suisse, il est évident
que la région correspondante du Caucase, étant plus chaude,
exercera sur la santé une action encore plus salutaire que
celle de la Suisse.

V

DES LOCALITÉS DU CAUCASE
QUE DOIT ÉVITER CELUI QUI A LES MOYENS DE VIVRE
OU BON LUI SEMBLE ET QUI REDOUTE LES FIÈVRES,
MAIS QUE CHERCHERA LE TRAVAILLEUR,
LE PIONNIER ÉNERGIQUE, DÉSIREUX D'ACQUÉRIR
DES RICHESSES

Les travaux du docteur Toropoff.

Un tableau complet de ces localités nous est présenté par le docteur Toropoff dans un travail, remarquable sous tous les rapports, intitulé : « Essai d'une géographie médicale du Caucase relativement aux fièvres intermittentes, » et publié en 1864 par les soins du département médico-militaire. Cet ouvrage est accompagné d'une carte du Caucase sur laquelle les endroits sujets aux fièvres plus ou moins pernicieuses sont indiqués en vert de différentes nuances. En 1871 l'Administration médicale supérieure compléta ce travail en publiant un autre ouvrage capital du même auteur : « La quinine et son emploi dans le traitement des fièvres de marais. »

L'ouvrage du docteur Toropoff par la lucidité de ses aperçus est un de ces travaux comme il n'en paraît pas souvent et qui font époque dans la science; aussi ai-je cru devoir lui consacrer un chapitre spécial. Bien que quatorze années

se soient écoulées depuis la publication du premier des ouvrages mentionnés, il n'y a rien à y ajouter, si ce n'est
quelques faits nouveaux constatés depuis par la science météorologique et l'indication de telles prédictions contenues
dans le livre du docteur Toropoff et qui sont en voie de se
réaliser, malgré la lenteur de nos progrès et grâce, assurément, à ses avis éclairés.

Pour donner un aperçu sommaire des districts fiévreux du
Caucase, ainsi que du travail du docteur Toropoff, j'emprun-
terai à son ouvrage des extraits textuels, en invoquant d'a-
vance l'indulgence de l'estimable auteur, dont mes citations
nécessairement incomplètes provoqueront plus d'une fois
le juste dépit. Mais après tout n'est-ce pas le cas de tous les
savants auxquels nous empruntons des citations?

A ceux que le Caucase intéresse non-seulement au point
de vue du climat, mais aussi sous le rapport du développement économique, je ne saurais trop recommander la lecture
des livres mêmes du docteur Toropoff: car il est évident
que quelques tableaux empruntés au premier de ses ouvrages ne donneront au lecteur qu'une notion fort incomplète des travaux de l'estimable savant, ainsi que des matières qu'il traite.

Voici en quels termes le docteur Toropoff aborde son sujet:

« De nos jours encore pour quiconque a l'intention de se
rendre au Caucase, l'idée de cette contrée est inséparable de
l'idée de fièvres. Et en effet, nulle part, dans aucune localité
de notre vaste Russie, il n'y a un si grand nombre de fièvres
qu'au Caucase. Mais est-il vrai que ces fièvres constituent
un fléau assez redoutable pour rendre la vie dans ces régions
impossible?

« Si l'on songe à ce qui s'y passait jadis, il y a de cela
une vingtaine d'années, alors que nos garnisons des petits
forts du littoral de la mer Noire étaient décimées par les
fièvres et se renouvelaient tous les trois ou quatre ans, on
ne saurait nier que cet ennemi n'ait été alors redoutable et
que la seule idée du Caucase n'ait dû fatalement évoquer
celle de fièvres meurtrières.

« Mais aujourd'hui que la médecine a tant progressé, que nous avons appris à prendre l'ennemi corps à corps et à le terrasser, aujourd'hui que l'on ne meurt plus d'une fièvre, il serait temps, ce me semble, de ne plus voir dans le Caucase un épouvantail à cet égard.

« Et néanmoins, jusqu'à présent, la réputation des fièvres du Caucase est telle que chacun qui se rend dans ce pays, venant du Nord, appréhende sérieusement que cette transmigration ne lui coûte la vie ou tout au moins la santé.

« Ces craintes évidemment proviennent de l'ignorance où le public est à l'égard d'une contrée à propos de laquelle on raconte et parfois même on écrit un tas de choses saugrenues. En Russie, le Caucase n'est guère connu que par ouï-dire; d'après des récits, il s'ensuit qu'on voit tout sous un jour exagéré : car il en est de tout récit oral comme d'une boule de neige qui s'accroît et grossit en roulant. Voilà pourquoi tout le monde est porté à considérer le Caucase comme une contrée où l'on est sans cesse exposé à périr d'un coup de feu, tiré de derrière un buisson, ou bien de la fièvre.

« La raison, nous l'avons dit, en est que ce pays est peu connu chez nous, qu'on ne s'est pas donné la peine de l'étudier de plus près, ni de s'informer des véritables causes des maladies, et, enfin, purement et simplement parce que tout le monde se complaît à voir dans le Caucase une espèce d'épouvantail. Et il passe effectivement pour tel; aux yeux non seulement du vulgaire, mais même de la science, ce pays est un foyer de fièvres meurtrières, de scorbut, de toutes espèces de typhus, de choléra, de peste, de dysenterie, de fièvres biliaires. »

La mortalité est moindre au Caucase que dans le reste de la Russie.

« Or, en réalité les fièvres ne règnent que dans les basses terres marécageuses et se guérissent facilement, pourvu que le traitement en soit rationnel; le scorbut n'apparaît que là où il y a insuffisance ou trop mauvaise qualité de nourriture; les maladies typhoïdes ne sévissent que pendant les guerres avec la Turquie ou, en temps ordinaire, dans les casernes vieilles, étroites et insalubres; le choléra ne fait que des apparitions passagères et sans atteindre les lieux élevés; depuis longtemps il n'y a plus la trace de la peste; les cas de dysenterie ne sont pas plus fréquents que dans n'importe quelle localité de la Russie, et quant à ces terribles fièvres biliaires, elles n'existent que de nom : c'est un terme trivial inventé jadis par la vieille médecine pour justifier le faible qu'elle avait pour l'emploi du calomel, grâce auquel tant de braves vétérans du Caucase ont perdu leurs dents.

« De fait, la mortalité chez nous n'est actuellement pas plus forte que dans le reste de la Russie, surtout qu'à Pétersbourg et à Moscou, ces foyers de phthisie et d'affections catarrho-rhumatismales. Et si l'on compare la mortalité parmi les malades de l'armée du Caucase avec celle qui existe dans tout le reste de l'armée russe, on trouve qu'au Caucase il ne meurt que vingt-cinq malades sur mille, tandis que dans le reste de la Russie la proportion est de trente-quatre, c'est-à-dire que sur mille malades il y a neuf cas de décès de plus qu'au Caucase.

« Il en était ainsi en 1860; mais actuellement la mortalité est encore moindre, car nulle part elle ne décroît d'année en année dans une progression aussi constante qu'au Caucase.

« En voici des preuves extraites de documents officiels

En 1837 il y avait 1 cas de mort sur 9 malades.

1839	—	1	—	10	—
1841	—	1	—	11	—
1842	—	1	—	13	—
1843	—	1	—	15	—
1846	—	1	—	17	—
1851	—	1	—	19	—
1852	—	1	—	20	—
1858	—	1	—	33	—
1859	—	1	—	35	—
1860	—	1	—	36	—
1862	—	1	—	41	—

En examinant ces chiffres consolants, on se demande in-

volontairement si vraiment à l'avenir la mortalité chez nous
ne va pas diminuer encore davantage? Eh bien, oui! Pour
moi, cela est hors de doute. Le fait est qu'on est loin, jusqu'à présent, de traiter partout en Caucase les fièvres d'une
manière convenable; il s'en faut de beaucoup que cette
maladie si simple soit bien comprise de tous; aussi y a-t-il
encore des cas assez fréquents de non-guérison, et la fièvre
continue à fournir son contingent à la mortalité, alors qu'en
réalité elle est non-seulement plus docile au traitement que
toute autre maladie, mais présente en outre cet avantage
d'être en quelque sorte un préservatif contre une foule
d'affections telles que fièvres chaudes, inflammations, con-
tagions, éruptions, cacochymie, maladies de poitrine et
principalement contre la phthisie[1]. Personne, jusqu'à présent, que je sache, n'a, du moins publiquement, appelé

---

1 Il existe également des chiffres d'un autre genre prouvant que la mortalité
est moindre au Caucase qu'en Russie. Ainsi dans le calendrier de Saint-Pétersbourg de l'an 1862 nous trouvons le chiffre des naissances et des décès de l'année 1859 dans tous les diocèses de l'empire. Il ressort de ces données que la
moindre mortalité en Russie se rencontre dans la région du Don, où contre 18 dé
cès il y avait 42 naissances, et la plus forte, dans le diocèse de Moscou, où contre
71 décès il n'y a eu que 75 naissances. Voici du reste ces chiffres :

Diocèse de Moscou.	Naissances en 1859.	75,000	Décès.	71,000
— Pétersbourg.	—	37,000	—	34,000
— Kazan.	—	58,000	—	41,000
— Astrakan.	—	15,000	—	10,000
— Arkhangel.	—	11,000	—	7,000
— du Caucase.	—	25,000	—	14,000
— d'Iaméréthie.	—	5,800	—	2,800
— de Mingrélie.	—	2,800	—	1,400
— de Gourie.	—	1,000	—	500
— du Don.	—	42,000	—	18,000

On voit par là que le chiffre de la mortalité comparativement à celui des
naissances est le moindre dans les terres du Don, ensuite au Caucase et, chose
digne de remarque, précisément dans les districts de cette contrée qui sont les
véritables foyers des fièvres, en Iméréthie, en Mingrélie et en Gourie.

Pour tout l'empire il y a eu en 1859 un total de 3,200,000 naissances sur
2 200 000 décès. Au Caucase, le chiffre des naissances est même supérieur à
cette proportion, puisqu'il y en a 34,600 contre 18,700 décès, ce qui fait qu'il y
a approximativement deux naissances pour chaque cas de mort. A Saint-Pétersbourg, au contraire, il y a plus de décès que de naissances, si bien que sans
l'affluence des provinces notre Palmyre du nord ne serait bientôt qu'un désert.

l'attention sur ce fait vraiment rassurant, et je le constate
d'autant plus volontiers que j'ai en main toutes les preuves
à l'appui de la présomption que la mortalité au Caucase
suivra une marche toujours décroissante, surtout si le gouvernement, concurremment avec d'autres mesures hygié-
niques, s'applique à améliorer l'entretien de nos soldats, en
leur accordant une nourriture saine et substantielle. Ce sera
là pour le soldat le meilleur des préservatifs contre les
fièvres et, par conséquent, contre la mortalité. C'est alors
que le chiffre de mortalité, par rapport au nombre des bien
portants, sera minime au Caucase comme nulle part ailleurs.
Car, actuellement, bien que la mortalité diminue progressi-
vement dans cette contrée, elle ne laisse pas d'être encore
considérable, de même que le nombre des malades, lequel
est déterminé par la surabondance des fièvres, qui fournissent en moyenne un contingent de soixante-six sur cent
personnes atteintes de maladies quelconques.

« C'est beaucoup, assurément. Nulle part en Russie la
fièvre n'entre pour une si large proportion dans la somme
totale des maladies. Mais faut-il conclure de là que le Caucase soit redoutable précisément à cause de ses fièvres? Nullement : car, nous l'avons dit, aucune maladie n'est
susceptible d'une guérison aussi sûre, aussi prompte et complète que la fièvre. Il est vrai, néanmoins, qu'étant négligée
ou mal traitée, cette même fièvre peut amener par degrés
des engorgements, l'hydropisie et la mort. Voilà pourquoi
elle inspire tant de crainte. »

Les prédictions du docteur Toropoff se réalisent : la mortalité va diminuant.

Les prédictions du docteur Toropoff sont en voie de se
réaliser : lorsqu'il quitta le Caucase, la mortalité dans l'armée
était de 25 sur 1000 ; or, en 1872, elle n'était plus que de
19,86 sur 1000, d'après le *Compte rendu médico-statistique
de l'état sanitaire des troupes pour l'année* 1872 (p. 71, ru-
brique *g*). Plus loin (p. 72) le *Compte rendu* dit :

« Les chiffres du tableau *v* nous fournissent la série suivante par rapport à l'intensité des maladies dans les diffé-

rents districts militaires et pour toute l'année russe :

<pre>
District du Caucase. 1
   —   de la Sibérie orientale. . 1,05
   —   d'Orenbourg   1,14
   —   de la Sibérie occidentale. 1,15
   —   de la Finlande. 1,40
  · ·   de Varsovie. . . . · . . 1,57
   —   de Kazan.   1,61
   —   de Kharkow. 1,61
   —   de Vilna   1,88
   —   d'Odessa   1,89
   —   de Moscou   2,07
   —   de Pétersbourg.   2,07
   —   du Turkestan.   2,20
   —   de Kiew   2,36
Terre des Cosaques du Don . . .   2,55
</pre>

« Par rapport à l'intensité des maladies dans les différents districts militaires, pour l'armée active seulement, les chiffres du tableau *v* donnent la série suivante :

<pre>
District d'Orenbourg   1
   —   du Caucase.   1,08
   —   de la Sibérie orientale. 1,16
   —   de la Sibérie occidentale. 1,18
   —   de Varsovie.   1,74
   —   d'Odessa.   1,83
   —   de Kazan.   1,84
   —   de Moscou   1,85
   —   de Kharkow. . . . . . · . 1,86
   —   de la Finlande.   1,93
   —   de Vilna . . .· 2,03
   —   de Pétersbourg 2.11
  · ·   de Kiew.   2,74
   —   du Turkestan   2,97
   —   de la région des Cosaques
            du Don.   4,10
</pre>

Plus loin, le même *Compte rendu* (p. 73) donne les renseignements suivants quant au nombre des malades qui, dans les différents districts militaires, correspond à chaque cas de mort :

<pre>
District du Caucase. . . . . .   1 décès sur 38,8 malades.
   —   de la Sibérie orientale. 1   —   3   —
   —   d'Orenbourg.   1   —   34   —
</pre>

Dlistrict de la Sibérie occident.. 1 décès sur 33,6 malades.
  — de la Finlande. 1   —   27,7   —
  — de Varsovie. 1   —   24,6   —
  — de Kazan. 1   —   24   —
  — de Kharkow. 1   —   23   —
  — de Vilna 1   —   20,7   —
  — d'Odessa 1   —   20,5   —
  — de Moscou. 1   —   18,7   —
  — de Pétersbourg 1   —   18,7   —
  — du Turkestan 1   —   17,6   —
  — de Kiew 1   —   15,5   —

L'opinion de l'honorable savant que la fièvre intermittente
occupe la première] place parmi les maladies au Caucase, et
que le nombre des malades va graduellement décroissant,
est si juste que je crois devoir citer à l'appui les paroles
du docteur N. Busch, extraites d'un rapport sur le mouvement des malades dans les hôpitaux militaires et ambulances
de l'armée du Caucase pour l'année 1875, rapport lu à la
séance annuelle de la Société impériale de médecine du Caucase, le 8 avril 1876.

« Altesse Impériale, messieurs. Je me propose d'appeler
votre attention sur une série de chiffres relatifs aux militaires
malades guéris ou morts dans les hôpitaux et les ambulances
du district militaire du Caucase, tant pour le courant de
l'année 1875, qui vient de s'écouler, que, comparativement,
pour les *neuf* années précédentes, c'est-à-dire de 1866 à
1875 inclusivement.

« Pour plus de clarté et enfin de faciliter l'appréciation
comparée du mouvement des malades dans les hôpitaux et
de la mortalité pour les années en question, ainsi que de
certains groupes caractéristiques de maladies, j'ai dressé
une table graphique contenant pour chaque année le total
des malades traités et morts dans les hôpitaux, d'après cinq
groupes de maladies, et ensuite le rapport du nombre total
des malades qui ont été traités dans les hôpitaux et lazarets,
ainsi que des guérisons et décès sur chaque millier de
l'effectif de l'armée.

« Ces chiffres ne comprennent pas les malades des ambulances, parce que, premièrement, une partie de ces malades

exigeant un traitement sérieux est dirigée sur les hôpitaux et se trouverait ainsi portée deux fois en compte, et, secondement, que l'autre partie, celle qui se trouve dans les ambulances, par suite d'indispositions insignifiantes et n'exigeant pas un traitement prolongé, ne saurait servir d'élément pour caractériser le véritable état sanitaire de l'armée[1].

«Après ce préambule nécessaire qu'il me soit permis d'appeler votre attention sur le tableau graphique. En comparant le total des malades traités et morts dans les hôpitaux pendant les années en question, on voit qu'en 1866 sur 1000 hommes de l'effectif de l'armée, il y a eu 910 cas de maladie, dont 38 suivis de mort. En 1867, le total des malades descend tout d'un coup à 753 (sur 1000) avec 17,4 cas de décès. Un écart aussi brusque dans les chiffres des malades et des morts de nos hôpitaux ne se retrouvera plus, si nous comparons entre elles les autres années. L'énorme contingent de malades en 1866 était dû au choléra qui enleva 1566 victimes.

« Pour ne pas lasser votre attention par un rapprochement comparée de chacune des années qui nous occupent avec l'anné précédente, — ce qui est facile à faire en ayant le tableau devant les yeux, — je me bornerai à constater ce fait indubitable que l'état sanitaire de notre armée peut être considéré comme étant des plus satisfaisants. En effet, il résulte de ce tableau que depuis 1867, sauf d'insignifiantes oscillations, la mortalité décroît pour chacune des années subséquentes; ainsi en 1868 nous avons 13,9 cas de décès sur 1000 hommes de l'effectif; en 1869 et 1870, 15,9; en 1871, 11,4; en 1862, 11,9; en 1873, 10,5; en 1874 seulement 9, et enfin, en 1875, 10,9 sur 1000.

« Il en est de même pour le nombre des malades traités dans les hôpitaux; la différence entre les chiffres n'étant pas brusque, je me bornerai, sans entrer dans une comparaison

---

1. En 1875 il y a eu 178,352 malades dans les ambulances et sur ce chiffre 22 décès. 8 hommes sur ce nombre, appartenant au régiment de Chirvan, sont morts pendant la campagne dans les steppes du corps expéditionnaire de Krassnovodsk.

détaillée de chaque année avec l'année suivante, à indiquer le total des malades de nos hôpitaux par périodes de cinq années. Ainsi, de 1866 à 1871, le nombre des malades descend graduellement de 910 à 565 (sur 1000); puis de 1871 à 1875 inclusivement, le chiffre des malades tombe jusqu'à 511.

« Parmi les maladies qui attirent l'attention par le grand nombre de ceux qui en sont atteints, la *fièvre intermittente* occupe le premier rang; c'est grâce à elle que le nombre des malades des hôpitaux militaires du Caucase est relativement plus élevé que celui des malades des autres parties de l'armée russe cantonnées dans l'intérieur de l'empire. Toutefois, et malgré le chiffre relativement élevé des malades de notre armée, la mortalité y est loin d'être considérable; elle est même moindre que dans les autres districts militaires, comme nous avons eu l'occasion de le constater dans de précédents travaux. Ainsi, en 1866, sur 1000 hommes il y en avait 475 malades de la fièvre, dont 1,8 cas mortels ; en 1867, il y en avait plus que 407 avec 1,2 de mortalité ; ensuite, en comparant les années suivantes, on voit la mortalité et le chiffre des malades de la fièvre dans nos hôpitaux décroître pour ainsi dire d'année en année, si bien que, dans la période 1870-1875 le chiffre des malades descend de 320 à 251 sur 1000 (total pour 1875, 45 199), et la mortalité par suite de la fièvre n'a été en 1875 que de 1,1 pour 1000 (total, 200 décès). On peut donc dire que ce facteur, qui contribue tant à élever le contingent des malades parmi les troupes du district militaire du Caucase, va s'affaiblissant, par degrés et à vue d'œil.... »

**La mortalité au Caucase est moins grande
que dans beaucoup de contrées de l'Europe.**

Comparons le Caucase avec la Russie et les autres États de l'Europe au point de vue du nombre des naissances et des décès.

Dans son *Cours de statistique* (Kiew, 1876, p. 130), le professeur Bunge donne les chiffres suivants :

	Sur 1000 hab.	
	il est né :	il est mort :
Dans la Russie d'Europe, y compris la Pologne.	49,6	35,1
En Finlande.	32,1	37,8
Au Caucase.	37,9	25,2
En Sibérie.	38,7	34,3
En Russie, sauf l'Asie centrale.	47,8	34,7

Si, pour plus de clarté, nous exprimons le taux de la
mortalité par rapport au nombre des naissances, nous verrons que :

En Finlande, le nombre des décès forme. . . .	117 °/₀
En Sibérie.	88
En Russie, sauf l'Asie centrale.	72
Dans la Russie d'Europe, y compris la Pologne.	70
Au Caucase.	66

Ajoutons à cela les renseignements (Block, *Stat. comparée*,
t. II) cités par le professeur Bunge (p. 98 et 127) par rapport au nombre des naissances et des décès sur 1000 habitants pour les autres États de l'Europe, et déduisons de ces
chiffres le taux de la mortalité :

	Sur 1000 habitants		
	il est né :	il est mort :	°/₀ de la mortalité :
En France. . . .	26,6	23	86 °/°
Autriche. . .	38,2	32,5	85
Italie	37,6	30,6	81
Bavière . . .	37,6	29,9	79
Espagne. . .	38,5	29,6	77
Wurtemberg.	40,8	31,6	77
Belgique. . .	32,3	24	74
Hongrie. . .	41,5	30,6	74
Saxe	40,1	29,1	72
Hollande. . .	35,5	25,4	71
Prusse . . .	38,2	26.9	70
Grèce. . . .	28,9	20,6	68
Caucase. . .	37,9	25,2	66
Danemark. .	31,1	20,2	65
Angleterre. .	35,6	22,7	64
Écosse . . .	35,3	22,2	64
Suède. . . .	32,7	19,7	60
Norwége. . .	31,3	18,8	60

Ces chiffres prouvent éloquemment qu'au Caucase la mortalité est moindre que dans toutes les contrées de l'Europe,
à l'exception des pays habités par la race anglo-normande,

qui, grâce à l'état avancé de son développement économique,
a su abaisser chez elle le taux de la mortalité à un chiffre
inférieur à celui des autres pays.

Revenons maintenant au docteur Toropoff, qui continue
en ces termes :

« Mais, je le répète, nous avons actuellement acquis une
telle expérience dans le traitement des fièvres que, n'etait
l'extrême épuisement de nos malades et les conditions hygié-
niques défavorables où ils se trouvent, nous étonnerions le
monde par les proportions minimes de la mortalité parmi
les troupes du Caucase....

« Pour éviter sûrement les fièvres, il faut avant tout connaître le mode de leur développement et de leur propagation, et c'est précisément à quoi contribue la géographie
médicale de tout pays où, comme dans notre Caucase, les
fièvres atteignent un très haut degré d'intensité. C'est pourquoi la géographie du Caucase, au point de vue de l'étude
de l'origine et de la propagation des fièvres intermittentes,
nous donne sur cette maladie des notions positives qui
autrement nous seraient inaccessibles. Mais jusqu'à ce jour
personne n'a entrepris l'étude de n'importe quel pays dans
ce but spécial. Le présent travail est une tentative de frayer
à la science cette nouvelle voie, et j'ose me flatter que mes
efforts ne seront pas restés complètement stériles....

« ....Le Caucase, sous le rapport de l'étude des fièvres,
présente les conditions les plus favorables pour cette raison
justement qu'il renferme les climats de toute l'Europe, ou
bien peu s'en faut : il y a d'abord les régions chaudes, et
pour ainsi dire sans hiver, du littoral, puis des zones continentales à l'été torride et à l'hiver rigoureux; il y a des
steppes à perte de vue et d'étroites vallées, comme aussi des
plateaux élevés; il y a des endroits d'une sécheresse complète et d'autres d'une humidité excessive. D'un autre côté,
il existe ici de vastes territoires où les fièvres sont entièrement inconnues, et d'autres où elles forment le fléau le plus
répandu, à tel point qu'elles n'épargnent ni l'homme ni même
les animaux.... »

« ....La fièvre intermittente ne se développe dans l'organisme humain que lorsque le sang est infecté par les miasmes des marais. Or ces miasmes ne peuvent pénétrer dans le sang autrement qu'au moyen de l'air que nous respirons ou de l'eau qui nous sert de boisson (ces miasmes étant dissolubles dans l'eau, ce dont nous verrons la preuve).

« Par conséquent, l'homme peut gagner la fièvre dans les cas seulement où il respire un air imprégné de miasmes ou qu'il boive une eau qui en contient. Le premier cas est naturellement plus fréquent, vu que les miasmes contenus dans l'eau y arrivent également de l'air.

« Il s'ensuit que les seuls districts fiévreux sont ceux dont l'air est imprégné de miasmes. Ce n'est donc que là qu'on peut gagner la fièvre. Toutefois il peut arriver qu'on prenne le germe de la maladie dans un endroit infecté de miasmes, et qu'elle ne se déclare que plus tard, dans un endroit complètement sain, vu qu'il faut un certain temps pour que les miasmes amassés dans le sang se révèlent sous forme de fièvre. Mais, dans ce cas, ce sera une fièvre *importée* que le patient aura gagnée dans une localité miasmatique. C'est pourquoi il n'existe pas au Caucase d'hôpital ou d'ambulance où l'on ne rencontre des malades de la fièvre, et cette circonstance donne lieu à l'erreur assez répandue qui consiste à croire que la fièvre peut se développer même indépendamment de la contagion miasmatique....

« Les miasmes étant volatiles, ils se mêlent à l'air, qui peut les transporter du foyer miasmatique à des endroits où il n'existe aucune source de miasmes. Quand donc il s'agit de savoir si telle localité est ou non exempte de miasmes, il faut prendre en considération non seulement les foyers locaux, mais encore la présence ou l'absence de semblables foyers dans le voisinage.

« Ainsi donc ce qu'il importe de connaître, ce sont les foyers de miasmes, c'est-à-dire les *conditions de leur origine*. Or rien de plus simple à reconnaître que ces conditions-là. Depuis onze ans que j'étudie ces questions, je suis arrivé à cette conviction, que je ne crains pas d'ériger en loi, et qui peut se formuler ainsi : *Les miasmes fiévreux ne se développent que là où il y a verdure, humidité et chaleur*, et là où il y a absence *d'une seule*, n'importe laquelle, de ces trois conditions, les miasmes ne sauraient se former. En d'autres termes, pour qu'il y ait miasme, il faut nécessairement trois choses : des végétaux pour entrer en décomposition, de l'eau pour les dissoudre et de la chaleur pour accélérer le procédé de décomposition.... »

Mode de propagation des miasmes fiévreux.

Les sites montagneux de toute espèce : ravins, vallées, vallons encaissés et demi-encaissements peuvent jouer, au point de vue pirétologique, le même rôle, selon les conditions locales de la formation des miasmes d'abord, et en second lieu selon les obstacles qui s'opposent à leur propagation. Ceci étant admis, nous pouvons sans chance d'erreur et *à première vue déterminer jusqu'à quel point tel endroit des montagnes est sujet aux fièvres*, en considérant uniquement l'altitude absolue et l'altitude relative de l'endroit donné, ainsi que la hauteur des montagnes environnantes, l'exposition du lieu, l'abondance de végétation et d'humidité et enfin la durée de la saison chaude. *S'il n'existe pas de conditions favorables à la formation sur les lieux mêmes des miasmes, et que ceux-ci ne puissent arriver des environs, cela veut dire que la localité est exempte de fièvres*, quelque chaude et quelque basse qu'elle soit d'ailleurs. Et *vice-versa* : *Si les miasmes peuvent se former sur place, ou que l'accès du dehors leur soit ouvert, la localité sera d'autant plus sujette aux fièvres que ces conditions seront plus prononcées*. C'est pour la pirétologie de toute contrée fiévreuse un des principes généraux qui découlent directement de l'étude de la topographie des lieux sujets aux fièvres. Cette règle ne comporte pas d'exception, et si parfois, pour telle et telle localité, on constate une soi-disante exception, l'on peut toujours, en soumettant à une analyse attentive toutes les conditions locales, trouver l'explication de cette anomalie apparente qui n'infirme en rien la valeur du principe énoncé, qui paraît d'ailleurs être applicable à toutes espèces de miasmes. Cela est évident, du moins en ce qui concerne le miasme cholérique. On peut suivre sur la carte, avec la plus grande exactitude, la marche du choléra, qui nous vient toujours de Perse, à travers les pays du Caucase; on le voit cheminer dans les plaines, monter quelquefois le long des ravins, jusque dans les vallées des régions montagneuses, mais sans jamais atteindre les montagnes et les hauteurs quelque peu considérables. En 1847, pendant le siège de Salty, situé dans un vallon encaissé, le choléra fit son apparition parmi nos troupes, mais il disparut aussitôt que, après la levée du siège, elles se furent cantonnées sur les hauteurs voisines (du Tourtchi-Dag) situées, il est vrai, à 760 m. plus haut. Du reste, tout habitant de Saint-Pétersbourg sait qu'à Pargolowo et à Poulkowo il n'y a presque pas de cas de choléra, et qu'à Toxowo il n'y en a positivement point, même pendant que l'épidémie sévit à Saint-Pétersbourg; on a essayé d'expliquer ce fait tantôt par la siccité du sol, tantôt par son caractère sablonneux, et quelques rares écrivains seulement se sont avisés d'en rechercher la cause dans la situation relativement élevée de ces résidences suburbaines. Mais s'il suffit, pour soustraire une localité aux miasmes cholériques, d'une élévation aussi insignifiante que celle où se trouvent Pargolowo par rapport à Saint-Pétersbourg, qu'y a-t-il d'étonnant à ce que le Caucase offre une multitude de points complètement et à jamais inaccessibles à toutes espèces de maladies miasmatiques ?

On conçoit, après ce qui vient d'être dit, quel rôle important les conditions orographiqnes d'un pays jouent dans la propagation des miasmes Suivant les lois des gaz lourds, les miasmes, pareils aux liquides, s'écoulent toujours vers les lieux bas; toutefois ils peuvent, par la force des vents, être déplacés et remonter de la plaine le long de hauteurs à pente douce; mais dès que le vent tombe, ils redescendent dans la plaine, ne se maintenant en partie sur les hauteurs que dans les cavités et les anfractuosités du sol qu'ils ren-

contrent dans leur mouvement de descente. Le dessin sché-
matique ci-après représente le profil d'une région montagneuse s'élevant au-dessus d'une plaine infectée de miasmes.

On conçoit que tout point tel que *c*, bien que peu élevé
au-dessus du niveau *a*, *b*, des miasmes, sera salubre comparativement au point *d* complètement plongé dans les
miasmes. L'endroit *e* situé non loin de *c* mais beaucoup plus
haut, sera cependant fort insalubre, étant plongé dans les
miasmes apportés par les vents et retenus dans une excavation de terrain fermée de tous les côtés et qui ne permet
pas aux miasmes de s'écouler. Il en est de même au point *f*.

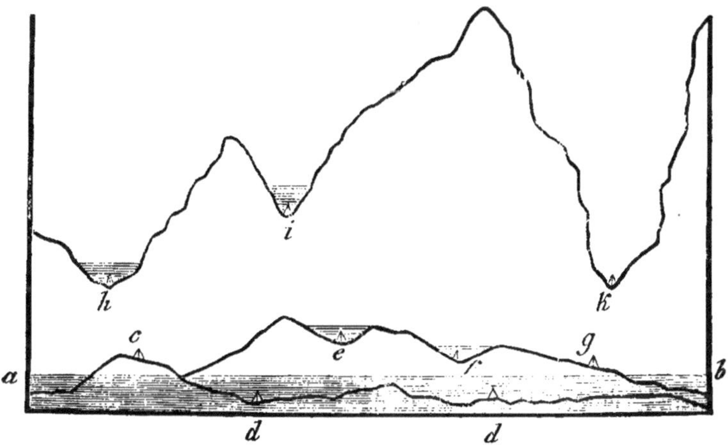

L'endroit *g* n'aura à souffrir des miasmes que pendant leur
passage, soit que le vent les porte le long des pentes, soit
qu'ils redescendent dans la plaine, le vent ayant cessé.

« Les vents soufflant de la plaine avec persistance, portent
les miasmes de plus en plus loin dans les montagnes où,
par suite de cette circonstance, on rencontre des endroits qui,
dans certains cas, deviennent excessivement insalubres. Tels
sont les points *h* et *i* dont la situation est cependant bien
plus élevée que le profond ravin *k* qui est complètement salubre grâce à la hauteur considérable des montagnes environnantes sur lesquelles le vent ne saurait porter les miasmes.
Cela explique pourquoi l'on rencontre fréquemment dans les

basses régions des localités salubres, et que dans les montagnes, au contraire, et à des altitudes assez considérables, il existe des gorges et des vallons encaissés continuellement sujets aux maladies miasmatiques..... »

La steppe de Moughan.

« Une seule localité de la Transcaucasie entière présente une véritable steppe, pour ainsi dire primitive, steppe du sud, torride, se couvrant deux fois par an, au printemps et en automne, d'une herbe abondante, le reste du temps brûlée par les chaleurs. Toutefois aux endroits soumis à une irrigation artificielle ou marécageuse la végétation est d'une exhubérance extraordinaire, si bien que ces oasis verdoyants sont de véritables foyers de miasmes se propageant de là sur toute l'étendue de la steppe. Il s'agit de la vaste *plaine du cours inférieur de la Koura et de l'Araxe*, plaine toute unie, basse, couverte tantôt d'espaces arides et complétement improductifs, tantôt de riches pâturages, tantôt de lacs salés, tantôt enfin d'épaisses moissons le long des canaux d'irrigation. On ne rencontre ici des lieux habités que sur les bords de la Koura, de l'Araxe et des petites rivières venant des montagnes, et enfin le long des canaux. Le sol est extrêmement fertile, mais seulement là où il y a irrigation artificielle, à défaut de laquelle la végétation n'est possible qu'au printemps et en automne, quand il y a abondance de pluies. La contrée est richement douée par la nature, mais elle exige beaucoup de travail de la part de l'homme. Sur toute cette vaste étendue, on voit jusqu'à présent une multitude d'énormes canaux d'irrigation qui arrosaient anciennement presque toutes ces steppes, jadis fort peuplées et, si l'on en croit les témoignages historiques tellement fertiles et riches qu'elles servaient sans cesse d'appât aux conquérants ; c'est uniquement à cette cause, c'est-à-dire aux incursions continuelles de belliqueux voisins, qu'il faut imputer l'abandon de ces lieux jadis si florissants et qui, ne demandant qu'à être cultivés, présentent aujourd'hui des steppes arides ou marécageuses, sans autres habitants que des myriades d'insectes et de reptiles. Si l'on ajoute à tout ceci les chaleurs excessives qui règnent ici, il est à peine nécessaire de dire que ces steppes doivent être un véritable repaire de fièvres. Et en effet la réputation de ces lieux, par rapport aux fièvres, est terrifiante. Si vous venez à Chemakha, distance en droite ligne de soixante kilo. mètres de la Koura, située d'ailleurs à un endroit montagneux et sec, et que vous demandiez s'il existe des fièvres dans cette ville, chaque habitant vous répondra : « Comment n'en existerait-il pas, puisque nous sommes à deux pas de la steppe de Moughan ! » Au mois de mai 1856, un bataillon du régiment de Chirvan ne fit que traverser les lieux marécageux environnants, se dirigeant par Elisabethpol et Chemakha sur Kouba ; cela suffit pour que le bataillon presque tout entier gagnât la fièvre, si bien que quand, à peine arrivé au quartier général, il fut dirigé sur les montagnes, vers les sources du Samour, à une hauteur d'environ 1825 m. où, dans la région des sapins et des bouleaux, il ne saurait évidemment exister de fièvres, les hommes, surtout dans le premier temps de leur séjour, tombaient malades par dizaines. Ce ne fut que l'emploi énergique du quinquina, joint à l'excellent air des montagnes, qui parvint, vers la fin de l'automne à faire disparaître les dernières traces des fièvres, résultat d'un séjour de deux semaines tout au plus dans les plaines basses de la Koura. Après cela, on se demande tout naturellement : comment des hommes peuvent-ils vivre dans ces lieux meurtriers? Et comment admettre qu'il y ait eu un temps où la population de ces régions ait été aussi nombreuse que l'affirment les historiens ? Eh bien oui, malgré tout, les hommes trouvent moyen de vivre en ces lieux, et même à y vivre bien et dans l'abondance. Le pays fournit à tous les besoins de l'homme, et il est naturel que, connaissant ses ressources, les habitants ne veuillent pas s'en séparer. Quant aux fièvres, les indigènes emploient le préservatif d'aller, pendant la saison chaude, s'installer sur les montagnes, d'autant plus qu'à cette époque la pâture fait défaut au bétail dans la steppe, l'herbe étant brûlée par les chaleurs. Quoi qu'on en dise, l'acclimatisation, la prétendue habitude des miasmes n'y est pour rien, comme j'ai déjà eu l'occasion de le faire remarquer. L'organisme de l'homme, pas plus que celui des animaux, ne saurait s'accoutumer à l'action délétère des miasmes qui vicient le sang; c'est dans leur genre de vie nomade que les habitants de ces régions ont trouvé le meilleur moyen contre ce fléau, moyen dont l'efficacité peut être contestée dans les livres, mais qui, en réalité, rend l'existence possible même dans ces lieux insalubres. Toutefois par là je ne prétends nullement dire que les indigènes ne soient pas sujets aux fièvres. Ils y sont fort sujets, au contraire, mais pas plus, cependant, que les Iméréthiens et les Mingréliens des bords du Rion, lesquels ne trouvent pas même nécessaire de quitter pendant l'été leurs forêts marécageuses, et chez lesquels, je le répète encore, la progression croissante du chiffre de la population ne le cède qu'à la région du Don, la seule contrée de tout l'Empire où le chiffre des naissances est de deux fois et demie plus grand que celui des décès. Ainsi donc on souffre assurément des fièvres sur les bords de la Koura et de l'Araxe, mais néanmoins on trouve moyen d'y vivre. Dans tous les cas les indigènes allant camper dans les montagnes pendant la saison la plus dangereuse, y sont moins exposés aux fièvres que les militaires, surtout les Cosaques, qui occupent des postes le long de l'Araxe et sont enchaînés par le service aux basses régions. En effet, il arrive que ces malheureux viennent jusqu'à huit fois pendant un seul été s'aliter dans les lazarets, et qu'il n'y ait pas parmi eux un seul homme tout à fait bien portant. Jadis il y eut même des exemples — attestés par des témoins oculaires encore vivants — qu'au lieu de régiments de huit cents hommes venus dans ces lieux pour trois ans, il ne s'en retournait aux bords du Don qu'une cinquantaine de Cosaques; le reste avait succombé aux fièvres. Telle était alors la mortalité[1]; aujourd'hui nous ne

---

1. Pour montrer combien la mortalité est insignifiante *actuellement* dans ces mêmes parages, il suffira de dire qu'un régiment de Cosaques de 800 hommes, échelonnés sur cette même ligne s'étendant, depuis Ordoubad, le long de toute la

voyons plus rien de pareil, grâce avant tout aux progrès de
la médecine dans l'emploi du quinquina et dans le traitement des fièvres.

« Plus haut nous nous sommes demandé s'il est admis-
sible que cette contrée si fiévreuse ait été réellement fort
peuplée jadis? Cette question se résout dans le sens d'une
affirmative fort instructive d'ailleurs au point de vue de la
pirétologie en général. Que ces parages furent habités anciennement par une population nombreuse, c'est ce qui est
attesté par les historiens et par les traditions locales; du
reste j'ai eu l'occasion, en 1863, de m'en convaincre personnellement. Les canaux, fort bien conservés, sillonnant en
tous sens l'étendue des steppes démontrent d'une manière
évidente que toute cette région était arrosée jadis par les eaux
de l'Araxe, amenées au moyen d'énormes canaux irrigateurs
dont les lits desséchés sillonnent jusqu'à présent la steppe
dans toutes les directions, si bien qu'aujourd'hui même
encore, au temps des crues, l'eau de l'Araxe et de la Koura
vient envahir ces canaux, d'ailleurs tellement ensablés par
endroits, que l'eau n'ayant point d'écoulement, va submerger
la steppe et, devenue stagnante, forme des marais et de
petits lacs qui sont actuellement de véritables sources de
miasmes, mais qui jadis n'existaient évidemment pas, comme
cela est attesté, entre autres, par Strabon (livre XI, chap. v
et vi). Par conséquent cette région ne fut pas anciennement
insalubre comme elle l'est aujourd'hui, et cette insalubrité
même provient uniquement de l'état d'abandon du pays, par
suite des incursions et des guerres qui décimèrent la population indigène. Selon la tradition, il y eut ici jusqu'à neuf
villes, et les restes de l'une d'elles, Bilgane, se voient jusqu'à présent sur le bord du plus grand des canaux, nommé
Ghiaour-Arkhi. Strabon qui vécut il y a de cela dix-neuf
siècles, en décrivant cette contrée sous le nom d'Albanie, en

---

frontière de Perse, sur le bord de l'Araxe, n'a perdu pour toute l'année 1863, y
compris les morts accidentelles, que *huit* hommes. Voilà les effets du quinquina
largement administré aux malades. Aussi en consommons-nous des quantités
considérables.

exalte la fertilité, en disant que toute cette plaine, éternellement verte, est mieux arrosée que Babylone et l'Égypte : il y a deux ou trois récoltes par an ; les fruits viennent sans culture ; on ne taille pas la vigne et les jeunes ceps donnent des raisins dès la seconde année, etc., etc. Mais notons bien que Strabon attribue cette fertilité extraordinaire du pays en première ligne à l'irrigation artificielle. La richesse de cette région devait naturellement de tout temps y attirer les hordes de divers conquérants ; les guerres exterminèrent la population dont les restes cherchèrent un refuge dans les montagnes voisines. Lorsqu'il n'y eut plus assez de bras pour l'entretien des canaux, l'eau cessa d'y circuler et ce paradis se transforma peu à peu en une steppe desséchée, aride et inhabitée. Fait digne de remarque : le fameux Tamerlan, en hivernant dans ces parages avec son armée, eut l'idée de restaurer le canal de Ghiaour-Arkhi ; il y fit ramener l'eau, uniquement pour laisser après lui un bon souvenir. Le résultat en fut que la steppe aride renaquit à la vie ; la ville de Bilgane ressuscita et continua d'exister jusqu'au commencement du siècle dernier, quand les guerres incessantes en dispersèrent complètement et sans retour la population. Lors d'une récente excursion dans ces steppes désertes sillonnées en tous sens d'innombrables canaux qui n'attendent que de l'eau, j'acquis la conviction que le lit de l'Araxe qui les alimentait jadis a actuellement quelque peu baissé ; il faudrait donc, pour ramener l'eau dans ces canaux, en faire remonter les débouchés plus haut pour les remettre au niveau des eaux du fleuve, entreprise qui n'exigerait ni de grands travaux ni de fortes dépenses. Et comme la vie renaîtrait sur cette vaste étendue dont le seul canal de Ghiaour-Arkhi arrosait jusqu'à 110 000 hectares ! Assurément tout cultivateur payerait volontiers quatre francs, de fermage par hectare, ce qui serait un revenu net de 440 000 francs, par an. Qu'attendent donc nos capitalistes ?

« ..... Le fait mentionné plus haut comme instructif au point de vue de la pirétologie en général, peut se formuler ainsi : *à mesure qu'une localité se dépeuple, elle peut devenir un foyer*

de fièvres — étant données, bien entendu, certaines conditions — et *vice versa*. Dans la région qui nous occupe en ce
moment, les mêmes canaux qui rendirent jadis le pays extrêmement productif, devinrent, après la dispersion des habitants, la cause de la formation de marécages infectant de
leurs miasmes tous les environs aujourd'hui déserts. Mais la
fertilité de ces steppes est si grande et la restauration des
canaux d'irrigation si aisément réalisable, qu'il est impossible de douter que ces deux circonstances réunies n'attirent
de nouveaux en ces lieux une nombreuse population ; les
marécages se dessécheront d'eux-mêmes, une fois qu'on
aura donné aux eaux une direction et un écoulement régu-
liers ; dès lors les sources de miasmes tariront et cette
contrée à laquelle on peut hardiment prédire un bel avenir,
redeviendra salubre comme autrefois..... »

Kizliar.

« ..... La basse plaine de Kizliar, couverte de marais et de
terrains marécageux infranchissables, est également fameuse
par son insalubrité. Cette plaine occupe tout l'espace compris entre la Caspienne et les montagnes d'où descendent,
outre le Térek, encore plusieurs petites rivières de la Tchetchnia et du Daghestan, entre autres le Soulak, si bien que
toutes les rivières de la Kabarda, de la Tchetchnia et du
Daghestan montagneux viennent affluer dans cette plaine
pour s'y répandre et la transformer en un immense marais.
A quel point le sol est saturé d'eau, on s'en fera une idée
quand on saura que même dans les environs immédiats de
Kizliar les routes sont construites sur des digues et des fas-
cinages et que pendant certaines époques de l'année toute
communication d'une maison à l'autre cesse littéralement.

« Ce sont évidemment des considérations commerciales qui
ont attiré la population arménienne, mais, au point de vue
hygiénique, il eût été difficile de choisir un emplacement
plus détestable que celui de la ville Kizliar. Les premiers
colons se laissèrent sans doute guider par l'espoir que les
marais impraticables, couverts de roseaux et de taillis, leur

serviraient de défense contre les incursions des tribus montagnardes voisines ; mais l'événement prouva que les hauts roseaux qui dérobent à la vue un cavalier avec sa monture, sont bien plus propres à servir d'abri aux brigands que de défense aux habitants ; aussi n'existe-t-il pas dans tout le Caucase une ville qui ait été si souvent saccagée par les montagnards que précisément Kizliar. Ajoutez à cela qu'en menant paître leur bétail, les habitants de cette ville étaient sans cesse exposés, pour peu qu'ils s'écartassent de la ville, à se voir enlever leurs bêtes par des rôdeurs ou à être eux-mêmes emmenés en captivité. Quant aux fièvres, elles sont tellement communes à Kizliar qu'il est difficile de trouver dans la ville un seul individu au teint frais. Néanmoins, dans ces derniers temps, l'espace compris entre le Térek et le Soulak et qui ferme la plaine de Koumyk, a commencé à se dessécher rapidement, après que le régiment de Kabarda eut fait un assez long séjour dans ces parages. Les forêts commencèrent à disparaître ; la contrée devint moins exposée aux incursions soudaines ; les habitants s'adonnèrent avec plus de zèle à la culture du sol ; l'irrigation se régularisa, et actuellement le nombre des malades dans la plaine de Koumyk va annuellement décroissant. C'est là une nouvelle preuve à l'appui de cette loi pirétologique que l'homme, en colonisant une localité fièvreuse, la rend salubre..... »

Le Kouban.

 « ..... L'espace occupé par le bassin du Kouban est resté plus longtemps que les autres sous la mer de molasses. C'est ce qui explique la prédominance dans le Kouban des argiles et des grès molasses, qu'on y rencontre partout et qui caractérisent cette région. Mais dans les parties les plus basses de tout ce bassin, à partir du confluent de la Laba et du Kouban et jusqu'aux environs de l'embouchure de ce fleuve, sur toute la rive gauche les roches molasses sont entièrement recouvertes d'une couche épaisse d'alluvion dont l'origine est d'ailleurs fort explicable. Une multitude de petites rivière descendent des montagnes voisines vers la plaine; d'un cours fort rapide dans les montagnes, elles charrient non seulement des débris minéraux pulvérisés, mais des blocs entiers qui, en roulant sous l'eau, se polissent et prennent la forme de cailloux arrondis. A mesure que ces courants d'eau s'approchent de la plaine, leur cours devient moins rapide, par suite de quoi la majeure partie des cailloux s'amasse vers l'endroit où ces rivières débouchent des montagnes. Encore plus loin, dans la basse plaine du Kouban, ces rivières roulent leurs eaux troubles avec une extrême lenteur, de manière que dans cette région elles ne creusent plus le sol, n'approfondissent pas leur lit qu'elles encombrent au contraire continuellement en y déposant les débris amenés des montagnes sous forme de sable d'abord, et ensuite sous forme de limon. Cela est cause que les petites rivières de cette région changent à chaque instant de lit, sont sujettes à de fréquents débordements et couvrent toute la plaine de leurs alluvions. Or à la place du lit abandonné et ensablé il reste un marais qui se couvre rapidement d'une végétation paludéenne et par endroits même de forêts, ce qui provoque à son tour la formation, au-dessus des alluvions, d'une couche de terre végétale laquelle avec le temps, lorsque la rivière revient à son ancien lit, disparaît sous de nouvelles alluvions.

« Voilà donc la raison pourquoi toute la rive basse du Kouban présente une bande de terrain marécageux, parsemée d'îles basses et formée uniquement jusqu'à une profondeur considérable, d'alluvions fort peu consistantes, traversées par endroits de couches de terre végétale, même de tourbe, et ne contenant presque point de cailloux, surtout dans le voisinage immédiat de Kouban. Les petites rivières qui traversent cette région d'un cours extrêmement lent, ne creusent pas le sol, comme nous l'avons déjà dit; quelquefois même, elles n'arrivent pas jusqu'au Kouban et vont se répandre sur les îles basses; aussi, ne découvrent-elles pas le sous-sol. Par-ci par-là seulement quelque mamelon miné par l'eau, laisse à découvert une argile jaune qui, selon toute probabilité, forme la première couche subjacente. Il

est à remarquer que dans ces parages, on ne creuse guère
de puits, traversant toute la couche d'alluvion, parce qu'il
suffit généralement d'une fosse peu profonde pour obtenir la
quantité nécessaire d'eau. Telle est la physionomie de cette
basse plaine. Quoi d'étonnant, après tout ce qui vient d'être
dit, que ce soit là un vrai foyer de miasmes et que les fièvres y soient communes au plus haut degré, surtout vers
l'automne. Ce sol présente une désolante surabondance de
toutes les conditions requises pour la formation de miasmes,
à savoir : une extrême humidité et une végétation abondante; or, étant donné la latitude de 45°, l'été sera nécessairement suffisamment chaud pour favoriser la rapide décomposition des matières organiques sur une vaste échelle.
Mais aussi, au point de vue des fièvres, dans toute l'étendue
du Caucase septentrional, les seuls marais de Kizliar peuvent rivaliser avec les basses plaines du littoral du Kouban.

Lenkoran.

.... « *Lenkoran* est situé sur un sol tout semblable, à cette
différence près, que c'est ici la mer qui contribue pour la
plus large part à la formation des alluvions ; d'ailleurs, pour
cette ville bâtie tout simplement sur un marais, il existe
encore une autre condition propre à en faire le principal
centre de fièvres de tout le littoral de la Caspienne. Cette
condition, c'est le développement extraordinaire et la richesse
de la végétation qui n'a d'égale dans tout le Caucase que
celle de la vallée du Rion, et puis celle de Ghilan, province
de Perse, limitrophe de Lenkoran, située sur le littoral de la
Caspienne et fort marécageuse; mais aussi, les fièvres de
Ghilan sont-elles renommées dans toute la Perse[1].

---

1. L'extrême insalubrité de Ghilan est fort bien mise en relief par l'anecdote
persane suivante, dont la pointe pourrait tout aussi bien se rapporter à certaines localités du Caucase : Trois Persans disputaient sur les avantages de leurs
provinces natales, chacun exaltant la sienne. Chez nous — dit le premier habitant d'Ispahan — on conserve si bien les melons que si vous mettez un melon
de l'année passée à côté d'un autre tout fraîchement cueilli, vous ne pourrez pas
les distinguer. Et à Chiraz — dit l'autre, originaire de cette ville — le raisin se
conserve si bien qu'il n'y a aucune différence entre du raisin vieux d'un an et

Élisabethpol.

.... « La ville d'*Élisabethpol* est située sur un plateau, sur un terrain argileux, couvert d'une multitude d'anciens cimetières et de jardins submergés tout l'été sous l'eau d'irrigation. C'est ce qui fait que les fièvres y sont très violentes et fort répandues. Élisabethpol — et, chose digne de remarque, la ville seule — a outre cela le triste monopole d'une espèce de lèpre, connue sous la dénomination locale de « godovik, » (c'est-à-dire, lèpre « d'un an »), parce qu'elle dure environ un an, sans céder à aucune médicamentation. Malheureusement, il n'a pas été fait jusqu'à présent de description exacte de cette affection de la peau qui paraît avoir le plus d'analogie avec celle connue sous le nom de « bouton d'Alep. » De hideuses cicatrices, le plus souvent sur le visage et les mains, défigurent pour toute la vie ceux qui ont été atteints de cette maladie. Je ne sache pas que cette affection existe encore sur quelque autre point du Caucase, tandis qu'à Élisabethpol, elle est fort commune, et la majeure partie de la population en porte les marques. N'y aurait-il pas un rapport entre cette contagion et la multitude de cimetières (on en compte jusqu'à vingt-deux) avoisinant la ville, et dont plusieurs confinent aux jardins et sont détrempés par les eaux d'irrigation ?.... »

La vallée de l'Alazane.

.... « Une crête de montagnes semblable à celle qui sépare la vallée de la Koura de celle de la Yora, s'étend également, mais avec un plus grand développement entre la Yora et la vallée parallèle de l'*Alazane*. Plus rapprochée de la chaîne principale, cette crête est haute et couverte de forêts croissant sur un sol de terre végétale qui s'est formée sur les roches calcaires, tantôt crétacées, tantôt tertiaires, comme, par exemple, dans les environs du bourg de *Gombory*, situé

---

du raisin nouveau. La belle affaire — répliqua le troisième, habitant du Ghilan, — dans notre pays on n'a pas appris à conserver les défunts, et cependant il n'y a pas moyen de distinguer un ghilok mort d'un vivant !

au fond d'un profond vallon encaissé, d'un niveau assez
élevé[1] toutefois pour que les fièvres y soient extrêmement
rares. De Gombory à Telaw, à travers les montagnes, mène
une route d'où l'on jouit, surtout des hauteurs du col même
de la crête, d'une des plus ravissantes vues du Caucase sur
toutes les montagnes environnantes et sur la vallée de
l'Alazane, noyée dans les flots de verdure de ses jardins. A
partir de là, les montagnes qui côtoient l'Alazane vont
s'abaissant graduellement, en conservant toutefois jusqu'à
Tzarsky-Kolodzy, la même structure, les mêmes roches calcaires, de marne et de grès, mais recouvertes d'une couche
argileuse. Dans les environs de *Sighnakh*[2], on voit prédominer d'énormes conglomérats, dont quelques-uns de porphyre, soudés et aussi recouverts d'argile. Sighnakh est un
endroit peu fiévreux; mais la localité qui se distingue le
plus dans ces régions par son climat salubre, c'est le bourg
de *Tzarsky-Kolodzy*[3] qui n'est situé cependant que de
1 500 pieds au-dessus de la vallée fiévreuse de l'Alazane. La
salubrité exceptionnelle de cette localité est due uniquement
aux conditions orographiques où elle est placée; et cependant, les environs sont fort boisés et la végétation est très
abondante, grâce à la fertilité de la couche de terre végétale
au-dessus de l'alluvion argileuse qui recouvre les roches
crétacées. C'est la preuve que la terre végétale couverte de
prairies et de forêts, n'a par elle-même aucun rapport avec
les fièvres, comme nous avons eu l'occasion de le constater
plus d'une fois.... »

Bassin du Rion.

« Tout amas d'eau, depuis la mer jusqu'à une simple
flaque formée près de la moindre source, a son importance
au point de vue de la *pirétologie miasmatique*. En effet, pas
un des médecins, tant modernes qu'anciens, qui ont écrit
sur les fièvres, n'a passé sous silence le rôle de l'eau sur le

---

1. Altitude absolue 1100 mètres.
2. Altitude absolue 770 mètres.
3. Alt. abs. 814 mètres.

développement de cette maladie. Même les partisans de la
théorie moderne de l'origine électrique des miasmes, Burdet[1],
entre autres, n'ont pu se refuser à reconnaître la participa-
tion de l'eau dans la formation des miasmes. A cet égard,
l'opinion des anciens me paraît se rapprocher le plus de la
vérité, étant plus simple et dégagée des subtilités qui dominent dans nos théories modernes. L'observation leur démontra que les fièvres sévissent le plus dans les localités où il y
a beaucoup d'eau, d'humidité. C'est bien ainsi qu'ils conce-
vaient le rôle de cet agent dans les fièvres. Déjà Hippocrate
avait remarqué que ceux qui boivent de l'eau stagnante dans
des endroits fiévreux, sont atteints d'engorgements de la
rate. Galien affirmait qu'une seule gorgée d'eau infectée peut
provoquer une maladie générale de l'organisme. Rasès est
encore plus affirmatif, lorsqu'il attribue directement l'origine de la fièvre à l'eau corrompue[2]. Les observations faites
en Algérie et au Caucase confirment pleinement cette manière de voir, en démontrant que non seulement l'eau contribue à la formation des miasmes, mais qu'elle en contient
même à l'état de solution, fait qui est, jusqu'à présent, con-
testé par bien des personnes.... Mais ce qui ne saurait, dans
tous les cas, former l'objet d'un doute, c'est que l'eau est un
des principaux agents de l'origine et de la propagation de
fièvres. D'ailleurs, au lieu de nous borner à ces généralités,
nous tâcherons d'étudier sur les lieux et d'après les faits
positifs, le rapport des conditions hydrographiques du Caucase avec la pirétologie de cette contrée. Dans ce but, nous
passerons de nouveau en revue les localités les plus fiévreuses, en les comparant à celles qui sont exemptes de
fièvres.

« Nous commencerons par le *bassin du Rion*.... Le sol de la
partie basse de la vallée est formé des alluvions fort mélan-
gées contenant, à proximité des montagnes, de gros débris de
roches qui forment la charpente de ces montagnes, et à

---

1. Recherches sur les fièvres paludéennes, etc. Paris, 1866.
2. De arte medicinali, Lib. III, cap. IV.

mesure qu'il se rapproche de la plaine, encore ces mêmes roches, mais à l'état de menu gravier. En aval du Rion, le sol formé de conglomérats ne s'étend pas au delà d'Orpiri; à partir de là et jusqu'à la mer, on ne rencontre plus un seul caillou, et le sol est composé en entier d'alluvions récentes du fleuve, au point que si, pour un usage quelconque, on avait besoin de cailloux dans la région du cours inférieur du Rion et de l'Ingour, il faudrait le faire venir, à Poti, par exemple, d'une distance de 30 à 40 kilom., impossible d'en trouver plus près : ce n'est partout qu'alluvion uniforme, dans laquelle l'on distingue facilement tous les éléments que charrie avec lui et vient déposer ici le Rion aux eaux sans cesse troubles, qui obstrue et exhausse continuellement son lit. Près de Poti, il est même facile d'observer l'ordre dans lequel sont superposées les couches d'alluvion qui, plus ou moins épaisses, sont l'indice des inondations successives du Rion dont chacune a déposé une nouvelle couche d'alluvion, où domine naturellement le sable mêlé à l'argile, un sol grisâtre brillant au soleil, grâce à la présence d'une multitude de parcelles micacées. A Poti, à toute époque de l'année, on ne peut faire usage de l'eau du Rion qu'après l'avoir laissé se rasseoir et le sédiment en est exactement semblable à celui qui forme tout le sol environnant.

« Plus haut, nous avons eu l'occasion de parler de la formation toute identique du sol de la partie inférieure de la plaine du Kouban. Ce qui a été dit à cette occasion, se rapporte évidemment tout aussi bien au Rion qui, de même que les autres rivières se jetant dans la mer Noire, offre pour l'explication de ce phénomène des données telles qu'on ne les rencontre nulle part ailleurs. Chacune de ces rivières, en tombant dans la mer et en rencontrant la résistance des brisants, forme une barre, c'est-à-dire un banc de sable qui est cause que l'eau de mer est troublée au loin. La masse des sédiments s'accroît sans relâche, et peu à peu le bas-fond de la barre se relie à la terre ferme et, grandissant toujours, finit par surgir au-dessus de l'eau et former une espèce de rempart derrière lequel le dépôt d'alluvions

s'opère avec plus d'activité encore à chaque inondation, si
bien qu'avec le temps, ce rempart devient partie intégrante
du continent, tandis que l'action combinée du fleuve et de
la mer forme une nouvelle barre, et la côte, de cette façon,
prend un accroissement de plus en plus grand. Mais là ne
s'arrête pas la formation du sol nouveau. Dans ses débordements, la rivière inonde les bandes nouvellement formées
de la côte, et alors l'eau trouble, en précipitant à l'aise les
particules argileuses et autres plus lourdes qu'elle contient,
rend ce sol sablonneux extrêmement fertile tout en augmentant sa masse. Et ce n'est pas tout encore. La rivière, en
obstruant son lit et en exhaussant ses bords, change parfois
de lit et, au temps des inondations, ensable son ancien lit
en y déposant ses sédiments. Le Rion, comme je l'ai déjà
dit, nous fournit la preuve matérielle de tout ce que j'avance
ici.

« Non loin de Poti, à 4 kilom. environ, sur la rive gauche
du Rion, entre ce fleuve et le lac de Paléostome, on voit
encore les restes, aujourd'hui noyés dans un marais, d'anciennes fortifications romaines, sur lesquelles il nous est par-
venu des détails très exacts dans les écrits de Strabon et d'Ar-
rien. Ces deux auteurs constatent que les remparts en question s'élevaient au bord de la mer et étaient destinés à dé-
fendre l'embouchure du Phase et le port contre les barbares
indigènes. Or, actuellement, ces fortifications se trouvent au
milieu d'un marais impraticable et distantes de la mer de plus
de *cinq kilomètres*. C'est là un fait fort instructif : un ouvrage
construit par les Romains, avant l'empereur Justinien, sur
le rivage même de la mer, en est éloigné aujourd'hui de
cinq kilomètres. On peut donc établir par le calcul la période
de temps nécessaire pour la formation de chaque kilomètre
de terrain de notre littoral. D'après le témoignage de l'histoire, les côtes avaient jadis une autre configuration, ce qui
explique que les cartes géographiques des anciens diffèrent
tant des nôtres, et qu'on y voit des golfes à des endroits, où
aujourd'hui, des deltas s'avancent dans la mer.

« Puisque nous en sommes à *Poti*, nous ne quitterons pas

cette localité sans avoir énuméré les conditions hydrographiques qui la rendent si sujette aux fièvres. Nous avons déjà vu à quel point le niveau du sol est bas et combien de circonstances se réunissent pour produire une humidité toute exceptionnelle. Le principal rôle revient assurément aux inondations du Rion. Les bords en sont tellement plats et couverts de forêts si épaisses, et présentent un enchevêtrement tellement inextricable de plantes grimpantes et de buissons, que l'action du soleil se borne à y produire de la chaleur et à favoriser la décomposition des matières organiques, sans parvenir à dessécher le sol. L'ombrage touffu des arbres dont les cimes forment une voûte continue par l'entrelacement de la vigne sauvage, du lierre et des lianes, fait obstacle à ce que l'évaporation s'opère avec rapidité, par suite de quoi il règne dans ces forêts une humidité extraordinaire qui, d'ailleurs, n'exclut pas une chaleur étouffante, tandis que le sol présente partout l'aspect d'un marais. Telle est toujours la rive droite du Rion, à partir de la mer et jusqu'à Tzkhéni-Tzkhali et aussi une partie de la rive gauche. L'une et l'autre sont couvertes presque sans interruption de forêts semblables sur un sol marécageux. Les rares éclaircies qu'on rencontre çà et là, présentent, tout comme les forêts, de véritables fondrières tapissées de laîches, rarement de roseaux. Les autres espèces herbacées font presque complètement défaut. Voilà pourquoi, au milieu de cette végétation gigantesque, les indigènes manquent de foin, et en hiver, leur bétail va chercher sa pâture, en rôdant dans les forêts, s'enfonçant dans la vase jusqu'aux genoux. Les bords de la Pitchora, rivière voisine du Rion, offrent le même aspect. Elle va lentement s'écouler dans le grand lac Paléostome ayant près de trente kilomètres de circuit et communiquant avec la mer au moyen d'un canal sinueux et assez large qui passe à proximité de Poti et débouchait jadis dans le Rion, au-dessous de cette ville; mais actuellement, les alluvions de la barre l'ont fait dévier plus loin vers le sud, dans une direction parallèle à la côte.

« Il y a tout lieu de croire qu'anciennement, à une époque

encore historique, ce lac était un golfe qui recevait les eaux du Rion et que, le fleuve s'étant porté plus à droite, le golfe se transforma en lac[1], grâce aux alluvions de la mer. Je n'ai vu nulle part ailleurs un autre lac de dimensions pareilles qui fût à tel point stagnant, putride et infect que celui-ci. L'eau en est d'un jaune verdâtre, ni salée, ni douce, mais d'un goût affreusement nauséabond et sentant la pourriture. Or, ce fut au printemps que je visitai le Paléostome; que doit-ce donc être en été, quand la surface du lac se couvre de fucus et présente l'aspect d'une plaine verte? En hiver, toute cette nappe de verdure coule à fond pour être remplacée par une nouvelle l'année suivante. On conçoit que de cette manière, le lac se transformera avec le temps en une tourbière, aspect que présentent dès à présent ses rivages qui, à partir du niveau de l'eau et jusqu'aux forêts environnantes, ne sont qu'un bas-fond infranchissable, couvert de laîches et de roseaux. Les bords sont tellement marécageux, qu'on a de la peine à trouver un endroit où poser le pied en descendant du Kaïouk[2], si toutefois les fouillis de roseaux n'empêchent pas l'abordage. Ce qui frappe surtout, c'est l'uniformité de la végétation riveraine, composée presque exclusivement de roseaux et de laîches, qui atteignent ici un développement extraordinaire. Dans l'eau, près des bords, fourmillent des myriades d'infusoires, au-dessus de l'eau, des nuées d'insectes ailés, et sur les bords, des légions de grenouilles. Tout cela vit, se multiplie et meurt. Grâce aux chaleurs qui règnent ici, cette masse de matières organiques, végétales et animales, se décompose très rapidement, infectant et empestant l'air au loin. Ajoutez à cela la ceinture de forêts qui entoure le lac où la vie, la mort et la putréfaction vont aussi leur train, peut-être même dans des proportions plus grandes encore, et vous comprendrez combien il doit se former de miasmes dans ces parages.

---

1. Le nom même du lac, Paléostome, formé de deux mots grecs παλαος et στομα (ancienne embouchure) semble confirmer cette supposition.

2. Canot fait d'un seul tronc d'arbre et qui sert aux communications sur le Rion et les eaux avoisinantes.

Quiconque voudrait se faire une notion exacte de ce que c'est que la *malaria*, n'a qu'à visiter le lac Paléostome, par une belle soirée d'août, car c'est ici le vrai foyer de la malaria....

.... « L'on conçoit sans peine que, dans ces conditions, étant donné l'abondance de verdure, d'humidité et de chaleur, les fièvres doivent être fort répandues dans cette région. Un individu ayant passé une année sans souffrir de la fièvre, constitue une exception fort rare. Le mal paraît d'ailleurs être sans remède. En effet, il est évident qu'il faudrait pour cela un dessèchement radical, tant de la ville de Poti que de ses environs, et c'est là une tâche extrêmement difficile par cette raison que les inondations du Rion qui ont lieu deux fois par an et parfois plus souvent, ne sauraient être écartées, pas plus que les inondations de la mer, dont les vagues viennent submerger le rivage.... »

La Mingrélie.

.... « Au delà du Tzkhénis-Tzkhali commence la Mingrélie, ce ravissant jardin continu qui s'étend à partir de la côte à travers la plaine, les collines et les montagnes derrière lesquelles blanchissent les cimes neigeuses de la chaîne principale avec l'Elbrouz qui les domine toutes. Cette contrée est arrosée par une multitude de rivières, dont quatre de dimensions fort respectables, surtout l'Yngour qui, recevant toutes les eaux venant de la chaîne principale depuis l'Elbrouz jusqu'au Passis-Mta, égale le Rion sous le rapport du développement de son cours. Le Tzkhénis-Tzkhali est également une rivière fort considérable. Entre l'Yngour et le Tzkhenis-Tzkali, deux autres cours d'eau descendent des montagnes : le Tekhour et le Khoni. Toutes ces rivières, tant qu'elles coulent dans les montagnes, ont un cours très rapide ; leurs bords sont rocheux, tantôt de schiste noir argileux, de calcaires jurassiques ou crétacés, tantôt de porphyre ; aux approches de la plaine, elles se creusent leur lit dans les roches calcaires tertiaires et les marnes dont est composée toute la région submontaine. Voilà pourquoi toute la partie basse de la Min-

grélie a un sol dont l'argile jaune forme l'élément prédomi-
nant. Cette argile est évidemment le produit des alluvions
des rivières sub-nommées et de leurs innombrables affluents
descendant des montagnes couvertes de forêts. Toutes ces
rivières et leurs affluents, en débouchant de la région montagneuse, perdent leur rapidité et traversent la plaine d'un
cours lent, entre des bords plats; au temps des hautes eaux,
elles débordent inondant les forêts voisines et les transfor-
mant en marécages infranchissables. Un sol argileux qui
n'absorbe pas l'eau, au-dessus, le dôme touffu des forêts, de
pluies très fréquentes jointes à de fortes chaleurs, — telles
sont les conditions, grâce auxquelles la végétation de ces
régions se développe dans des proportions vraiment inouïes.
Les gigantesques troncs séculaires des chênes, des hêtres,
des peupliers, des châtaigniers, des noyers, des figuiers sont,
malgré leur hauteur, entièrement enlacés de vigne sauvage, de houblon, de lierre et de lianes dont les vertes guir-
landes se projettent d'un arbre à l'autre formant une voûte
impénétrable d'en haut, tandis qu'en bas, les tiges riches
de sèves des graminées s'enchevêtrent parmi les haies vives
de robinier et de clématie qui rendent ces forêts tellement
impénétrables, que l'homme ne peut s'y frayer un chemin que
la hache à la main. Toute cette verdure pousse sur un marais continuel que le Mingrélien n'utilise que pour y semer
du riz; dans ce but, il abat des arbres dont il se sert comme
de ponts, du haut desquels il ensemence son marais. Or, ce
n'est pas chose facile que d'abattre un arbre. Avant tout, il
s'agit de rompre tous les liens vifs de plantes grimpantes qui
autrement, retiendraient debout l'arbre, même coupé à la racine. En général, ce qui frappe le plus, c'est la vigueur et la
vitalité, de même que l'étonnante variété de ces plantes grimpantes et rampantes. Toute bâtisse abandonnée, fût-elle en
pierres, en est, au bout de quelques années, complètement
couverte et revêtue comme d'une verte armure; un seul cep de
vigne enlace et enguirlande souvent une dizaine d'arbres
énormes et donne quelquefois, à ce qu'on dit, des centaines
de védros (12, 3 litres) de vin. On raconte qu'un cep de vigne

appartenant à certain Mingrélien, fît incursion dans le domaine d'un voisin; là, étant redescendu à terre, il poussa racine, et il y eut ainsi une seconde tige, ce qui donna lieu à contestation relativement au droit de propriété, litige qui dura jusqu'à ce qu'un orage y mit fin en rompant juste au milieu la tige de communication et en donnant ainsi à chacun des deux contestants son cep à lui. Pour juger de la variété de la végétation du pays, il suffit de jeter un coup d'œil sur le jardin de Zougdidi où l'on peut voir de magnifiques magnolias de diverses espèces, croissant en liberté côte à côte avec les arbres à feuilles aciculaires, sans parler des pawlonias, des bignonias, des oliviers et des buissons éternellement verts ou des plantes rampantes qui ont fait des ruines de l'orangerie, détruite pendant la dernière guerre par les Turcs, la partie la plus pittoresque de tout le jardin. On conçoit qu'étant donnée cette végétation luxuriante, la culture des céréales est à peu près complètement négligée. Du maïs et du gomi, espèce de millet, puis du riz sur les marais, voilà tout ce que les indigènes cultivent. Ce n'est guère que sur les hauteurs qu'on peut rencontrer du froment et du seigle; dans la plaine, les fruits, dont les forêts regorgent, forment le principal fond de la subsistance des habitants qui, d'ailleurs, ne vivent guère réunis dans des villages, mais disséminés dans les forêts, chacun sur un lot de terre. Une chose qui frappe le touriste au milieu de ce luxe de végétation, c'est l'absence presque complète de la gent emplumée, on dirait que les oiseaux ont peur de ces forêts grandioses dont le silence mélancolique n'est interrompu que par la chanson de quelque Mingrélien ou par le vent qui agite la ramée touffue. Il y a évidemment une raison à cette absence d'habitants ailés, et je ne vois rien de paradoxal dans la supposition que les oiseaux redoutent et fuient la « malaria » de ces parages. Il est notoire que les poules, entre autres, sont ici fort sujettes à la fièvre. Et qu'il y ait dans cette zone surabondance de miasmes, cela est dans la nature des choses et il ne saurait en être autrement. Si l'étonnante exubérance végétale n'était compensée par une rapidité égale des procès de décomposition, ces forêts ne formeraient depuis longtemps qu'une immense tourbière, d'autant plus qu'il n'y a pas loin d'ici aux basses plaines occupant tout l'espace entre le Tekhour, le Khopi et l'Yngour, et qui sont pour ainsi dire inhabitées à cause de leurs marécages et de leur extrême insalubrité.

« A mesure qu'on s'élève de la plaine vers la région submontaine, le sol devient plus sec ; les marais sont moins nombreux, les rivières ne débordent pas et la contrée, habitée par une population nombreuse, présente un aspect plus varié où les prairies alternent avec des champs ensemencés et de pittoresques collines. Tout indique que les hommes ont de tout temps préféré ces lieux secs aux marécages de la plaine. Aussi, voit-on à chaque pas se dresser sur les hauteurs des ruines de monastères ou d'anciennes fortifications. On rencontre également des espaces depuis longtemps défrichés, mais partout où la culture a été abandonnée, ces éclaircies se sont couvertes d'un épais manteau des fougères qui sont un véritable fléau pour ces régions, et cela sous deux rapports : d'abord elles empêchent le fauchage, et puis elles fournissent annuellement d'abondants matériaux de putréfaction et deviennent ainsi une source de fièvres. La plus grande quantité de ces fougères se trouve dans la vallée de Zougdidi qui longe l'Ingour, séparée de la vallée du Rion par une étroite crête de montagnes parallèle à la rivière de Khopi ; aussi, le bourg de Zougdidi, où réside toute l'administration de la Mingrélie et un bataillon, est-il comme encaissé dans un vallon qui n'est ouvert que du côté de la mer et des marais de la plaine. De nombreuses rivières aux eaux troubles affluent ici des hauteurs boisées environnantes, augmentant encore l'humidité de cette vallée déjà fort humide à cause de l'abondance des forêts et de la fréquence des pluies. Ajoutez à cela que l'eau de ces petites rivières est mauvaise, souvent même infecte et nauséabonde, parce que, en traversant les forêts des montagnes, ces cours d'eau emportent une masse de débris organiques, tels que feuilles flétries, plantes mortes, bois chablis, bref, tout ce qui est entraîné par les pluies dans ces rivières. Cela est cause que les habitants emploient généralement pour leur usage de l'eau de source; il en est de même à Zougdidi, bien qu'il y ait à proximité du bourg plusieurs de ces cours d'eau. Mais le pire, c'est qu'au temps de fortes pluies, ces ruisseaux débordent et vont déposer sur le sol argileux des environs tous les débris organiques qu'ils charrient avec eux des hauteurs boisées, ajoutant ainsi de nouveaux matériaux de putréfaction. D'un autre côté, les vents qui, dans d'autres localités, servent généralement à purifier l'air de miasmes, ne remplissent pas ici cet office, à moins d'être très impétueux et très prolongés, car, soufflant des plaines du littoral, ils en apportent les miasmes des marais, et soufflant des hauteurs environnantes, ils chassent dans la vallée les miasmes des forêts. Aussi, nul n'échappe-t-il aux fièvres à Zougdidi; jeune et vieux, riche et pauvre, étranger et aborigène, tous respirent les miasmes et tous souffrent de la fièvre, non seulement parce qu'il y a trop de verdure, d'humidité et de chaleur, mais encore, et principalement parce que les miasmes ne peuvent se disperser, n'ayant aucune issue. De cette manière, ils empoisonnent l'existence dans un séjour qui serait autrement un vrai paradis terrestre, tellement cette région est fertile, riche et pittoresque. Au temps des pluies, les routes se transforment en marécages impraticables, qui rendent impossible toute communication avec le reste du monde.

« Le littoral de la mer Noire, *entre le Rion et l'Ingour*, présente le même caractère que toute la basse Mingrélie.... »

Soukhoum.

.... « Le centre le plus en vue, le plus populeux, mais en même temps le plus fiévreux de toute la côte d'Abkhasie, c'est sans contredit la ville de *Soukhoum-Kalé*. Centre administratif du pays, elle a le meilleur port, une station maritime et une garnison nombreuse (quatre bataillons de la ligne). La vaste baie demi-circulaire de Soukhoum, profonde de plusieurs kilomètres, ouverte au sud, est abritée

par une saillie couverte de collines qui s'avance dans la mer,
formant le côté nord d'un petit golfe. Cette saillie est ter-
minée par un cap plat, couvert d'une épaisse forêt et qui
abrite du côté ouest la baie au fond de laquelle s'élève la
ville sur une plage sablonneuse bordée de collines. L'aspect
gai et ouvert de Soukhoum, vu de la mer, produit une impression fort agréable. Le long du rivage, une file de boutiques et de bâtisses se déroule à gauche depuis le débarcadère jusqu'aux ruines de l'ancienne forteresse turque, dont
les murs sont baignés par la mer, tandis que de l'autre
côté, les figuiers y arc-boutent leurs racines; à droite s'étend
une série de longues casernes sur une plage sablonneuse et
nue; en face du débarcadère, vers l'intérieur de la ville,
court une large chaussée plantée des deux côtés de hauts
acacias derrière lesquels apparaissent les maisons des habitants, et tout autour de vertes collines sur les flancs
desquelles sont disséminés des casernes et différents bâtiments militaires alternant avec des terrasses de verdure et
des bosquets d'arbres; derrière ces collines se dressent
d'autres hauteurs, celles-là, couvertes de forêts ou tapissées
de fougères d'un vert éclatant. A première vue, l'on peut
deviner que Soukhoum, situé sur un bas-fond, entouré de
deux côtés par des collines verdoyantes et du troisième par
une basse plaine couverte de forêts, doit fatalement être un
endroit sujet aux fièvres. Mais en y regardant de plus près,
nous découvrons encore d'autres circonstances qui doivent
singulièrement favoriser le développement des miasmes et
justifier pleinement la mauvaise réputation du climat de
Soukhoum.

« En premier lieu la ville est bâtie non seulement sur un
bas-fond, mais sur un bas-fond tellement marécageux que
l'eau des fossés dans la ville même (par exemple derrière
les boutiques) ne s'écoule pas et reste stagnante, servant
d'asile aux grenouilles et empestant l'air. Le fossé de l'ancienne forteresse turque est envasé et offre le modèle d'un
marais artificiel tellement tapissé de végétation qu'il peut
servir à l'étude de la flore paludéenne de ces parages. Au

delà de ce marais artificiel s'étendent des clairières qui, tant par leur humidité que par le caractère de leur végétation, ressemblent fort à des marécages naturels. Plus loin le terrain qui avoisine la ville de ce côté, est déboisé et sillonné en divers sens par des fossés ayant évidemment pour mission de servir d'égouts, grâce auxquels ce qui était jadis un marais s'est tranformé en pâturage. Mais actuellement[1], ces fossés se trouvant dans un état déplorable sont loin de remplir leur destination, encore qu'ils aient beaucoup contribué à dessécher le marais qui autrefois s'étendait jusqu'aux portes de la ville. On a de la peine à croire que dans une localité où tout le monde se plaint si amèrement de l'insalubrité du climat, la population puisse être indifférente à la proximité de tout un dépôt de miasmes au point de ne pas même prendre des mesures pour écarter cet inconvénient, alors qu'il serait si facile d'entretenir ces égouts en bon état et d'en faire écouler les eaux stagnantes. Au lieu de prendre des mesures efficaces (et relativement aisées) dans l'intérêt de leur santé, les habitants se contentent de maugréer contre le climat de Soukhoum.

« Une autre circonstance qui favorise le développement des fièvres, c'est le voisinage d'une forêt qui, à partir de la forteresse russe, s'étend sur tout le cap et dont le sol, sous son tapis de verdure, est tellement marécageux que mon guide qui connaissait cependant bien les lieux, tomba sous mes yeux ensemble avec sa monture dans une fondrière entièrement masquée par une verdure touffue. Cette forêt marécageuse occupe une superficie qui ne paraît pas dépasser 10 kilomètres carrés ; pour l'aspect du sol qui va s'élevant à peu de distance de la côte, elle ne ressemble nullement aux forêts planes des cours inférieurs du Rion et de l'Ingour. Aussi la forêt n'est-elle pas marécageuse sur toute son étendue, mais plutôt par endroits, surtout dans les ravins entre les petites collines, et pourrait facilement être

---

1. Cela se rapporte à la fin du mois de mai 1862, époque à laquelle je visitai Soukhoum.

desséchée, comme le prouve l'exemple d'une petite colonie abkhasienne que nous rencontrâmes au milieu de cette forêt, non loin de Goumista. Il y a trois ans à peine que ces Abkhases se sont établis ici avec leur seigneur, qui nous raconta que pendant la première année de leur séjour ici tous ses hommes avaient cruellement souffert de la fièvre, dans la seconde année beaucoup moins et dans la troisième encore moins. Le bek (chef indigène) attribuait cette amélioration au dessèchement des endroits marécageux et à l'abatage d'une partie de la forêt que ses hommes avaient défrichée pour y semer du maïs. Et en effet sur tout l'espace occupé par cette éclaircie, les ravins et les plis de terrain qui étaient autrefois autant de réservoirs d'eaux stagnantes sont transformés aujourd'hui en de beaux et fertiles champs. Cela ne prouve-t-il pas suffisamment qu'en éclaircissant la forêt on ferait disparaître du même coup les marais qui, grâce aux vents d'ouest très fréquents dans ces régions, infectent Soukhoum de leurs miasmes à tel point que, n'étaient ces marécages, il y aurait dans cette ville moitié moins de fièvres qu'il n'y en a actuellement.....

« La troisième circonstance, commune d'ailleurs à toute l'Abkhasie, est particulière également à Soukhoum. C'est la masse énorme de fougères qui tapisse toutes les collines et toutes les vallées de l'Abkhasie, sauf les endroits marécageux. Dès les premiers jours du printemps les fougères jaillissent du sol et vers l'été leurs tiges âpres et rameuses s'élancent souvent à une hauteur de plusieurs mètres, en entrelaçant tellement leurs rameaux qu'on a de la peine à se frayer un passage à travers ce fouillis. Les feuilles cressues et épaisses qui se groupent surtout vers le sommet de la tige, commencent vers la fin de l'été à se faner; elles deviennent alors humides et se collent les unes aux autres de façon à former au-dessus du sol une espèce de voûte continue, voûte tellement épaisse que les gaz qui se dégagent pendant le procès de décomposition (à laquelle cette plante est sujette étant encore debout) s'amassent entre le sol et cette voûte pourrissante sans pouvoir la traverser, ni se disperser au vent, ni s'échapper vers la plaine. En même temps se trouve arrêtée par ce toit de feuilles l'évaporation du sol, ce qui a pour résultat de produire un excès d'humidité sur un terrain jusque-là relativement sec, et l'on voit apparaître sur les pentes des montagnes et des collines des demi-marécages dérobés à l'action du soleil par l'épaisseur des feuilles pourrissantes de fougères étendue sur les tiges mortes. La période de la putréfaction dure à partir de la fin de l'été pendant tout l'automne, et à cette époque l'air aux environs de ces endroits devient fétide à l'excès et difficile à respirer, et les fièvres sévissent avec le plus d'intensité. Voilà pourquoi les hauteurs mêmes en Abkhasie, pour peu qu'elles soient tapissées de fougères, ne sont pas exemptes de fièvres, fait qu'on ne remarque que dans cette contrée. En effet, partout ailleurs les hauteurs qui s'élèvent au-dessus du niveau de la plaine inondée de miasmes, sont à l'abri des fièvres. Ici au contraire il s'amasse tant de miasmes sous l'épaisse couche de fougères dont sont revêtus les sommets et les pentes des montagnes, qu'il s'en échappe toujours à travers cette épaisse enveloppe une quantité suffisante pour entretenir dans les environs un courant continuel de « malaria ». C'est ce que n'ignorent pas les Abkhasiens qui évitent de s'établir aux endroits couverts de fougères; ils préfèrent le séjour des forêts ou des hauteurs libres de fougères.

« Les collines qui avoisinent Soukhoum sont précisément toutes tapissées de fougères, et tout naturellement la ville reçoit une quantité considérable de miasmes provenant de cette source, lesquels augmentent encore l'insalubrité du bas-fond où elle est située. Si, parallèlement au dessèchement des marais l'on écartait cette autre condition d'insalubrité, Soukhoum serait bientôt au rang des localités peu fiévreuses du Caucase, telles que Tiflis par exemple; car bien que les collines qui dominent la ville soient fort boisées, elles n'offrent pas de marais du genre de ceux qui se trouvent à proximité de la ville, sur toute l'étendue du cap, dont il a été question ci-dessus. Or, rien de plus facile,

quoiqu'on dise que d'extirper ces fougères. Pour cela il suffit de les faucher trois années de suite, au commencement
du printemps, alors que les tiges sont encore tendres et que
la fauche a prise sur elles. Il est vrai que la seconde et la
troisième année les fougères repousseront encore, mais
après le troisième printemps elles disparaîtront définitivement, vu que les racines auront péri.

« Telles sont les trois conditions principales de l'insalubrité de Soukhoum, toutes trois tellement graves qu'elles
font de cette ville, fort agréable sous tous les autres rapports, un séjour tellement fiévreux qu'elle ne saurait être
comparée à cet égard qu'à Poti, Elisabethpol, Erivan, Lenkoran et Kizlar. Il y a néanmoins cette différence que, pour
ces cinq dernières villes, le mal paraît être sans remède,
tandis que Soukhoum, au prix d'efforts assez insignifiants
continués pendant trois ou quatre années consécutives,
pourrait devenir une localité relativement salubre et fort
peu sujette aux fièvres. Pour cela il s'agit, comme nous
l'avons dit, de supprimer les marécages et les amas d'eaux
stagnantes dans la ville même, de déboiser le cap voisin et
d'extirper les fougères sur les hauteurs environnantes; or
il suffit d'un peu de bonne volonté pour venir à bout de
cette tâche.

« A part ces trois causes principales et qui peuvent être
écartées, il existe à Soukhoum d'autres conditions — celles-
là permanentes — favorables au développement de la fièvre;
heureusement ces dernières sont insignifiantes comparative
ment à celles que nous avons énumérées plus haut. Ainsi
les hauteurs environnantes, couvertes d'une riche végétation, produiront toujours une certaine somme de miasmes
qui descendront le long des ravins débouchant sur la ville.
D'autre part il y aura toujours dans la ville même des matières sujettes à décomposition, d'autant plus que l'humidité
et la chaleur n'y feront jamais défaut. Il est donc évident
que Soukhoum ne sera jamais complètement exempte de
fièvres; mais cette ville *peut*, grâce au bon vouloir de ses
habitants devenir assez salubre pour perdre complètement

la triste célébrité qu'elle ne mérite que trop jusqu'à présent, et pour que les lazarets de ses quatre bataillons, actuellement bondés de malades souffrant de la fièvre, se vident assez pour que la moitié des lits reste inoccupée. Alors, l'air devenant plus pur, le traitement des autres maladies ira également mieux et la mortalité qui à présent même n'est pas considérable, grâce à l'emploi libéral du quinquina, diminuera encore [1].

« Si je suis entré dans tous ces détails, c'est parce que Soukhoum est une des localités les plus fiévreuses du Caucase et une de celles en même temps qui peut être assainie au prix de quelques efforts peu considérables..... »

L'événement a donné raison à l'estimable savant auquel nous empruntons ces détails. Aujourd'hui la ville de Soukhoum n'est plus ce qu'elle était de son temps. Depuis la nomination du général Heymann comme chef du district de Soukhoum, en 1868, et puis du général Kravtchenko en 1872, il a été entrepris des travaux d'assainissement et, bien qu'il reste encore beaucoup à faire, les résultats obtenus ont été brillants. Voici d'ailleurs des faits positifs dont j'ai eu personnellement l'occasion de me persuader : Le général Kravtchenko arriva avec sa famille à Soukhoum le 22 mai 1872, et sauf une absence de trois semaines il demeura constamment dans cette ville sans que ni lui ni aucun membre de sa famille souffrît de la fièvre. Pendant les années 1873 et 1875 toute sa famille ne quitta pas Soukhoum; en 1874 elle passa quatre mois à l'étranger, en 1876 six semaines à la campagne, à Dagomyss. Or pendant tout ce temps il n'y eut pas dans la famille du général Kravtchenko un seul cas de fièvre; tous se portèrent à merveille. Actuel-

---

1. Voici quelques chiffres concernant la statistique des hôpitaux de Soukhoum. En 1861 le nombre des malades traités dans les 4 lazarets militaires de la ville fut de 8954, dont 6514 atteints de la fièvre, c'est-à-dire que les autres maladies ne fournirent qu'un contingent de 2440 patients. Sur 100 cas il y en eut donc 72 de fièvre et 28 seulement d'autres maladies. Le nombre des décès fut de 172, c'est-à-dire qu'il mourut 1 malade sur 52, soit 1,9%. Une si faible mortalité ne se rencontre évidemment que dans les endroits où les fièvres sont la maladie dominante et où le quinquina est largement et rationnellement administré.

lement les habitants de Soukhoum ne songent même plus à quitter la ville en été pour échapper aux fièvres; bien au contraire, il y arrive du monde pour profiter des bains de mer, et nombre de poitrinaires y viennent non seulement en hiver, mais même en été. Des exemples surprenants ont prouvé la vertu salutaire et curative de l'air de la mer à Soukhoum dans les cas de phthisie.

Le Daghestan.

« ... La région la plus marécageuse de tout le littoral de la mer Caspienne c'est la zone maritime du Daghestan méridional, en face de Kouba; c'est déjà la véritable Trans-caucasie, mais avec un vaste système d'irrigation, et les marécages de ce district sont un produit tout artificiel. Le terrain du Daghestan méridional a une pente fort rapide vers la mer. De Kouba à la mer la distance, en ligne droite, ne dépasse pas 30 kilomètres, et cependant cette ville est située à une altitude de 600 mètres. Cette forte déclivité du sol est cause que toutes les petites rivières qui descendent en grand nombre des montagnes, ont un cours très-rapide et charrient des pierres jusqu'à peu de distance de la mer; malgré cela la contrée est marécageuse, par cette raison que la plus grande partie des eaux de ces rivières en est détournée pour l'irrigation du sol. Il n'existe pas, à proprement parler, de grands marais, si ce n'est deux ou trois situés sur le rivage même de la mer; mais toute la pente de la plaine est marécageuse précisément par suite de l'irrigation abondante, qui est d'ailleurs en même temps la cause de la fertilité et de la richesse de cette contrée. L'irrigation s'étend jusque sur les prairies, parce qu'autrement tout serait brûlé par les chaleurs. Il y a ici un grand nombre de plantations de riz et encore plus de garance également soumises à la submersion; car après avoir arrosé champs, prairies et plantations, les eaux vont submerger tout, même les routes dans les forêts, si bien que pendant les chaleurs de l'été on y chemine ayant de la boue jusqu'aux genoux. Une foule de jardins, même ceux où sont cultivés les mûriers, reçoivent également un large tribut d'eau d'arrosage. Bref, le pays, en l'absence des conditions naturelles propres à produire ce résultat, offre le modèle d'un vaste marécage artificiel. Aussi les fièvres y sont-elles non seulement fort communes, mais encore très-malignes, ce qui force les indigènes à quitter pendant l'été leurs vertes plaines pour aller se cantonner dans les montagnes...

«.... En général au Daghestan, de même que dans toute la Transcaucasie, les jardins et l'irrigation sont la cause essentielle de la propagation des fièvres, abstraction faite des marais. Nous avons vu plus haut comment la région méridionale du Daghestan a été transformée en un marécage artificiel, couvert d'une végétation luxuriante. Cependant on ne s'en aperçoit guère en suivant la route de poste de Derbent à Kouba, par exemple, et plus loin vers Bakou. Des deux côtés de la route on ne voit que jeunes forêts composées de chênes, d'ormeaux nains, d'érables, de cornouillers, de poiriers sauvages, enguirlandés de vigne et par-ci par-là de lierre; partout sur les bords mêmes de la route et des canaux, qu'on traverse à chaque instant, le surcau et le robinier (faux acacia) forment d'épais et inextricables fourrés. Mais pour voir la végétation de ces régions dans toute sa richesse, il faut s'écarter de la grande route, pénétrer plus avant dans l'intérieur du littoral et visiter les villages du district de Kouba, à proximité de la mer. Avant d'arriver à un village, vous aurez à cheminer par des forêts hautes et ombrageuses, où vous voyez toute espèce d'arbres, à commencer par le chêne et le hêtre jusqu'au noyer, mais principalement des arbres fruitiers, tels que pommiers, poiriers et cornouillers sauvages. Souvent le lierre et la vigne sauvages s'enchevêtrent tellement entre les arbres qui bordent l'étroite route, et forment au-dessus de celle-ci une voûte tellement épaisse, qu'on croirait cheminer dans une galerie couverte, et lorsque, au mois de mai, la vigne est en fleur, les exhalaisons qui s'en dégagent, de même que des noyers et d'autres plantes narcotiques fort abondantes dans ces forêts, causent fréquemment des maux de

tête au touriste. Plus loin ce sont des espaces défrichés dont
le sol a été converti en plates-bandes et ensemencé de
garance. Toutefois on a de la peine à distinguer la pâle verdure de la garance parmi les fouillis de plantes parasites,
pleines de sève et de vigueur, qui tapissent toutes les plates-
bandes et qui étoufferaient complètement la garance, si on
ne les sarclait. On arrache en effet ces herbes deux et même
trois fois par an ; mais, au lieu de les porter plus loin, à
l'écart, on les jette dans les sillons qui séparent les plates-
bandes. Or la garance exige plusieurs arrosages par an, les
pluies étant excessivement rares en été dans ces parages, et
l'on amène l'eau de manière à ce qu'elle reste pendant plusieurs jours dans les rigoles entre les plates-bandes et imbibe
celles-ci autant que possible. On s'imagine aisément ce
qu'il advient alors des tas d'herbes sarclées amassées près
des plates-bandes et qui souvent comblent ou peu s'en faut
les rigoles : naturellement ces herbes pourrissent très vite
sous l'action d'un soleil ardent et dégagent une masse de
miasmes. Un jour je demandai à un cultivateur de garance
s'il ne vaudrait pas mieux transporter plus loin les herbes
sarclées, au lieu de les laisser pourrir entre les plates-
bandes et infecter ainsi l'air : à quoi il me répondit que
sous ces herbes l'eau reste plus longtemps dans les rigoles,
que la terre ne se dessèche pas si vite et que la garance
demande moins d'arrosage. Les indigènes se livrent également à la culture du riz. Les rizières sont même la principale source des revenus de ce district. Chaque canal irri-
gateur fournit l'eau à un grand nombre de ces rizières, qui
sont submergées jusqu'à la fin de l'automne et produisent,
ensemble avec le riz, une masse de plantes paludéennes. A
mesure qu'on approche de la mer, ces rizières deviennent
de plus en plus nombreuses, et l'intensité des miasmes va
croissant en proportion, si bien que les habitants de la côte
émigrent tous sur les montagnes pendant l'été, en abandon-
nant la garde des jardins et des rizières à des ouvriers à
gages ou à quelque membre de la famille, si celle-ci est peu
aisée. Mais aussi ça fait pitié de voir un de ces pauvres

diables, quand, le visage pâle, le ventre gonflé par des engorgements, miné par la fièvre et ayant à peine la force de se mouvoir, il rôde le long d'une rizière et, quand il trouve une plate-bande où il est resté peu d'eau, se met à percer la digue et puis attend, mélancoliquement accoudé sur sa bêche, que l'eau trouble vienne inonder le compartiment. C'est là la véritable patrie de la « malaria » : partout où croît le riz, l'on peut être sûr qu'elle ne fait pas défaut. Et comment n'y aurait-il pas de miasmes dans les rizières, surtout dans celles du district du Kouba, où une quantité énorme de plantes parasites croît pêle-mêle avec le riz, sans compter que tout autour s'épanouit une végétation des plus abondantes ? Il ne faut oublier que la plupart des rizières sont constituées en pleine forêt, sur des emplacements défrichés tout exprès dans ce but ; dès lors l'eau d'irrigation alimente non seulement les plantations de riz, mais en même temps toute la forêt. On a beau suivre la grande route en évitant les champs de riz ; pendant les plus grandes chaleurs et alors qu'il ne tombe pas dans ces parages une goutte de pluie, on rencontre à chaque pas des endroits tellement bourbeux que les chevaux s'enfoncent dans la boue jusqu'à mi-genou...

« Voici enfin un village tout noyé dans la verdure des jardins. Les cloisons d'enceinte, toutes primitives et peu hautes, sont tapissées en bas de sureau et en haut soit de vigne, soit d'autres plantes grimpantes, et le plus souvent de larges feuilles de citronille aux fleurs jaunes. Puis derrière cette cloison on aperçoit toute une forêt d'arbres fruitiers chargés d'excellentes pêches, d'abricots, de poires, d'amandes, de coings, de grenades et de raisins, et, dominant tout, de majestueux noyers. Parmi toute cette verdure apparaît une « saklia » (cabane) bien propre ou plutôt une véritable maison avec une vérandah, et souvent même à deux étages. Ici tout trahit l'aisance et le bien-être : l'apparence soignée et même coquette des maisons, les buffles bien repus, les habitants proprement vêtus, les femmes tout en soie, leurs « tchadras » (grands voiles) d'une blancheur

irréprochable, la multitude de tapis, lesquels sont l'objet
principal de l'industrie des femmes du pays, d'un extérieur
fort agréable, comme d'ailleurs toute la population indigène,
qui a plus d'un trait de ressemblance avec ses coreligion-
naires persans. Plus loin une nouvelle cloison d'enceinte
derrière laquelle vous voyez, non plus des arbres fruitiers,
mais exclusivement de jeunes mûriers ; chaque arbrisseau,
arrivé à hauteur d'homme, pousse tout d'un coup une masse
de rameaux tous également minces. Près de là apparaît un
long hangar pour l'éducation des vers à soie. On conçoit
que cette industrie est fort en honneur ici. Puis ce sont
encore des haies, des jardins d'arbres fruitiers et surtout de
mûriers, et de loin en loin une nouvelle habitation, chaque
amille indigène vivant isolément sur les terrains formant
son patrimoine. Ici encore l'irrigation se pratique sur une
vaste échelle : sans elle il n'y aurait pas de culture possible.
Dès lors quoi de surprenant que ces beaux lieux soient
infestés par les fièvres ? Et encore celles-ci sont-elles bien
plus malignes dans ces parages que dans les marais des
bords du Rion. En effet dans la vallée du Rion personne ne
songe à se réfugier sur les montagnes pendant l'été, tandis
que les habitants du district de Kouba sont forcés d'abandonner le littoral dès le mois de mai. »

Plaine d'Érivan.

« .... Ce qui a été dit du Daghestan peut s'appliquer également à la plaine d'Erivan. N'était l'irrigation artificielle,
cette contrée jadis si fertile n'offrirait pas même ces vertes
oasis qui sont devenues si rares, rares du moins comparativement à ce qu'on voyait autrefois, à juger d'après les vestiges des anciens travaux d'irrigation et d'après les ruines,
si fréquentes en Arménie, de villes entières. Tous ces indices
prouvent qu'il y eut ici jadis une population nombreuse et
riche dont il ne reste aujourd'hui qu'une infime partie. Cela
se voit partout, sans qu'il soit nécessaire de recourir au témoignage de l'histoire !!... »

CONCLUSION.

Les deux derniers chapitres IV et V de ce livre donnent une idée de ce qu'est le Caucase, de ce qu'il peut et doit devenir. Le lecteur voit qu'il reste bien des choses à faire, bien des travaux à accomplir; mais il voit aussi que ces efforts seront largement rémunérés par la nature si riche de cette contrée.

Il se peut que plus d'un de nous périsse dans cette lutte; qu'importe! une fois la victoire remportée, la nature nous prodiguera tous ses trésors. D'ailleurs le docteur Toropoff a démontré que le danger n'est pas bien grand, et la statistique confirme son dire en nous prouvant que ce n'est guère que pour notre incurie que la nature nous punit, et encore n'est-ce pas de mort.

Toutefois la masse des travaux à entreprendre est si grande qu'il est permis de se demander par où il convient de commencer.

Ce qui doit venir en première ligne, c'est assurément l'assainissement du pays sur une vaste échelle; puis il s'agira de dessécher les marais improductifs de certaines régions et de les transformer en jardins; dans d'autres localités, l'irrigation sera la tâche principale. Il faudra une direction unique et éclairée de tous ces travaux, de nombreuses stations météorologiques, afin que chacun sache de quelle nature est l'ennemi qu'il aura à combattre, et que chacun ait des indications précises pouvant le guider dans ses projets et ses calculs.

La classe éclairée et instruite de la population indigène devra participer dans une large mesure à cette entreprise

Dans ce but nous proposons la formation d'un Club Alpin du Caucase, sur des bases quelque peu différentes de celles des Clubs Alpins de l'Occident.

Nous voudrions que ce club ne fût pas seulement une association de touristes et d'amateurs de belles vues, mais qu'il eût une assise plus sérieuse et poursuivît des buts d'une utilité plus générale. La jeune Société des Amateurs des sciences naturelles, déjà existant à Tiflis, pourrait former le noyau du nouveau club, centre d'où les rayons s'étendraient vers tous les recoins du Caucase ; c'est dans ce centre que seraient élaborées toutes les questions scientifiques, les programmes d'action ; c'est à lui que s'adresseraient tous ceux qui voudraient prendre part à la tâche commune. Chacun, qu'il soit spécialiste ou non, savant ou sachant simplement lire et écrire, pour peu qu'il ait quelque loisir et le désir d'être utile, trouvera un but d'activité approprié à ses facultés intellectuelles et matérielles. Or ce désir de participer à la tâche commune se généralisera bientôt au contact d'hommes actifs, énergiques, animés d'une noble ardeur pour la science et le bien public. De même que l'étincelle électrique galvanise des cadavres, l'exemple d'hommes de cette trempe ranimera les gens plus apathiques, ceux auxquels l'existence est un fardeau et qui ont été privés jusqu'ici des nobles jouissances accessibles seulement à quiconque travaille et se dévoue pour les autres.

Nous invitons à être membres du Club Alpin tous ceux qui prennent à cœur le développement du Caucase. Cette invitation s'adresse non seulement aux habitants du Caucase, mais en général à toutes les personnes qui s'intéressent à cette contrée. Chaque membre verse 3 roubles à son entrée, et 3 roubles annuellement ; 50 roubles une fois versés donnent le droit d'être membre du club à vie. Tous les membres, en quelque lieu qu'ils se trouvent, reçoivent gratuitement les publications annuelles des travaux du club. Les savants étrangers qui visiteront le Caucase, pourront profiter dans leurs recherches scientifiques du concours empressé de membres du club, partout où il aura ses représentants.

B. STATKOWSKI.

TABLE DES MATIÈRES

II. — DÉTERMINATION DE L'ALTITUDE DE LA LIMITE DES NEIGES.

III. — LES GLACIERS.

IV. — UTILITÉ PRATIQUE DES RÉSULTATS OBTENUS.
INFLUENCE DES ÉLÉMENTS DE L'ATMOSPHÈRE SUR LA VIE
EN GÉNÉRAL.
QUELLE ALTITUDE EST LA PLUS FAVORABLE
A LA SANTÉ DE L'HOMME.

V. — DES LOCALITÉS DU CAUCASE
QUE DOIT ÉVITER CELUI QUI A LES MOYENS DE VIVRE OU BON LUI SEMBLE ET QUI REDOUTE LES FIÈVRES, MAIS QUE RECHERCHERA LE TRAVAILLEUR, LE PIONNIER ÉNERGIQUE, DÉSIREUX D'ACQUÉRIR DES RICHESSES.

22369. — Typographie A. Lahure, 9, rue de Fleurus, à Paris.